吉林省普通本科高校省级重点教材

大学物理实验

第 4 版

主　编　姜广军
副主编　向安润　孟祥秋
参　编　王　杰　付　静　李明非
　　　　张薇薇　张丹玮

机 械 工 业 出 版 社

本教材是根据教育部高等学校物理基础课程教学指导分委员会制定的《理工科类大学物理实验课程教学基本要求》，结合近年来吉林建筑科技学院线上线下课程教学资源的建设与应用，以及新时代发展对课程建设的要求和应用型人才培养的目标要求，对原教材内容做了删减、修改和补充后重新编写的。

本教材结合线下教学中分层次、分系列和模块化教学需要，共分为6部分：绪论、基础性实验、综合性实验、设计性实验、仿真实验和附录。在基础性实验、综合性实验和设计性实验部分共编入43个实物实验。在编写过程中，为更好服务线下课程教学，本教材中编入了与线上课程资源相对应的内容，以期通过新教学组织模式，提高学生自主学习和创新的意识。本教材在挖掘物理实验内容中蕴含的思政元素、落实立德树人根本任务方面，也做了有益的尝试。另外，本教材还以物理仿真实验室为平台，编入了部分仿真实验，并在附录中给出了基本物理常数及国际单位制等内容。

本教材可作为高等院校工科类各专业的教科书或参考书。

图书在版编目(CIP)数据

大学物理实验/姜广军主编. —4版. —北京：机械工业出版社，2021.11(2026.1重印)

吉林省普通本科高校省级重点教材

ISBN 978-7-111-69850-0

Ⅰ.①大… Ⅱ.①姜… Ⅲ.①物理学-实验-高等学校-教材 Ⅳ.①O4-33

中国版本图书馆CIP数据核字(2021)第253223号

机械工业出版社（北京市百万庄大街22号 邮政编码100037）

策划编辑：李永联 责任编辑：李永联

责任校对：肖 琳 张 薇 封面设计：马精明

责任印制：郜 敏

河北虎彩印刷有限公司印刷

2026年1月第4版第4次印刷

184mm×260mm · 14.25印张 · 339千字

标准书号：ISBN 978-7-111-69850-0

定价：43.00元

电话服务

客服电话：010-88361066

010-88379833

010-68326294

网络服务

机 工 官 网：www.cmpbook.com

机 工 官 博：weibo.com/cmp1952

金 书 网：www.golden-book.com

机工教育服务网：www.cmpedu.com

前　言

本教材根据教育部高等学校大学物理课程教学指导分委员会制定的《理工科类大学物理实验课程教学基本要求》，结合教育部“关于一流本科课程建设的实施意见”，以及近年来吉林建筑科技学院实验室建设和大学物理实验课程教学改革情况修订。在修订中，调整了部分内容，增加了部分新实验、新方法的选题，努力体现教材的学术性和先进性。本教材在内容组织上深入挖掘大学物理实验内容中蕴含的思政元素，通过物理学的研究方法、技术手段和科学家的成长历程等，逐步使学生形成科学的世界观，使社会主义核心价值观深入人心，落实立德树人根本任务。本教材与我校“物理实验”线上课程教学资源相结合，推进了现代信息技术与教学的深度融合，进而引导学生进行探究式学习和自主学习，为实行新教学模式打下了基础。

本教材仍分为6部分：绪论、基础性实验、综合性实验、设计性实验、仿真实验和附录。绪论部分介绍基本的实验方法、测量误差理论与数据处理等，实验题目是按基础性实验、综合性实验、设计性实验和仿真实验4个层次组成教学体系，内容涵盖力学、热学、电磁学、光学和近代物理等，共编入43个实物实验和3个仿真实验。

教材内容遵循由简到繁、由易到难、循序渐进、逐层提高的原则编排。在实验题目和内容的选择上，我们从经典物理实验中精心挑选了一些物理思想突出、实验方法典型的内容，主要是为了加强对学生物理实验基础的训练，让学生掌握基本的实验知识、实验方法、实验技能和数据处理方法，培养学生求实的科学态度和刻苦钻研的优良作风，提高学生的基本科学素养。

在注重基础训练的同时，我们也十分重视物理实验内容的创新。物理实验教学应与时俱进，具有时代性，应把反映时代特色的新技术、新成果、先进测量方法等纳入实验教学；物理实验教学还应结合学校专业特点，把与专业紧密结合的、应用性强、物理内涵丰富的实验引入实验教学，激发学生的求知热情，培养学生的探索精神和创新欲望，形成敢于挑战难题的工匠风格。

为更好地培养学生的自主学习能力和方便教学，本教材把大多数实验仪器的使用方法、实验原理和方法、实验操作过程和实验数据处理方法等主要实验教学环节，以超星“学习通”为平台，通过视频和文本等方式展现出来，使线下教学与线上资源相配套，为学生搭建一个新的自主学习平台。

仿真实验是以吉林建筑科技学院物理实验教学中心网站及物理仿真实验室为平台，介绍计算机模拟物理实验的操作方法。学生通过仿真实验的训练，可以在网上进行实验预习和课外实验。由于仿真实验不受仪器设备和学时的限制，大大地丰富了开放式物理实验教学的内容。

本教材是吉林建筑科技学院基础物理实验教学中心全体教师辛勤劳动的成果。周辉教授审阅了书稿，并对教材编写提出了许多宝贵的指导意见，在此表示衷心的感谢。此次成书由姜广军担任主编，向安润、孟祥秋担任副主编。参与编写的还有王杰、付静、李明非、张薇薇和张丹玮，具体编写分工如下：姜广军编写绪论、实验1、实验31及附录；向安润编写实验11、实验12、实验20、实验25、实验30、实验32、实验38及仿真实验；孟祥秋编写实验2、实验8、实验9、实验21、实验27、实验28、实验35、实验36及实验40；王杰编写实验4、实验7、实验14、实验19、实验23、实验26、实验34、实验39、实验41及实验42；张薇薇编写实验13、实验15、实验16、实验24及实验33；李明非和张丹玮编写实验5、实验6、实验17、实验18、实验29、实验37及实验43；付静编写实验3、实验10及实验22。

本教材已被列为吉林省首批“普通本科高校重点教材建设项目”。在吉林省教育厅职能部门指导和监督下，在校领导的关心下，在兄弟院校的同行、机械工业出版社有关人员和仪器生产厂家的支持下，圆满完成本教材的修订任务，在此一并致谢。

编写适合应用型人才培养需要的教材是一种探索，在编写过程中难免有疏漏之处，恳请读者批评指正。

编　者

目　　录

第1章　绪　　论

1.1　物理实验课程的地位、目的和要求

1.1.1　物理实验课程的地位

物理实验是大学工科的一门独立的必修课程，是学生进入大学后受到系统实验方法和实验技能训练的开端。物理实验课是学生在教师指导下动手独立地完成实验任务的课程，它在培养学生运用实验手段去分析、观察、发现、研究和解决问题的能力方面起着重要的作用。

物理实验与时俱进，通过引入与工程技术紧密结合的测量技术、传感技术及计算机技术等，物理实验由验证物理规律向着应用技术领域扩展。物理实验教学以培养学生的创新意识和创新能力为重点，它在以培养应用型人才为目标的高等教育中占有十分重要的地位。

1.1.2　本课程的目的和要求

1）通过物理实验课程的学习，培养学生良好的实验习惯，提高学生基本的人文素养，把立德树人融入课程教学中，坚守为党育人、为国育才。

2）学生应掌握测量误差的基本知识，具有正确处理实验数据的初步能力。主要是：测量误差的基本概念、直接测量量和间接测量量的不确定度计算以及数据处理的一些重要方法，如列表法、作图法、逐差法等。

3）学生应掌握常用的操作技术和实验方法。常用的操作技术包括：零位校准、水平调节、铅直调整、光路共轴调节、逐次逼近调节、视差清除、电路接线等。常用的实验方法有：比较法、放大法、转换法、模拟法、补偿法、干涉法等。

4）学生能够进行常用物理量的测量。例如：长度、质量、时间、热量、电流、电压、电阻、电动势、磁感应强度等。了解常用仪器的性能，并学会使用方法。例如：测长仪、计时仪、测温仪、变阻器、电表、直流电桥、通用示波器、低频信号发生器、分光计、常用电源、常用光源等。

课程的其他要求见学习通绪论部分“课程概况与要求”。

1.1.3　实验程序

物理实验程序主要分为实验预习、实验操作和实验报告。

1. 实验预习

实验课前必须认真阅读教材相关内容，弄清实验目的、原理、仪器及其操作步骤以及应该注意的问题等，写好预习报告。预习报告要用格式统一的实验报告纸写，主要内容有：

(1) 实验题目

(2) 实验目的 完成本实验的目的。

(3) 实验仪器 所用仪器的名称和型号，主要规格（包括量程、分度值、精度等）。

(4) 实验原理 简要叙述实验原理，写出测量公式，画出原理图、电路图、光路图等。

(5) 内容与步骤 根据实验内容写出实验步骤。

(6) 画出实验数据表格 根据实验内容，结合教材，在实验报告纸上画出实验数据表格。

2. 实验操作

1）学生到实验室后，按要求对号入座。要遵守实验守则，爱护仪器设备，注意安全，不要乱动仪器，指导教师点名记载学生的出席情况。

2）检查预习报告。指导教师讲解或与学生共同讨论，进一步搞清实验中的重要问题。

3）根据实验教材的要求，在教师指导下自行完成实验。实验数据直接记录在实验报告中的表格内，不得随意涂改。

4）做完实验后，需仔细分析实验结果，总结实验过程，对还不清楚的问题请教师回答。在没有任何疑难问题后，请教师审阅并签字。在教师认可后，可整理实验仪器，离开实验室。

3. 实验报告

1）预习报告作为正式实验报告前面的部分，在实验前已经完成。

2）做完实验后，对数据进行整理和计算，完成误差估算与不确定度评定，写出标准形式的测量结果表达式。有些实验，还需按图解法要求绘制图线（必须用坐标纸）。

3）完成教师指定的作业题，对实验中出现的问题进行说明和讨论，或写出实验心得和建议等。

实验报告是评价学生实验成绩的重要依据之一。实验报告要求内容完整，字迹端正，数据记录整洁，图表规范，叙述文理通顺。实验报告在实验后完成，按要求投入报告箱里由指导教师批阅并存档。

1.2 测量与误差

1.2.1 测量

1. 测量的定义

测量是指将待测的物理量与一个选作标准的同类量进行比较，从而得出它们之间的倍数关系的过程。作为标准的同类量称为单位。倍数称为测量值。由此可见，一个物理量的完整测量结果等于测量值与单位的乘积。在记录测量结果时，一定要写明数值和单位。

根据《中华人民共和国计量法》有关规定，我国采用国际单位制（SI），即以米、千克、秒、安培、开尔文、摩尔、坎德拉作为基本单位，其他量由以上七个基本单位导出，称为国际单位制的导出单位。

2. 测量分类

按测量方式可将测量分为直接测量和间接测量。

（1）直接测量　指用测量仪器能直接测出被测量的量值的测量过程。相应的被测量称为直接测量量。例如：用米尺测物体的长度，用天平称物体的质量，用秒表测时间等都是直接测量。相应的长度、质量、时间等称为直接测量量。

（2）间接测量　指先测出与待测量有一定函数关系的直接测量量，再将直接测量的结果代入函数式进行计算，最终得到待测物理量的测量值的过程。相应的被测量称为间接测量量。例如：测量质量分布均匀的圆柱体密度，其计算公式为 $\rho=4m/(\pi d^2h)$，先用卡尺和千分尺测圆柱体的高度 h 和直径 d，用电子秤或天平测出其质量 m（这些都是直接测量），然后将 h、d 和 m 的值代入计算公式，计算出圆柱体的密度 ρ，整个过程称为间接测量。其中，ρ 是间接测量量，h、d 和 m 是直接测量量。

按测量条件可将测量分为等精度测量和非等精度测量。

（1）等精度测量　在同等条件下进行的多次重复性测量称为等精度测量，即环境、人员、仪器、方法等都不变，对一个待测量进行多次重复测量。由于各次的测量条件相同，测量结果的可靠性、测量的精度也是相同的。

（2）非等精度测量　在特定的不同条件下，用不同的仪器、不同的测量方法、不同的测量次数、不同的人员进行的测量叫作非等精度测量。

在实际测量中，常用的测量主要是单次测量、等精度测量和间接测量。当测量精度要求不高时用单次测量；当测量精度要求比较高时用等精度测量；在无法使用直接测量时才用间接测量。

1.2.2　误差

1. 误差的定义

每一个待测物理量在一定的客观条件和状态下所具有的真实大小，称为该物理量的真值。当进行测量时，由于理论的近似性、实验仪器灵敏度的局限性、环境条件的不稳定等因素的影响，测量值总是不可能绝对准确。测量值与真值之差称为误差，按表达式分为绝对误差和相对误差。

（1）绝对误差和残差

$$\delta_x = x - x_0 \tag{1.2-1}$$

式中，δ_x 表示绝对误差；x 表示测量值；x_0 表示真值。

绝对误差反映了测量的准确度。误差存在于一切测量过程中。真值虽然是客观存在的实际值，但无法得到。因此，在等精度测量中常用测量值与平均值之差来估算绝对误差。我们把测量值与平均值之差称为测量值的残差，其符号用 v_x，表达式为

$$v_x = x - \bar{x} \tag{1.2-2}$$

式中，$\bar{x}$表示平均值。

在估算绝对误差时，有时用被测量的公认值、理论值或更高精度的测量值代替真值，这些值称为约定真值。

（2）相对误差

$$E_r = \frac{\delta_x}{x_0} \times 100\% \tag{1.2-3}$$

式中，E_r 表示相对误差。通常，相对误差用百分数表示，也称为百分误差。

2. 误差的分类及其特性

测量误差按其产生的原因与性质可分为系统误差、随机误差和粗大误差三类。

（1）系统误差　在对一物理量进行多次等精度测量时，误差为常数或以一定规律变化的误差称为系统误差。系统误差可分为可定系统误差和未定系统误差。

可定系统误差：在测量中大小和正负可确定的误差。测量中应该消除该误差。例如，零点误差，千分尺零点不为零，测量时记下零点值 z_0，再测量被测量值的大小 z_1，则修正后的值（$z_1 - z_0$）就消除了千分尺的零点误差。

未定系统误差：测量中只能确定大小，不能确定正负的误差。仪器的允差就属于未定系统误差。例如，一个名义质量100g的三等砝码，它的质量的允差为 ±2mg，这意味着其质量在99.998～100.002g之间。在没有校准之前，就不能知道这一系统误差的大小，我们便说它含有未定系统误差。未定系统误差随实验条件的变化往往具有一定程度的随机性质，因而它也是随机误差，可以对它进行概率估计。

产生系统误差的原因：

1）由于测量仪器不完善、仪器不够精密或安装调整不妥，如刻度不准、零点不对、砝码未经校准、天平臂不等长、应该水平放置的仪器没有放水平等。

2）由测量公式产生的系统误差。测量公式本身的近似性或没有满足理论公式的规定条件。例如，单摆的周期公式 $T = 2\pi\sqrt{l/g}$，近似成立的条件是摆角小于5°，用这个计算公式计算 T 时，计算本身就带来了误差。

3）由于实验人员生理或心理特性以及缺乏经验等引起的误差。例如，有的人习惯于斜视读数，有的人眼睛辨色能力较差等都会使测量值偏大或偏小。

系统误差的特点是恒定性，不能用增加测量次数的方法使它减少。在实验中，发现、消除和减小系统误差是很重要的，因为它常常是影响实验结果准确程度的主要因素。在实验中，学生要逐步学会对具体问题做具体分析与处理，指导教师要注意培养学生这方面的能力。

（2）随机误差　随机误差又称偶然误差，是指在多次等精度测量中，误差变化是随机的，忽大忽小，忽正忽负，没有规律。

随机误差主要来源于人们的视觉、听觉和触觉等感觉能力的限制以及实验环境偶然因素的干扰。例如，温度、湿度、电压的起伏，气流的波动以及地面振动等因素的影响。从个别测量值来看，随机误差带有随机性，杂乱无章没有规律。当测量次数足够多时，随机误差满足某种统计规律，最常见的就是正态分布，也称高斯分布。

1）正态分布：大多数随机误差，包括以后经常遇到的多次等精度测量的算术平均值的随机误差以及间接测量结果的随机误差都可以被认为近似服从正态分布。正态分布是一种很重要的概率分布。正态分布的概率密度函数为

$$f(\delta) = \frac{1}{\sigma\sqrt{2\pi}} e^{-\frac{\delta^2}{2\sigma^2}} \tag{1.2-4}$$

且

$$\int_{-\infty}^{+\infty} f(\delta)\,\mathrm{d}\delta = 1 \tag{1.2-5}$$

正态分布的特征可以用正态分布曲线表示出来，如图 1.2-1a 所示。图中，横坐标为误差 δ，纵坐标为概率密度分布函数 $f(\delta)$。式（1.2-4）中 σ 是与实验条件有关的常数，称为标准误差，其值为

$$\sigma = \lim_{n\to\infty}\sqrt{\frac{\sum_{i=1}^{n}\delta_i^2}{n}} \tag{1.2-6}$$

式中，n 为测量次数；δ_i 为第 i 次测量的随机误差，$i=1$，2，3，…，n。

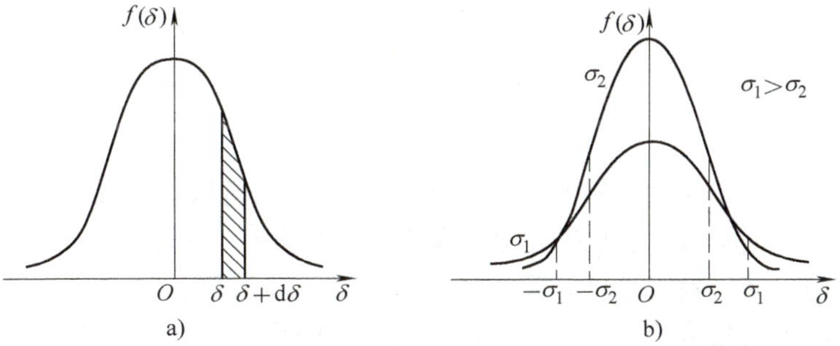

图 1.2-1　正态分布曲线

a）随机误差的正态分布曲线　b）σ 值与曲线形状的关系

正态分布主要有四个重要特征：

单峰性：绝对值小的误差出现的概率大，在 $\delta=0$ 处达到峰值，即真值出现的概率最大。

对称性：大小相等的正误差和负误差出现的概率相同。

有界性：非常大的正误差和负误差出现的可能性几乎为零。

抵偿性：正负误差具有对称互抵性。当 $n\to\infty$ 时，误差的代数和趋近于零。

由式（1.2-4）可知，随机误差正态分布曲线的形状取决于 σ 值的大小，如图 1.2-1b 所示，σ 的值越小，分布曲线越陡，峰值越高，说明绝对值小的误差占多数，且测量的重复性好，分散性小；反之，σ 值越大曲线越平坦，峰值越低，说明测量值的重复性差，分散性大。标准误差反映了测量值的离散程度。

测量值的随机误差出现在区间（δ，$\delta+\mathrm{d}\delta$）的概率为 $f(\delta)\mathrm{d}\delta$，即图 1.2-1a 中阴影部分的面积元。由正态分布函数可以算出测量值误差出现在区间（$-\sigma$，σ），（-2σ，2σ），（-3σ，3σ）内的概率分别为

$$P(-\sigma < \delta < \sigma) = \int_{-\sigma}^{\sigma} f(\delta)\,\mathrm{d}\delta = \int_{-\sigma}^{\sigma}\frac{1}{\sigma\sqrt{2\pi}}\mathrm{e}^{-\frac{\delta^2}{2\sigma^2}}\mathrm{d}\delta = 68.3\%$$

$$P(-2\sigma < \delta < 2\sigma) = \int_{-2\sigma}^{2\sigma} f(\delta)\,\mathrm{d}\delta = \int_{-2\sigma}^{2\sigma}\frac{1}{\sigma\sqrt{2\pi}}\mathrm{e}^{-\frac{\delta^2}{2\sigma^2}}\mathrm{d}\delta = 95.4\%$$

$$P(-3\sigma < \delta < 3\sigma) = \int_{-3\sigma}^{3\sigma} f(\delta)\mathrm{d}\delta = \int_{-3\sigma}^{3\sigma} \frac{1}{\sigma\sqrt{2\pi}} \mathrm{e}^{-\frac{\delta^2}{2\sigma^2}} \mathrm{d}\delta = 99.7\%$$

在通常有限次测量中，测量误差超过 $\pm 3\sigma$ 范围的情况几乎不会出现，所以把 3σ 称为极限误差。

2）算术平均值和算术平均值的标准误差：由于测量误差的存在，真值实际上是无法测得的。根据随机误差的正态分布规律，测得值偏大或偏小的机会相等。因此，在排除掉系统误差后，多次测量的算术平均值为

$$\bar{x} = \frac{x_1 + x_2 + \cdots + x_n}{n} = \frac{\sum_{i=1}^{n} x_i}{n} \tag{1.2-7}$$

且

$$\lim_{n \to \infty} \frac{1}{n} \sum_{i=1}^{n} (x_i - x_0) = 0 \tag{1.2-8}$$

这个算术平均值必然最接近被测量的真值，而且当测量次数趋于无限多（$n \to \infty$）时，算术平均值将无限接近真值，所以算术平均值是真值的最佳估算值。

算术平均值的标准误差用来评定算术平均值本身的离散性。

我们通过多次重复测量获得一组数据，并把求得的算术平均值 $\bar{x}$ 作为测量结果。如果在相同的条件下再重复测量该被测量量，而随机误差的影响又不能得到完全相同的 $\bar{x}$，这表明算术平均值本身具有离散性。为了评定算术平均值的离散性，我们引入算术平均值的标准误差 $\sigma_{\bar{x}}$。可以证明

$$\sigma_{\bar{x}} = \frac{\sigma}{\sqrt{n}} \tag{1.2-9}$$

式中，n 为重复测量次数。算术平均值的标准误差表示算术平均值的误差（$\bar{x} - x_0$）落在（$-\sigma_{\bar{x}}$，$\sigma_{\bar{x}}$）之内的概率为 68.3%。

由式（1.2-9）看出：增加测量次数 n 可使算术平均值的标准误差减小，并能提高测量的精度。但由于 n 的增大对系统误差无影响以及测量误差是随机误差与系统误差的综合，所以增加测量次数对减少误差的作用是有限的。

3）标准偏差和贝赛尔公式：由于真值无法测得，所以前面对误差的讨论只有理论上的价值。下面讨论在实际测量中误差的估算方法。

由于算术平均值最接近真值，所以用算术平均值代替真值，来估算标准误差

$$S_x = \sqrt{\frac{\sum_{i=1}^{n} (x_i - \bar{x})^2}{n - 1}} \tag{1.2-10}$$

式（1.2-10）称为贝赛尔公式。贝赛尔公式是用残差（$x_i - \bar{x}$）求标准误差的估算值 S_x，称此估算值 S_x 为测量值的标准偏差。

算术平均值的标准误差 $\sigma_{\bar{x}}$ 的估算值称为算术平均值的标准偏差 $S_{\bar{x}}$。

若测量值的标准偏差为 S_x，则

$$S_{\bar{x}}=\frac{S_x}{\sqrt{n}}=\sqrt{\frac{\sum_{i=1}^{n}(x_i-\bar{x})^2}{n(n-1)}} \tag{1.2-11}$$

式（1.2-11）也称为贝赛尔公式，请同学们记住，今后我们会常用到。

（3）粗大误差　粗大误差简称粗差，是由于实验者粗心大意或环境突发性干扰而造成的，该测量值为异常数据或坏值。在处理数据时不能把坏值计算在内，应予以剔除。具体做法是：求出 $\bar{x}$ 和 σ（σ 可用标准偏差 S 替代），将 $|x_i-\bar{x}|$ 与 3σ 进行比较，大于 3σ 的测量值都是坏值，应剔除掉。这种判断方法称为 3σ 法则。

在测量中，若一组等精度测量值中的某值与其他值相差很大，应找一下原因，判断是否是粗差引起的。若是，则将其剔除；若找不出原因或无法肯定，就先求出所有测量值（包括可疑坏值）的标准误差，然后用 3σ 法则判断。当怀疑有坏值时要多测几个数据。

1.3　不确定度及测量结果表达式

用标准误差来评估测量结果可靠程度的做法不是很完善，有可能遗漏一些影响测量结果准确性的因素，例如仪器误差等。为了更准确地表述测量结果的可靠程度和与国际上规定的统一，1993 年国际计量组织（BIPM）、国际电工委员会（IEC）、国际临床化学联合会（IFCC）、国际标准化组织（ISO）、国际理论与应用化学联合会（IUPAC）、国际理论与应用物理联合会（IUPAP）和国际法制计量组织（OIML）等七个国际组织正式发布了“测量不确定度表示指南（Guide to the Expression of Uncertainty in Measurement，简称 GUM）”，为计量标准的国际对比和测量不确定度的统一奠定了基础。为了与国际惯例接轨，我国制定了一系列技术标准，计量标准部门也已明确指出采用不确定度作为误差数字指标的名称。因此，物理实验课程也引入了不确定度来评定测量结果的质量。

由于测量不确定度涉及的知识面较广，超出了本课程的教学范围，因此，本课程在保证科学性的前提下，尽量简化，使学生易于接受和运用。

1.3.1　不确定度的概念

1. 不确定度

不确定度表示由于测量误差的存在而造成的对被测量值不能确定的程度。它是测量结果表达式中的一个参数，是对测量结果的真值所处范围的评定，表征被测量值的分散性、准确性和可靠程度。

不确定度与误差是两个不同的概念，两者不应混淆。误差是测量值和真值之差，一般情况下它是未知的、确定的、可正可负的量；不确定度是表示误差可能存在的范围，它的大小可以按一定的方法估算出来。

测量结果可以写成下列标准形式

$$\begin{cases}x=\bar{x}\pm U\\ U_r=\dfrac{U}{\bar{x}}\times 100\%\end{cases} \tag{1.3-1}$$

式中，x 为测量值；$\bar{x}$ 为等精度多次测量的算术平均值；U 为不确定度；U_r 为相对不确定度。

2. 不确定度的表达

通常，测量不确定度由几个分量构成，根据估算方法的不同，分为A类不确定度和B类不确定度。

A类不确定度是指用统计方法计算的不确定度分量，用 Δ_A 表示。

B类不确定度是指用其他方法（非统计方法）计算的不确定度分量，用 Δ_B 表示。

1.3.2　不确定度的评定

1. A类不确定度分量的估算

把算术平均值 $\bar{x}$ 作为测量结果，根据误差理论，当重复测量次数足够多（$n\to\infty$）时，可求得置信概率为 $P=0.95$ 时的A类不确定度分量为

$$\Delta_A = 1.96S_{\bar{x}} \tag{1.3-2}$$

式中，$S_{\bar{x}}$为算术平均值的标准偏差。

当重复测量次数减少时，对式（1.3-2）进行修正，得

$$\Delta_A = tS_{\bar{x}} \tag{1.3-3}$$

式中，t 为修正因子（$t=\Delta_A/S_{\bar{x}}$），数值见表1.3-1。

表1.3-1　测量次数 n 与A类不确定度分量 Δ_A 之间的关系

n	2	3	4	5	6	7	8	9	10	15	20	∞
t	12.7	4.30	3.18	2.78	2.57	2.45	2.36	2.31	2.26	2.14	2.09	1.96

根据重复测量次数 n，从表1.3-1查出相应的 t 值代入式（1.3-3）便可得到置信概率 P 为0.95的A类不确定度分量。

2. B类不确定度分量的估算

B类不确定度分量是用其他方法（非统计方法）计算的分量，如用统计分析无法发现的固有系统误差，就要用B类不确定度分量来描述。求B类不确定度分量应考虑到影响测量准确度的各种可能因素，要通过对测量过程的仔细分析，根据经验和有关信息来估计。为了简化起见，在本课程中通常主要考虑的因素是仪器误差 Δ_{inst}，它是指测量器具的示值误差，或者按仪表准确度算出的最大基本误差。

仪器误差 Δ_{inst} 可在仪器出厂说明书或仪器标牌上查到。例如，国家标准规定，量程为0～300mm以下的游标卡尺，其示值误差等于该尺的最小分度值；量程为0～25mm的一级千分尺，示值误差为±0.004mm。

电表的仪器误差用准确度等级 K 表示。其示值误差为电表量程与准确度等级的百分数的乘积，即 $\Delta_{inst}=$ 量程 $\times K\%$。电阻箱分为5个级别，若级别为 K，一般 $\Delta_{inst}=$ 示值 $\times K\%$。

对于精度较低的仪器，Δ_{inst} 可取其最小分度值的一半。

在大多数情况，大学物理实验把 Δ_{inst} 当作B类不确定度分量 Δ_B，即在仅考虑仪器误差的情况下，且置信概率大于0.95时，B类不确定度分量表征值为

$$\Delta_B = \Delta_{inst} \tag{1.3-4}$$

3. 不确定度的合成

A 类和 B 类分量采用方和根合成，得到合成不确定度为

$$U=\sqrt{\Delta_A^2+\Delta_B^2}=\sqrt{(tS_{\bar{x}})^2+\Delta_{inst}^2} \tag{1.3-5}$$

4. 间接测量量不确定度的估算

在很多实验中我们进行的测量都是间接测量。因为间接测量量都是直接测量量的函数，所以直接测量量的误差必定会造成间接测量量的误差，这被称为误差的传递。不确定度也是这样，间接测量结果的不确定度取决于直接测量结果的不确定度和函数关系的具体形式。分析如下：

设间接测量量 y 是各相互独立的直接测量量 x_1，x_2，…，x_m 的函数，其函数形式为

$$y=f(x_1,x_2,\cdots,x_m) \tag{1.3-6}$$

各直接测量量 x_1，x_2，…，x_m 的测量结果分别为 $\bar{x}_1\pm U_{x_1}$，$\bar{x}_2\pm U_{x_2}$，…，$\bar{x}_m\pm U_{x_m}$，则间接测量量 y 的最佳估计值为

$$\bar{y}=f(\bar{x}_1,\bar{x}_2,\cdots,\bar{x}_m) \tag{1.3-7}$$

由于不确定度都是微小的量，相当于数学中的“增量”，因此，间接测量量不确定度的计算公式与数学中的全微分公式基本相同，不同之处是要用不确定度 U_x 来替换微分 $\mathrm{d}x$，还要考虑到不确定度合成的统计性质。具体分为如下两种形式：

（1）函数关系为和差形式时　对式（1.3-6）求全微分

$$\mathrm{d}y=\frac{\partial f}{\partial x_1}\mathrm{d}x_1+\frac{\partial f}{\partial x_2}\mathrm{d}x_2+\cdots+\frac{\partial f}{\partial x_m}\mathrm{d}x_m$$

用不确定度 U_y，U_{x_1}，U_{x_2}，…，U_{x_m} 替换 $\mathrm{d}y$，$\mathrm{d}x_1$，$\mathrm{d}x_2$，…，$\mathrm{d}x_m$ 并将等式右端进行方和根合成，得到间接测量量的不确定度方和根合成公式

$$U_y=\sqrt{\left(\frac{\partial f}{\partial x_1}U_{x_1}\right)^2+\left(\frac{\partial f}{\partial x_2}U_{x_2}\right)^2+\cdots+\left(\frac{\partial f}{\partial x_m}U_{x_m}\right)^2} \tag{1.3-8}$$

（2）函数关系为积商形式时　先对式（1.3-6）取自然对数，得

$$\ln y=\ln f(x_1,x_2,\cdots,x_m)$$

再对上式进行全微分

$$\frac{\mathrm{d}y}{y}=\frac{\partial f}{\partial x_1}\frac{\mathrm{d}x_1}{f}+\frac{\partial f}{\partial x_2}\frac{\mathrm{d}x_2}{f}+\cdots+\frac{\partial f}{\partial x_m}\frac{\mathrm{d}x_m}{f}$$

用不确定度 U_y，U_{x_1}，U_{x_2}…，U_{x_m} 替换 $\mathrm{d}y$，$\mathrm{d}x_1$，$\mathrm{d}x_2$，…，$\mathrm{d}x_m$ 后，再进行方和根合成，得到间接测量量的不确定度方和根合成公式

$$\frac{U_y}{y}=\sqrt{\left(\frac{\partial f}{\partial x_1}\frac{U_{x_1}}{f}\right)^2+\left(\frac{\partial f}{\partial x_2}\frac{U_{x_2}}{f}\right)^2+\cdots+\left(\frac{\partial f}{\partial x_m}\frac{U_{x_m}}{f}\right)^2} \tag{1.3-9}$$

当用式（1.3-8）和式（1.3-9）估算间接测量量的不确定度时，应使各直接测量量的不确定度具有相同的置信概率，$P\geqslant 0.95$。

1.3.3 测量结果的表示

测量结果无论是直接测量还是间接测量得到的，其正确表示应包括测量量的最佳估算值、不确定度和单位。

1. 单次直接测量

在某些精度要求不高或条件不许可的情况下，只需要进行单次测量。在单次测量中，单次测量值 $x_{测}$ 作为被测量的最佳估算值。测量的不确定度与所用的测量仪器的精度、测量者的估读能力及测量条件等许多因素有关，因此，它的合理估计实际上是比较复杂的。在一般情况下，对随机误差很小的测量，可以只估计不确定度的 B 类分量，用仪器误差 Δ_{inst} 作为测量值 x 的总不确定度，测量结果表示为

$$x = x_{测} \pm \Delta_{inst} \tag{1.3-10}$$

例如，当用电子天平单次测量物体的质量时，显示值为 13.62g，仪器误差取电子天平的精度，即末尾的单位值为 0.01g，则测量结果表示为

$$m = m_{测} \pm \Delta_{inst} = (13.62 \pm 0.01)\,\mathrm{g}$$

2. 多次直接测量

对多次直接测量的数据 x_1，x_2，…，x_n 进行处理的一般步骤是：

（1）计算被测量的算术平均值

$$\bar{x} = \frac{x_1 + x_2 + \cdots + x_n}{n} = \frac{\sum_{i=1}^{n} x_i}{n}$$

把 $\bar{x}$ 作为被测量的最佳估算值。

（2）用贝赛尔公式求出算术平均值的标准偏差

$$S_{\bar{x}} = \frac{S_x}{\sqrt{n}} = \sqrt{\frac{\sum_{i=1}^{n}(x_i - \bar{x})^2}{n(n-1)}}$$

（3）剔除异常数据　审查测量数据，如发现有异常数据，应予以剔除。剔除异常数据后，再重复步骤（1）~（3），直至完全剔除异常数据。

（4）确定仪器误差 Δ_{inst}　查表 1.3-1 确定修正因子 t，求出不确定度的 A 类分量 $\Delta_A = tS_{\bar{x}}$。

（5）求出不确定度

$$U = \sqrt{\Delta_A^2 + \Delta_B^2} = \sqrt{(tS_{\bar{x}})^2 + \Delta_{inst}^2}$$

（6）测量结果为

$$\begin{cases} x = \bar{x} \pm U \\ U_r = \dfrac{U}{\bar{x}} \times 100\% \end{cases}$$

例如，用精度为 0.02mm 的游标卡尺测圆柱体的高度，测量数据为 15.02，15.00，14.98，14.96，15.02，单位 mm。数据处理过程如下：

（1）利用式（1.2-7）求平均值，得 $\overline{h}=14.996\text{mm}$；（2）用式（1.2-11）求算术平均值的标准偏差，得 $S_{\overline{h}}\approx 0.0117\text{mm}$；（3）测量值的残差没有大于测量值的标准偏差 S_h［利用式（1.2-10）计算］的 3 倍，测量数据正常；（4）游标卡尺的仪器误差 $\Delta_{\text{inst}}=0.02\text{mm}$，测量 5 次时的修正因子 $t=2.78$，则利用式（1.3-3）计算 A 类不确定度分量 $\Delta_{\text{A}}=tS_{\overline{h}}=2.78\times 0.0117\text{mm}\approx 0.0325\text{mm}$；（5）利用式（1.3-5）计算合成不确定度 $U_h=\sqrt{\Delta_{\text{A}}^2+\Delta_{\text{inst}}^2}=\sqrt{0.0325^2+0.02^2}\text{mm}\approx 0.0711\text{mm}\approx 0.08\text{mm}$（保留 1 位有效数字）；（6）测量结果表达式为 $h=\overline{h}\pm U_h=(15.00\pm 0.08)\ \text{mm}$（小数点后的位数对齐），相对不确定度 $U_{\text{r}}=\dfrac{U_h}{\overline{h}}\times 100\%\approx 0.6\%$。

3. 间接测量

间接测量的数据处理步骤：

（1）按照直接测量处理步骤求出各直接测量值的结果

$$x_1=\overline{x}_1\pm U_{x_1},x_2=\overline{x}_2\pm U_{x_2},\cdots,x_m=\overline{x}_m\pm U_{x_m}$$

（2）将直接测量值的最佳估算值代入函数关系式中，求出间接测量值的最佳估算值

$$\overline{y}=f(\overline{x}_1,\overline{x}_2,\cdots,\overline{x}_m)$$

（3）根据间接测量量不确定度的方和根公式，求出间接测量量的不确定度

$$U_y=\sqrt{\left(\frac{\partial f}{\partial x_1}U_{x_1}\right)^2+\left(\frac{\partial f}{\partial x_2}U_{x_2}\right)^2+\cdots+\left(\frac{\partial f}{\partial x_m}U_{x_m}\right)^2}$$

或

$$\frac{U_y}{y}=\sqrt{\left(\frac{\partial f}{\partial x_1}\frac{U_{x_1}}{f}\right)^2+\left(\frac{\partial f}{\partial x_2}\frac{U_{x_2}}{f}\right)^2+\cdots+\left(\frac{\partial f}{\partial x_m}\frac{U_{x_m}}{f}\right)^2}$$

4. 最后结果表示

$$\begin{cases}y=\overline{y}\pm U_y\\ U_{\text{r}}=\dfrac{U_y}{\overline{y}}\times 100\%\end{cases}$$

不确定度 U_y 一般取一位有效数字，必要时，用科学表达式表示。$\overline{y}$ 小数点后的位数与 U_y 的对齐，U_{r} 最多取两位数字。

例如，在“实验 1　物体密度的测量”中，被测物体是圆柱体，直接测量量是圆柱体的质量、高度和直径，圆柱体的密度是间接测量量。假设各直接测量量的结果为质量 $m=\overline{m}\pm U_m=(13.62\pm 0.01)\text{g}$，高度 $h=\overline{h}\pm U_h=(15.00\pm 0.08)\ \text{mm}$，直径 $d=\overline{d}\pm U_d=(12.326\pm 0.005)\ \text{mm}$，则圆柱体密度的数据处理方法如下：

利用密度与直接测量量的关系式 $\rho=4m/(\pi d^2h)$ 计算密度值，$\overline{\rho}=4\overline{m}/(\pi\overline{d}^2\overline{h})\approx 0.007613\text{g}\cdot\text{mm}^{-3}=7.613\text{g}\cdot\text{cm}^{-3}$（代入各物理量的平均值计算）；由于密度与直接测量量的关系式是积商形式，则利用式（1.3-9）先计算密度的相对不确定度表达式，结果为

$$U_r = \frac{U_\rho}{\rho} = \sqrt{\left(\frac{U_m}{m}\right)^2 + \left(\frac{2U_d}{d}\right)^2 + \left(\frac{U_h}{h}\right)^2}$$

代入相应值，得 $U_r \approx 0.005444 \approx 0.55\%$（在保留2位有效数字时），再计算密度的不确定度 $U_\rho = \rho U_r = 7.613 \times 0.55\% = 0.0419\text{g} \cdot \text{cm}^{-3} \approx 0.05\text{g} \cdot \text{cm}^{-3}$（只进不舍，保留1位有效数字）；最后，物体密度测量结果表达式为 $\rho = \bar{\rho} \pm U_\rho = (7.61 \pm 0.05)\text{g} \cdot \text{cm}^{-3}$（四舍五入，小数点后的位数对齐），相对不确定度 $U_r = 0.6\%$（在保留1位有效数字时）。

1.4 有效数字

测量任何一个物理量，其测量结果都包含误差，这意味着该物理量测量值的位数没必要无限制地写下去。测量结果只写到开始有误差的那一位数，以后的数按四舍五入法则进行取舍。

1.4.1 有效数字的概念

1. 有效数字的定义

我们把测量结果中可靠的几位数加上有误差的一位数，称为测量结果的有效数字，或者说，有效数字中最后一位数字是不确定的。这里我们看到，有效数字是表示不确定度的粗略方法，而不确定度则是有效数字中最后一位数字的不确定程度的定量描述，二者都表示含有误差的测量结果。

2. 关于有效数字应注意以下几点

1）在直接测量中，数据记录到误差发生位，即估读位。

2）有效数字的位数与小数点的位置无关，如：1.23与123都是三位有效数字。

3）关于0是不是有效数字的问题，可以这样来判断：从左向右数，以第一个不为零的有效数字为标准，它左边的0不是有效数字，它右边的0是有效数字。例如，0.0123是三位有效数字，而0.01230是四位有效数字。也就是说，当0只是用来表示小数点的位置时，它不是有效数字，否则，它是有效数字。作为有效数字的0，不可以忽略，例如：不能将1.35000cm省略成1.35cm，因为它们的准确程度是不同的。

1.4.2 数值书写规则

1. 测量结果表达式中的有效数字

由于不确定度本身只是一个估计值，一般情况下，不确定度的有效数字只取一位。

测量值的最后一位一般要与不确定度对齐。例如，$L = (1.00 \pm 0.02)\text{cm}$。一次测量结果的有效数字由仪器误差或估计的不确定度来确定；多次直接测量算术平均值的有效数字由计算得到的平均值的不确定度来确定；间接测量结果的有效数字也是先算出结果的不确定度，再由不确定度来确定。

例如，测量值 $\rho = 1.19423\text{g} \cdot \text{cm}^{-3}$，其不确定度 $U_\rho = 0.003\text{g} \cdot \text{cm}^{-3}$，测量结果写成 $\rho = (1.194 \pm 0.003)\text{g} \cdot \text{cm}^{-3}$，我们把测量值中前面的三个数字1、1和9称为可靠数字，而第四位与不确定度对齐的数字4称为可疑数字，是有效数字末位。

概括起来说，测量值结果的有效数字是由不确定度来确定的，测量值结果的最后一位数字要与不确定度对齐，数据截断时其尾数按四舍五入的法则进行取舍。所谓尾数是指有效数字末位后面的数字。

2. 科学表达式

当数值很大或很小时，我们常用有一位整数和若干位小数乘以 10 的幂次来表示它们。如，光速写成 $c=2.99792458\times10^{8}\mathrm{m\cdot s^{-1}}$。

在单位变换或一般表达式变换为科学表达式时只涉及小数点位置的改变，而不允许改变有效数字的位数。

1.4.3 有效数字的运算规则

运算时应使结果具有足够的有效数字，不能多，也不能少。有效数字运算取舍的原则是，运算结果保留一位可疑数字。

1. 加减运算

几个数相加减时，最后结果的可疑数字与各数值中最先出现的可疑数字对齐。例如，

$$N=71.3+6.35-0.81+271=347.84=348$$

2. 乘除运算

当几个数相乘除时，计算结果的有效数字位数与参加运算的各数值中有效数字位数最少的一个相同（或最多再多保留一位）。例如，

$$N=71.3\times6.36\div0.\underline{81}\div271=2.062571=2.1$$

实际计算时，计算过程直接用计算器进行计算而不必进行位数的取舍，只要结果保留正确就行了。

3. 对数、三角函数和 n 次方运算

前面讲的简算方法不适用于对数、三角函数和 n 次方运算。它们的计算结果必须按照不确定度的传递公式来计算函数值的不确定度，然后再根据测量结果最后一位数与不确定度对齐的原则来决定有效数字。

例如，已知 $\theta=60.00°\pm0.03°$，试求 $x=\sin\theta$。

$x=\sin\theta=\sin60°=0.866025$（此值由计算器算得）；

按照不确定度传递公式

$$U_x=|\cos\theta|U_\theta=0.5\times0.03\times\frac{2\pi}{360}=0.0003$$

结果

$$x=0.8660\pm0.0003$$

$$U_r=\frac{U_x}{\bar{x}}=0.03\%$$

上述简算方式不是绝对的。一般来说，为了避免在运算过程中由于数字的取舍而引入计算误差，在运算过程中应多保留一位为妥，但最后结果中仍删去此位，以测量值最后一位与不确定度对齐的原则为准。

1.5　实验数据处理方法

进行实验必然要采集大量的数据，实验人员需要对实验的数据进行记录、整理、计算和分析，从而找出测量对象的内在规律，正确给出实验结果。所以说，实验数据处理是实验工作不可缺少的部分。下面介绍实验数据处理常用的几种方法。

1.5.1　列表法

列表法是将记录的数据和处理过程以表格的形式表示。列表要求为：

1）表格的名称写在表格上方居中。

2）在表格中各行或列的标题栏内，标明物理量的名称、符号和单位，公因子和幂提至标题栏内。

3）按照数据递增或递减的顺序将数据及处理过程列在表中，各量的函数关系应能反映出来。

4）表格中数据应按有效数字法则记录。

例如，“实验1　物体密度的测量”中的表2.1-1、表2.1-2，“实验3　用扭摆法测定物体的转动惯量”中的表2.3-2等。

1.5.2　作图法

图线能够明显地表示出实验数据间的关系，揭示物理量之间的联系，并且通过它可以找出两个量之间的数学关系式，因此，作图法是数据处理的重要方法之一，在科学技术上很有用处。作图规则如下：

1. 坐标纸的选用

当决定了作图的参量以后，根据情况选取坐标纸。常用的坐标纸有直角坐标纸、对数坐标纸、半对数坐标纸、极坐标纸等。大学物理实验常用的是直角坐标纸。纸的大小以相应物理量的误差位能在图上估读出为依据。

2. 坐标轴的选取与标度

作图时通常以自变量做横轴（x 轴），以因变量为纵轴（y 轴），并标明坐标轴所代表的物理量（或相应的符号）和单位。坐标比例的选取要做到可靠数字在图上应是可靠的。对于直线，其斜率在45°左右，以免图线偏于一方。坐标比例的选取应以便于读数为原则，常用的比例为1:1，1:2，1:5等。纵坐标与横坐标的比例可以不同，并且标度也不一定从零开始。

坐标轴上每隔一定的距离应均匀地标出分度值，标记所用的有效数字的位数与实验数据的有效数字位数相同。

3. 数据点的标出

实验数据点用细铅笔以“＋”符号标出，符号的交点即是数据点的位置。同一张图上如有多条实验曲线，各条曲线的数据点可用不同的符号（如×、△等）标出，以示区别。

例如，在“实验31　夫兰克－赫兹实验”中手动绘制板极电流与加速电压的关系曲线时，坐标纸上数据点的位置要用符号“＋”或“×”等标出。

4. 曲线的描绘

由实验数据点描绘出平滑的实验曲线，连线要用透明的直尺、三角板或曲线板等来连接。要尽可能使所描绘的曲线通过较多的实验点，对那些严重偏离曲线的个别点，应检查标点是否有错误。若有错误，在连线时舍去不予考虑。其他不在图线上的点均匀分布在曲线两旁。例如，在“实验30 光电效应及普朗克常量的测定”中绘制截止电压与频率的关系曲线(直线)时，要让不在直线上的点均匀分布在直线的两旁。对于仪器仪表的校正曲线和定标曲线，连接时应该将相邻的两点连成直线，整个曲线呈折线形状。例如，在“实验35 用电位差计校正电压表”中，校正曲线要绘制成折线形状。

5. 注解和说明

在图纸上要写明图线的名称、作图者姓名、日期及必要的说明。

直线作图法要求求出斜率和截距，进而得出完整的线性方程。

1)计算直线斜率时，一般在直线上取相距较远两点 $A(x_1,y_1)$ 和 $B(x_2,y_2)$。这两个点不一定是实验数据点，但要在实验数据范围内选，并做好标记，在记号旁边注明坐标值。

2)求斜率：直线方程 $y=a+bx$，将 A 和 B 两点坐标代入，便可计算出斜率。即

$$b=\frac{y_2-y_1}{x_2-x_1}(\text{单位})$$

3）求截距：若横坐标起点为零，则可将直线用虚线延长得到与纵坐标轴的交点，便可求出截距。若起点不为零，则可用下式计算截距

$$a=\frac{x_2y_1-x_1y_2}{x_2-x_1}(\text{单位})$$

1.5.3 逐差法

当自变量与因变量之间成线性关系、自变量按等间隔变化、且自变量的误差远小于因变量的误差时，可使用逐差法计算因变量变化的平均值。使用它既能充分利用实验数据，又具有减小误差的效果。具体做法是，将测量得到的偶数组数据分成前后二组，将对应项分别相减，然后求出平均值。这种方法将在“用牛顿环测透镜的曲率半径”及“迈克耳孙干涉仪的调节与使用”等实验中都用到。关于用逐差法处理实验数据，我们将结合实验做详细讲解。

此外，实验数据的处理方法还有“最小二乘法”（线性回归），本书不再介绍。同学们今后用到的话，可自己阅读有关书籍。培养自学能力，学会如何学习，通过自学获取新知识，这对学生是非常重要的。

误差理论与数据处理方法举例，见学习通绪论部分“误差理论与数据处理”。

习　题

1. 指出下列各数是几位有效数字。

(1) 0.0001	(2) 0.0100	(3) 1.0000	(4) 980.12300
(5) 1.35	(6) 0.0125	(7) 0.367	(8) 0.0008760

2. 单位变换。

(1) $m=(3.162\pm0.002)\text{kg}$

$=(\qquad)\text{g}=(\qquad)\text{mg}$

(2) $\theta=(59.8\pm0.1)^\circ=\underline{\qquad}'$

(3) $L=(98.96\pm0.04)\text{cm}$

$=(\qquad)\text{m}=(\qquad)\text{mm}=(\qquad)\mu\text{m}$

3. 改正下列错误，写出正确答案。

(1) $d=10.430\pm0.3\text{cm}$ (2) $t=18.5476\pm0.3123\text{cm}$

(3) $D=18.653\pm1.4\text{cm}$ (4) $h=27.3\times10^4\pm2000\text{km}$

(5) $R=6371\text{km}=6371000\text{ m}=637100000\text{cm}$

4. 改错并且将一般表达式改写成科学表达式。

(1) $y=(1.96\times10^{11}\pm5.78\times10^9)\text{N}\cdot\text{m}^{-2}$ (2) $L=(160000\pm100)\text{m}$

5. 根据有效数字的运算规则，计算下列各式的结果。

(1) $89.70+1.3=$ (2) $107.4-2.6=$

(3) $222\times0.200=$ (4) $237.5\div0.10=$

(5) $\dfrac{76.00}{40.00-2.0}=$ (6) $\dfrac{50.00\times(18.30-16.3)}{(103-3.0)\times(1.00+0.0001)}=$

6. 计算下列各题，写出正确的结果表达式。

(1) 用毫米刻度尺测一钢丝的长度共 10 次，结果分别为（单位为 cm）：88.88，88.84，88.85，88.87，88.85，88.86，88.87，89.00，88.84，88.86，求长度的测量结果。

(2) 有一金属圆柱，测得其直径 $d=(2.04\pm0.01)\text{cm}$，高 $h=(4.12\pm0.01)\text{cm}$，质量 $m=(149.12\pm0.05)\text{g}$，计算其密度。

7. 对于单摆测重力加速度 g，当摆角很小时，有 $T=2\pi\sqrt{l/g}$ 的关系，式中 l 为摆长，T 为周期，它们的测量结果分别为 $l=(97.69\pm0.02)\text{cm}$，$T=(1.9842\pm0.0002)\text{s}$，求重力加速度及其不确定度。

8. 一物体做匀速直线运动，测量运动距离 s、时间 t，结果如下：

t/s	1.00	2.00	3.00	4.00	5.00	6.00	7.00	8.00
s/cm	16.8	22.8	29.0	34.9	40.8	46.3	52.4	58.6

(1) 用作图法求出物体的运动速率；(2) 用逐差法求出物体的运动速率。

第 2 章　基础性实验

基础性实验是物理实验课的启蒙教育，它在整个物理实验课程中占有非常重要的地位。基础性实验主要是让学生掌握基本的实验知识、实验方法、实验技能和数据处理方法，培养学生良好的实验习惯、严谨求实的科学态度和刻苦钻研的作风，提高实际分析、解决问题的能力，为未来研究、解决实际问题打下坚实的基础。

为了达到基础性实验的教学目的，我们从力、热、电、光实验中精心挑选一些物理思想比较突出、实验方法巧妙，并有代表性的实验作为基础性实验教学内容。

根据学生的实际情况，在基础性实验教学中采取“详细讲解，启发性指导”的方法。作为进入大学后的第一门实验课，注重基本技能训练，让学生打好基础，养成良好的习惯非常重要。由于学生缺乏实验的基本知识，教师要不厌其烦，除讲清原理和要求外，还要讲清实验过程中的各种操作要求，从仪器的摆放、接线拆线的顺序、仪器仪表的操作、读数方法，到实验报告的格式要求，都要详细示范讲解。严格要求、随时检查要贯穿于整个物理实验教学中，要让正确的操作方法成为学生的自觉习惯。在学生做实验的过程中，采用启发式指导的方法，在操作技能的训练上，既要放手大胆让学生去实验操作，又要及时纠正某些不规范的操作。学生有了疑难，出了故障，教师只给启发提示，不“包办代替”，让学生自己动手、动脑去解决问题，给学生留下思考的空间。

实验 1　物体密度的测量

【网络资源】

本实验教学资源，如游标卡尺和千分尺的使用视频、数据处理方法举例等见学习通“物体密度的测量”实验。

【实验目的】

1. 掌握游标卡尺、千分尺的测量原理和使用方法。
2. 掌握直接测量量和间接测量量的数据处理方法。
3. 掌握有效数字和不确定度的计算方法，正确书写测量结果的表达式。

【实验原理】

1. 测量原理

对一个圆柱体，它的密度 ρ 的表达式为

$$\rho = \frac{m}{V} = \frac{4m}{\pi d^2 h} \tag{2.1-1}$$

式中，m 为圆柱体的质量；V 为圆柱体的体积；h 为圆柱体的高度；d 为圆柱体的直径。

实验中，只要直接测出 d、h 和 m，即可间接确定物体的密度 ρ。

式（2.1-1）只适用于质量均匀分布的圆柱体。但由于被测试件加工上的不均匀，必然会给测量带来系统误差。又由于圆柱体的加工不标准，所以可以用处理随机误差的方法来减小这种具有随机性质的系统误差，即测量时，在试件的不同位置采取多次测量后取平均值的方法来处理。

2. 游标卡尺

（1）游标卡尺的结构　如图2.1-1所示，游标卡尺有两个主要部分：一条尺身和一个套在尺身上并可以沿它移动的游标（也称副尺）。

测量物体的外径时用两个外量爪；测量物体的内径时用两个内量爪；测量物体的深度时使用深度尺。

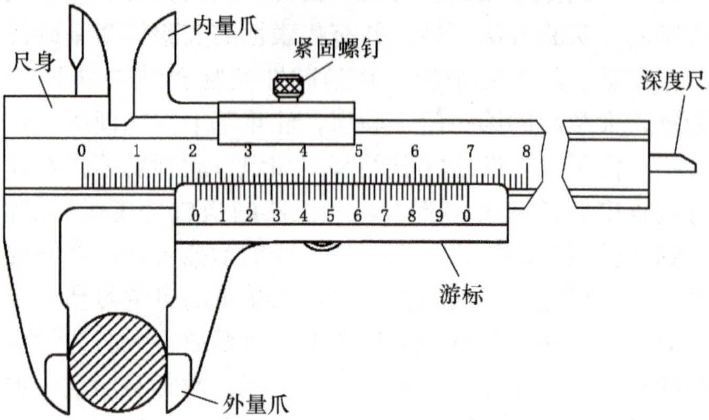

图2.1-1　游标卡尺结构图

（2）游标卡尺的制作原理　以常用的50分度游标卡尺为例。游标卡尺的尺身为毫米分度尺，相邻两条刻线间的距离是1mm，即最小分度值为1mm。当外量爪的两个测量刀口相贴时，游标上的零刻度线和尺身上的零刻度线严格对齐，此时称为读数为零。

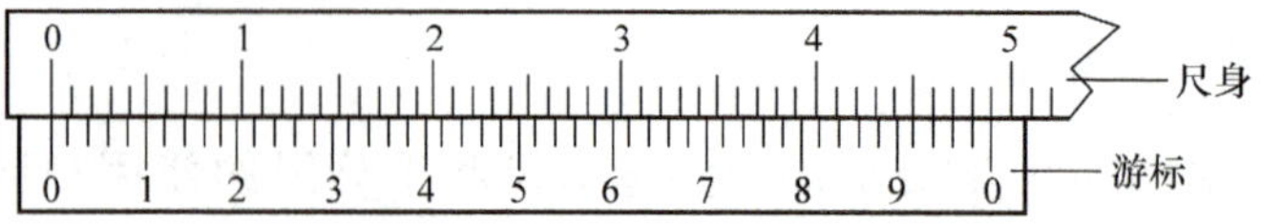

图2.1-2　游标卡尺读数示意图

游标上刻有50个等分格，并标有0，1，2，…，9，0。当外量爪的两个测量刀口相贴时，游标上的左右两条零刻线分别与尺身上的零刻线和49mm刻线对齐，如图2.1-2所示，即游标上50个等分格总长等于49mm，每个分格的长度为0.98mm，它与尺身上每个分格的长度1mm相差0.02mm，这个值称为游标卡尺的精度。

游标卡尺还有20分度、10分度的。分光计的读数方法也是采用游标读数。

（3）游标卡尺的读数原理和方法　以测量物体的外径为例。将被测物体放在两个外量爪之间，如图2.1-1所示。要读出游标零刻线对应的尺身上位置处的数值，如果没有游标，读数方法为先读出尺身上整毫米数值20mm，再按10等分，估读整毫米数后的数值，如0.5mm，最后数值为20.5mm。如果有游标，整毫米数后一位的数值就可以准确地读出，而不是估读。

原理是：先找出游标上与尺身上的刻线对齐的那条刻线，如游标上的4.2线与尺身上的

41mm 线对齐，尺身上的 20mm 线到 41mm 线的距离是 21mm，游标上左侧的零刻线到 4.2 线距离是 21 ×0.98mm（21 个分格，每个分格的长度为 0.98mm），则游标零刻线对应的尺身上位置处整毫米数后的数值为

$$21\text{mm} - 21 \times 0.98\text{mm} = 21 \times (1 - 0.98)\text{mm} = 21 \times 0.02\text{mm} = 0.42\text{mm} \tag{2.1-2}$$

因此，有游标后的读数方法是：先读游标左零刻线对应尺身位置的整毫米数，再按上述方法算出整毫米数后的数值，相加后得出最后的结果是 20.42mm。

可以看出，上述结果小数点后的数字 42 和游标上与尺身对齐的 4.2 线的数字 42 是一样的，所以，实际中游标卡尺的读数方法是：先从尺身上读出游标左侧零刻线对应的尺身上位置处的整毫米数（20），再找出游标上哪一条刻线（4.2 刻线）与尺身上的刻线对齐，把对应的刻线数写在整毫米数后（20.42），作为小数部分，单位 mm。

在使用游标卡尺过程中，由于制作或使用等原因，会产生零点读数不为零的情况。这时读数的最后结果应减去零点误差 z_0 值。

零点误差 z_0 值的读数方法：如果游标左零刻线在尺身零刻线的左侧，读负值；若游标零刻线在尺身零刻线的右侧，读正值。数值的多少，参考上述整毫米数后的读数方法。

（4）游标卡尺使用注意事项　使用时应小心保护量爪，不能让物体在量爪内滑动，避免磨损；使用外量爪时，被测量物体应放在外量爪的外端，不能卡在内侧；紧固螺钉不能用力拧死，读数时适当固定即可。

3. 千分尺

（1）千分尺的结构　千分尺，又名螺旋测微计，是比游标卡尺更精密的长度测量仪器，主要分为外径千分尺和内径千分尺，本实验用的是外径千分尺，其结构如图 2.1-3 所示。

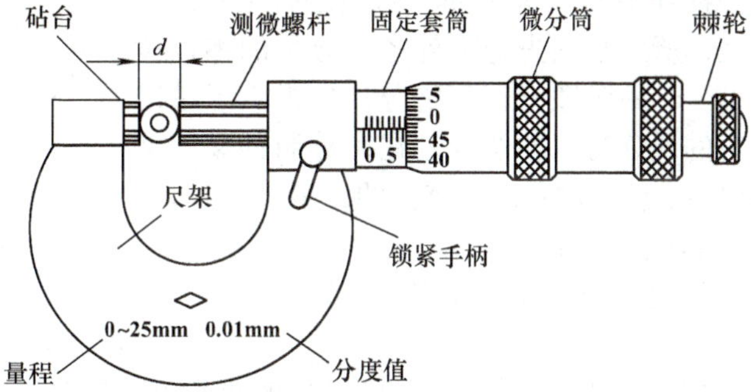

图 2.1-3　外径千分尺结构图

外径千分尺主要由一根固定套筒和一个与微分筒相连的测微螺杆组成，固定套筒上有 0.5mm 分度值的标尺：尺身上刻有两排线，下面的一排称为毫米线，上面的称为半毫米线，两列刻线的间距均为 1mm，但彼此错开 0.5mm。

（2）外径千分尺的测量原理　微分筒上均匀刻有 50 个分度线（实验中使用的外径千分尺），微分筒每旋转一周，测微螺杆前进或后退 0.5mm。这样，当微分筒转过一个分度时，测微螺杆就会在固定套筒内沿轴线方向前进或后退 0.01mm，因此，我们说外径千分尺的精度是 0.01mm。由此可见，外径千分尺是利用螺旋（测微螺杆的外螺纹和固定套筒的内螺纹精密配合）的旋转运动，将微分筒的角位移转变为测微螺杆的直线位移的原理来实现长度测量的量具。

外径千分尺实际上是实验方法中机械放大法的一种应用。假设微分筒刻度部分的周长为 50mm，刻了 50 个刻度，则分度值为 1mm。测量时，当测微螺杆移动 0.01mm 时，在微分筒上相应变化为 1mm，于是微小位移被放大，放大倍数为 1mm/0.01mm = 100。因此，这种装置使测量精度提高了 100 倍，这种方法称为螺旋放大法。凡采用螺旋测微装置的仪器，如后

续实验中用到的读数显微镜、迈克耳孙干涉仪等，在测量部分中都采用了螺旋放大法。

（3）外径千分尺的读数方法　在设计外径千分尺时，如果砧台与测微螺杆接触上，即被测物长度为零时，读数应为零，即这时微分筒的左边缘与固定套筒上的标尺零线对齐，微分筒上的零刻线与固定套筒上的水平基准线对齐。

把被测物放在砧台与测微螺杆之间，旋转微分筒，当被测物与测微螺杆刚要接触时，转动棘轮，至听到“咯咯”的响声为止，说明砧台与测微螺杆的端面已与待测物紧密接触，开始读数。

从固定套筒的毫米分度尺上读出大于0.5mm的整格部分，0.5mm以下的部分从水平基准线对应的微分筒刻度盘处读出，要估读到0.001mm级。读数举例如图2.1-4所示。

图中第二排自左至右的正确读数分别为

$z=(3+0.185)\text{mm}=3.185\text{mm}$；$z=(3.5+0.185)\text{mm}=3.685\text{mm}$；$z=(1.5+0.479)\text{mm}=1.979\text{mm}$

这样，如果单位用mm，最后结果的有效数字的位数必然为小数点后三位！

（4）使用外径千分尺的注意事项

注意事项一：在使用外径千分尺时，应先检查仪器的零位置，当螺杆的端面与砧台相接触时，读数应该是0.000mm。但实际使用中往往不是0.000mm，原因是有系统误差存在，所以必须先记下外径千分尺的零点读数z_0。z_0的读数有正负之分，如果水平基准线对的微分筒上的位置是在微分筒的零刻度线以下，读负的；反之读正的，参见图2.1-4上半部相应部分。

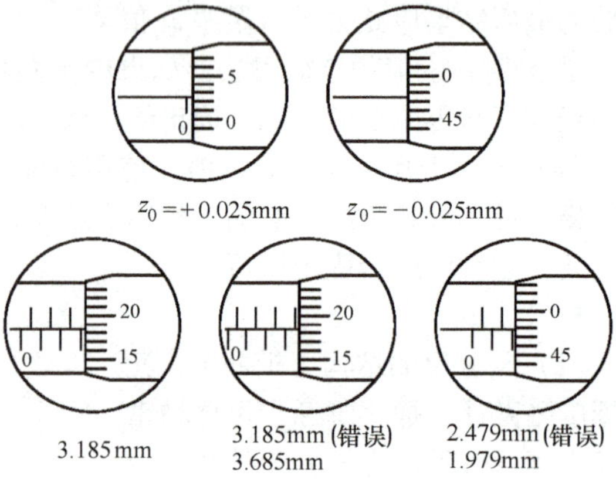

图2.1-4　外径千分尺的读数示意图

待测物的实际长度修正后为

$$L=z-z_0$$

如果L的单位是mm，则结果的小数点后应是三位。

注意事项二：砧台与测微螺杆，或砧台、被测物与测微螺杆三者刚要接触时，严禁直接转动微分筒，特别是用力拧动。这时应转动棘轮，至听到“咯咯”的响声为止。

注意事项三：对整格线的判别方法，以图2.1-4中最后一个读数为例。虽然已经看到了固定套筒上的2mm刻度线，但整格数不能读为2，只能读到1.5个格，原因是水平基准线对的微分筒上的位置没有超过零刻度线，也就是说，还没有到2mm，只有当水平基准线对的微分筒上的位置超过了零刻度线，整格数才能读为2。

【实验仪器】

游标卡尺、外径千分尺、电子天平、待测圆柱体。

【实验内容】

1. 测圆柱体的高度。先记下游标卡尺的零点读数z_0，再用游标卡尺在圆柱体的不同位置测出高度h值，测5次。将测量的数据修正后（减去z_0值），填入表2.1-1中。

表 2.1-1 测圆柱体的高度

零点读数 z_0 =________ 游标卡尺精度________ 单位：mm

次数	1	2	3	4	5	平均值 $\bar{h}$
高度 h						

2. 测圆柱体的直径。先记下外径千分尺的零点读数 z_0，再用外径千分尺测出圆柱体的直径 d，分不同部位测量9次，相应数据修正后（减去 z_0 值）填入表2.1-2中。

表 2.1-2 测圆柱体的直径

零点读数 z_0 =________ 千分尺精度________ 单位：mm

次数	1	2	3	4	5	6	7	8	9	平均值 $\bar{d}$
直径 d										

3. 测圆柱体的质量。用电子天平称出圆柱体的质量 $m_{测}$，只测量1次。

圆柱体的质量 $m_{测}$ =________ 电子天平的精度________

【数据处理】

1. 计算平均值 $\bar{d}$，$\bar{h}$，填入相应的表格中，将 $\bar{d}$，$\bar{h}$，m 代入式（2.1-1）中，计算 $\bar{\rho}$。

2. 估算测量不确定度。

（1）估算直接测量量 h 的不确定度 U_h：

$$S_{\bar{h}} = \sqrt{\frac{\sum_{1}^{n}(h_i - \bar{h})^2}{n(n-1)}} \quad (\text{本次实验：} n=5)$$

$\Delta_{Ah} = t_h S_{\bar{h}}$（$t_h$ 的取值见绪论中表1.3-1）

Δ_{Bh}（取多少？见绪论部分）

$$U_h = \sqrt{\Delta_{Ah}^2 + \Delta_{Bh}^2}$$

（2）估算直接测量量 d 的不确定度 U_d：

$$S_{\bar{d}} = \sqrt{\frac{\sum_{1}^{n}(d_i - \bar{d})^2}{n(n-1)}} \quad (\text{本次实验：} n=9)$$

$\Delta_{Ad} = t_d S_{\bar{d}}$（$t_d$ 的取值见绪论中表1.3-1）

Δ_{Bd}（取多少？见绪论部分）

$$U_d = \sqrt{\Delta_{Ad}^2 + \Delta_{Bd}^2}$$

（3）估算直接测量量 m 的不确定度 U_m：

Δ_{Bm}（取多少？见绪论部分）

$$U_m = \Delta_{Bm}$$

（4）估算间接测量量 ρ 的不确定度 U_ρ：

应用式（1.3-9），对本次实验有：

$$\frac{U_\rho}{\rho}=\sqrt{\left(\frac{\partial\rho}{\partial m}\frac{U_m}{\rho}\right)^2+\left(\frac{\partial\rho}{\partial h}\frac{U_h}{\rho}\right)^2+\left(\frac{\partial\rho}{\partial d}\frac{U_d}{\rho}\right)^2}$$

进一步计算结果等于多少?

3. 写出测量结果表达式:

高度：$h=\bar{h}\pm U_h$，$U_{rh}=\frac{U_h}{\bar{h}}\times100\%$

直径：$d=\bar{d}\pm U_d$，$U_{rd}=\frac{U_d}{\bar{d}}\times100\%$

质量：$m=m_{测}\pm U_m$

密度：$\rho=\bar{\rho}\pm U_\rho$，$U_{r\rho}=\frac{U_\rho}{\bar{\rho}}\times100\%$

注意：U_h，U_d，U_m 和 U_ρ 的有效数字只取一位，$\bar{h}$，$\bar{d}$，$\bar{\rho}$ 有效数字的位数由相应的不确定度来确定：用科学表达式表示后，平均值小数点后的位数与对应的不确定度小数点后的位数对齐。

20℃时几种物质的密度参见附录C。

【思考题】

1. 如何用天平来测量不规则物体的密度?
2. 计算 U_ρ 的表达式。
3. 已知游标卡尺的测量精度为0.01mm，其尺身的最小分度值为0.5mm，试问游标的分度值为多少? 以毫米作为单位，游标的总长度可能取哪些值?

实验2　在气垫导轨上测滑块的速度和加速度

气垫导轨简称为气轨，是一种摩擦阻力极小的力学实验装置。它利用气源将压缩空气注入导轨形空腔内，再由导轨表面上的小孔喷出气流，在导轨表面与滑块之间形成很薄的空气膜（或称气垫），将滑块浮起，使滑块能在导轨上做近似无阻力的直线运动，极大地减少了以往在力学实验中由于摩擦而出现的较大误差，使实验现象更加真实、直观，易为学生接受。

利用气轨可以观察和研究在近似无阻力的情况下物体的各种直线运动规律。它与各种型号的微单片机计时器及小型气源配套使用时，可以测定滑行物体的速度、加速度；验证牛顿第二定律；验证完全弹性碰撞、完全非弹性碰撞条件下的动量守恒定律；还可以进行简谐振动的研究等。

气垫技术是20世纪60年代发展起来的新技术，已在交通、机械等领域得到了广泛的应用，利用这项技术制成的气垫车、气垫船、气垫陀螺、空气轴承以及气垫传输等，在减少机械磨损、延长使用寿命、提高机械效率、节约能源等方面起着很好的作用。

【网络资源】

本实验教学资源见学习通“在气垫导轨上测滑块的速度和加速度”实验。

【实验目的】

1. 学会使用气轨和计时计数测速仪。
2. 观察匀速直线运动，测量滑块的运动速度。
3. 通过测量滑块的加速度，验证牛顿第二定律。

【实验原理】

1. 速度的测量

一个在水平气轨上自由飘浮的滑块，它所受的合外力为零，因此，滑块在气轨上可以静止，或以一定速度做匀速直线运动。在滑块上装一窄的凹形挡光片，当滑块经过设在某位置上的光电门时，凹形挡光片第一条边首先进入，光电门光束被遮挡，触发信号使计时计数测速仪开始计时，当凹形挡光片第二条边进入时，光电门光束再次被遮挡，触发信号使计时计数测速仪停止计时。若光电门前后两次被遮挡时间为 Δt，挡光片移动距离为 Δx（即挡光片的有效宽度），如图 2.2-1 所示，根据平均速度的公式，就可算出滑块通过光电门的平均速度 $\bar{v}$，即

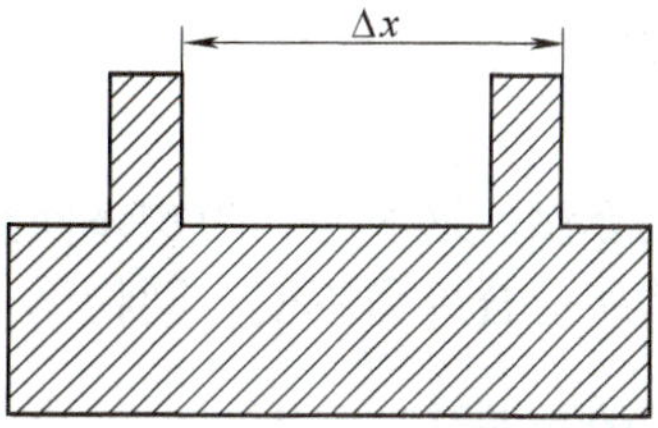

图 2.2-1　挡光片示意图

$$\bar{v}=\frac{\Delta x}{\Delta t} \tag{2.2-1}$$

由于 Δx 比较小，在 Δx 范围内滑块的速度变化也较小，故可以把 $\bar{v}$ 看成是滑块经过光电门的瞬时速度。同样还可看出，如果 Δt 越小（相应的挡光片也越窄），则平均速度 $\bar{v}$ 越准确地反映在该位置上滑块运动的瞬时速度。

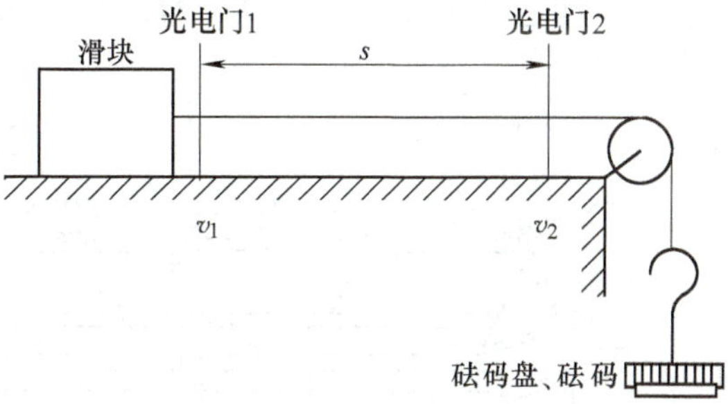

图 2.2-2　测气轨上滑块的加速度

2. 加速度的测量

若滑块在水平方向上受一恒力作用，则它将做匀加速运动。将系有重物（砝码盘、砝码）的细线经气轨一端的滑轮与装有凹形挡光片的滑块相连，如图 2.2-2 所示。在气轨中间选一段距离 s，并在 s 两端设置两个光电门，测出滑块通过 s 两端的始末速度 v_1 和 v_2，则滑块的加速度

$$a=\frac{v_2^2-v_1^2}{2s} \tag{2.2-2}$$

3. 验证牛顿第二定律

调平气轨后，用一系有砝码盘的细线跨过滑轮，如图 2.2-3 所示。若滑块的质量为 m_1，砝码盘与盘中砝码质量为 m_2，以 m_1 和 m_2 为一个整体作为研究对象，m_1 和 m_2 所受合外力为

$$F = m_2 g = (m_1 + m_2)a$$

令

$$m = m_1 + m_2$$

则有

$$F = ma \qquad (2.2\text{-}3)$$

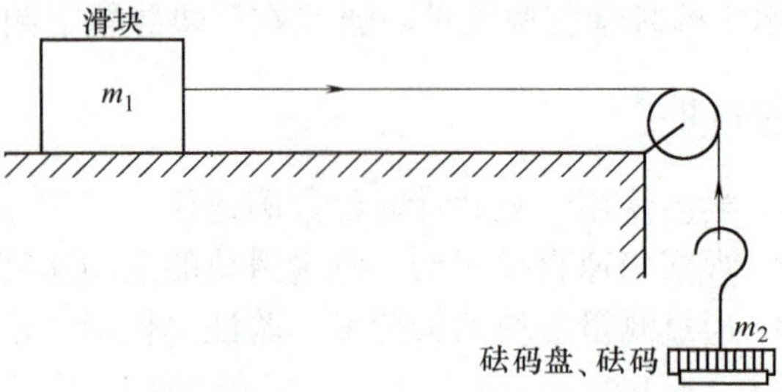

图 2.2-3 验证牛顿第二定律装置图

加速度 a 的数值由式（2.2-2）求得。当作用力 F 加大时，滑块的加速度 a 也增大，且有

$$F_1/a_1 = F_2/a_2 = \cdots = \text{常量}$$

反之亦然。这表明，当物体质量一定时，物体运动的加速度与其所受的合外力成正比。如果物体所受合外力不变，则物体运动的加速度与其质量成反比。

【实验仪器】

L-QG-T-1500－5.8 型气轨、小型气源、MUJ-5C/5B 计时计数测速仪、游标卡尺、电子天平、配重块、砝码盘、砝码等。

1. L-QG-T-1500－5.8 型气轨

该型气轨是一套精密的实验仪器，结构如图 2.2-4 所示，主要分为三部分：导轨、滑块、光电门。

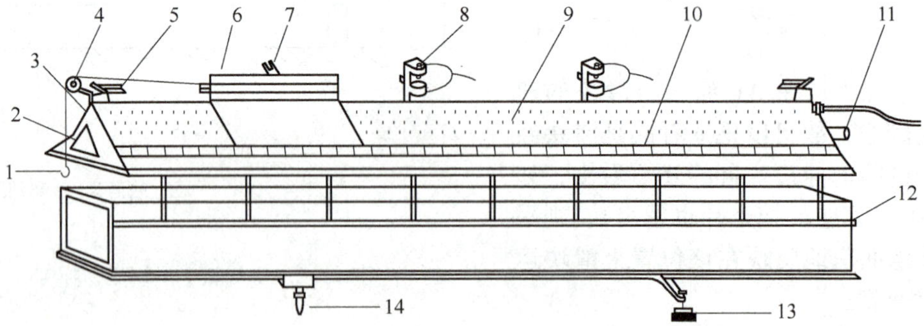

图 2.2-4 气轨示意图

1—挂钩 2—封闭口 3—导轨 4—滑轮 5—弹性碰撞器 6—滑块 7—挡光片 8—光电门 9—喷气小孔 10—标尺 11—进气嘴 12—底座 13—支脚螺钉 14—支点螺钉

（1）导轨 由三角形截口的中空铝合金型材制成，与底座通过双排螺钉固定。工作面长 1500.0mm，工作面两侧面夹角为 90°，上面均匀分布着喷气小孔。导轨两端均装有挡片，其中一端封闭，并安有滑轮，另一端由进气嘴与气源相连，压缩空气进入管腔后，由表面喷气小孔喷出进而托起滑块。底座下安有可调节导轨左右倾斜度的支脚螺钉和调节水平度的支点螺钉。

(2) 滑块　由 90°人字形角铝制成，长度分为 120.0mm、240.0mm 两种。其下部两侧内表面为良好磨面，与导轨表面吻合。滑块上部顶端及两侧开槽，可安装挡光片（或挡光条）、配重块、弹性碰撞器、小钩等配件。

(3) 光电门　是一种光电转换装置。它主要由红外发光二极管和光电晶体管构成，由螺钉通过光敏座固定在光电门架上，并用四芯线与计时计数测速仪相连，当光电门光路变化时，产生脉冲电信号，触发计时计数电路开始或停止计时。光电门架下部装有指针，用于标示光电门在导轨上的位置。

2. MUJ－5C/5B 计时计数测速仪

该仪器以单片微机为核心，由内部程序控制，具有计时 1、计时 2、加速度、碰撞、重力加速度、周期、计数、信号源等测量功能。

仪器前面板和后面板示意图分别如图 2.2-5 和图 2.2-6 所示。

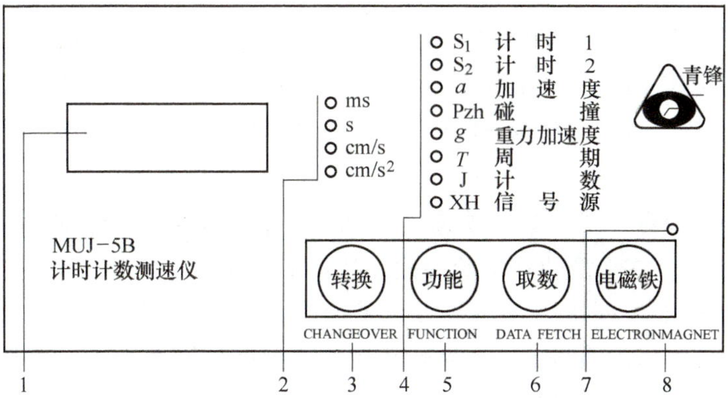

图 2.2-5　计时计数测速仪（前面板）

1—LED 显示屏　2—测量单位指示灯　3—数值转换键　4—功能转换指示灯　5—功能选择/复位键　6—取数键　7—电磁铁开关指示灯　8—电磁铁开关键

下面介绍各开关、按键的作用：

(1) 电源开关　在仪器后面板上，扳至“ON”接通电源。

(2) 功能键　如按下功能键之前，光电门遮过光，按下功能键，则清“0”，功能复位；光电门没遮过光，按下功能键，仪器将选择新的功能。若按住功能键不放，可循环选择功能，至所需的功能指示灯亮时，放开此键即可。本实验主要使用计时 2 功能。

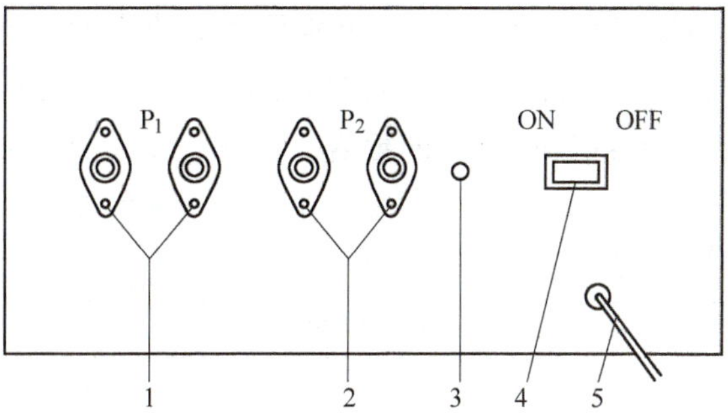

图 2.2-6　计时计数测速仪（后面板）

1—P_1 光电门插口（兼电磁铁插口）　2—P_2 光电门插口　3—信号源输出插口　4—电源开关　5—电源线

1) 计时 1 (S_1)：测量对光电门的挡光时间，从光电门被挡光开始计时，至挡光结束停止计时。可连续测量。

2）计时2（S_2）：测量对光电门两次挡光的时间间隔，从光电门第一次被挡光开始计时，至第二次被挡光停止计时。可连续测量。

（3）取数键　在计时1（S_1）、计时2（S_2）、周期（T）功能时，仪器可自动存入前20个测量值，按下取数键，可显示存入值。当显“E×”时，提示下面将显示存入的第×值。在显示存入值过程中，按下功能键，会清除已存入的数值。

（4）数值转换键　在计时、加速度、碰撞功能时，按下转换键小于1s，测量值在时间或速度间转换。按下转换键大于1s可重新选择您所用的挡光片宽度10.0mm、30.0mm、50.0mm、100.0mm。

（5）电磁铁开关键　按动此键可改变电磁铁的吸合、放开。

【实验内容】

实验之前，将两个光电门安装在导轨底座的梯形槽上，距离气轨两端约30cm处，同时与计时计数测速仪的后面板 P_1 和 P_2 相连，接通计时计数测速仪电源。用一纸片遮挡光电门，学习用计时计数测速仪测量遮光时间的方法。最后将气轨调至水平，可以用下面两种方法把导轨调平：

1）静态调平：接通气源，给气轨通气，把滑块放置于导轨上，在纵向调节支脚螺钉，在横向调节支点螺钉，直至滑块在实验段内保持不动，或稍有滑动，但不总是向一个方向滑动，即认为已基本调平。

2）动态调平：轻轻推动滑块，使滑块从导轨一端向另一端运动，滑块上的挡光片先后通过两个光电门，在计时计数测速仪上记下滑块通过两个光电门所用的时间，调节支点螺钉和支脚螺钉使滑块通过两个光电门的时间近似相等，此时可视为导轨调平。

1. 观察匀速直线运动，测量速度

（1）观察滑块在气轨上的运动，包括和气轨两端的缓冲弹簧的碰撞情况。

（2）轻轻推动滑块，分别记下滑块上的挡光片经过两个光电门时计时计数测速仪显示的时间 Δt_1 和 Δt_2。量出挡光片的宽度 Δx，按式（2.2-1）算出速度 v_1 和 v_2，并填入表2.2-1中。试比较 v_1 和 v_2 的数值，如果 v_1 和 v_2 相差较大，则分析其原因。

表2.2-1　滑块在气轨上做匀速直线运动

Δx = ________ cm

次数	滑块向左运动					滑块向右运动				
	Δt_1/10^{-3}s	Δt_2/10^{-3}s	v_1/(cm/s)	v_2/(cm/s)	v_2-v_1/(cm/s)	Δt_1/10^{-3}s	Δt_2/10^{-3}s	v_1/(cm/s)	v_2/(cm/s)	v_2-v_1/(cm/s)
1										
2										

（3）用比前次稍大的力推动滑块，重复步骤（2）。测算出滑块经过两个光电门时速度的差值，它比步骤（2）中测的是大些还是小些？

2. 验证恒定质量的物体在恒力作用下做匀加速直线运动

（1）将系有砝码盘的细线通过定滑轮与滑块相连，再把滑块移至远离定滑轮的一端，释放滑块后，可看到在砝码盘的带动下它从静止开始做加速运动。

（2）光电门 1 和光电门 2 之间的距离是可任意调节的，如分别调为 40cm、50cm、60cm 等。依次在表 2.2-2 中记下滑块上的挡光片通过光电门 1 和光电门 2 的时间 Δt_1 和 Δt_2 及相应的两个光电门之间的距离 s。

表 2.2-2　验证恒定质量的物体在恒力作用下做匀加速运动

$\Delta x =$ ________ cm　$m = m_1 + m_2 =$ ________ g

次数	$s_1 = 40.00$cm					$s_2 = 50.00$cm					$s_3 = 60.00$cm				
	Δt_1/ 10^{-3}s	Δt_2/ 10^{-3}s	v_1/ (cm/s)	v_2/ (cm/s)	a/ (cm/s^2)	Δt_1/ 10^{-3}s	Δt_2/ 10^{-3}s	v_1/ (cm/s)	v_2/ (cm/s)	a/ (cm/s^2)	Δt_1/ 10^{-3}s	Δt_2/ 10^{-3}s	v_1/ (cm/s)	v_2/ (cm/s)	a/ (cm/s^2)
1															
2															

算出 $v_1 = \dfrac{\Delta x}{\Delta t_1}$、$v_2 = \dfrac{\Delta x}{\Delta t_2}$与$\dfrac{v_2^2 - v_1^2}{2s}$的各次数值。如果得到$\dfrac{v_2^2 - v_1^2}{2s}$的各次数值相同，那么就可以证明滑块在做匀加速直线运动，而$\dfrac{v_2^2 - v_1^2}{2s}$就是匀加速直线运动的加速度。

3. 验证牛顿第二定律，测量加速度

（1）把系有砝码盘的细线通过定滑轮与滑块相连，将两个砝码放于滑块上，再将滑块移至远离定滑轮的一端，松手后滑块便从静止开始做匀加速运动。分别记下滑块上的挡光片通过两个光电门的时间 Δt_1 和 Δt_2，重复数次。测出挡光片的宽度 Δx 和两个光电门的间距 s，由式（2.2-1）与式（2.2-2）计算加速度的数值。

（2）分两次，从滑块上将两个砝码移至砝码盘中（每个砝码的质量取为 5.00g），重复步骤（1），将测量结果填入表 2.2-3。将滑块、砝码、砝码盘作为一个物体来研究，验证物体质量不变时，物体的加速度与所受外力成正比。

表 2.2-3　验证物体质量不变时，物体的加速度与所受外力成正比

$s =$ ____ cm　$\Delta x =$ ____ cm　$m =$ ________ g

次数	$m_2 =$ ________ g					$m_2 =$ ________ g					$m_2 =$ ________ g				
	Δt_1/ 10^{-3}s	Δt_2/ 10^{-3}s	v_1/ (cm/s)	v_2/ (cm/s)	a_1/ (cm/s^2)	Δt_1/ 10^{-3}s	Δt_2/ 10^{-3}s	v_1/ (cm/s)	v_2/ (cm/s)	a_2/ (cm/s^2)	Δt_1/ 10^{-3}s	Δt_2/ 10^{-3}s	v_1/ (cm/s)	v_2/ (cm/s)	a_3/ (cm/s^2)
1															
2															

（3）保持砝码盘与砝码的总质量不变，改变滑块的质量，重复步骤（1），算出质量不同的滑块的加速度。将测量结果填入表 2.2-4，验证当物体所受的外力不变时，其加速度与自身的质量成反比。

表 2.2-4　验证物体所受外力不变时，物体的加速度与质量成反比

$s=$____ cm　$\Delta x=$____ cm　$m_1=$____ g　$m_2=$____ g　$m'=$____ g

次数	$m_{总1}=m_1+m_2=$____ g					$m_{总2}=m_1+m_2+m'=$____ g				
	$\Delta t_1/$ 10^{-3}s	$\Delta t_2/$ 10^{-3}s	$v_1/$ (cm/s)	$v_2/$ (cm/s)	$a_1/$ (cm/s^2)	$\Delta t_1/$ 10^{-3}s	$\Delta t_2/$ 10^{-3}s	$v_1/$ (cm/s)	$v_2/$ (cm/s)	$a_2/$ (cm/s^2)
1										
2										

4. 根据以上四个表格的数据分析得出结论

【注意事项】

气垫导轨是一套精密的实验仪器，它的几何精度直接影响实验效果，在使用过程中，切忌剧烈振动撞击、重压，以免变形，尤其是导轨和滑块的工作面不要让硬物碰伤。

1. 使用导轨前用酒精擦拭干净，不要用手抚摸。导轨表面上喷气孔径很小，如果小孔被堵塞则影响实验效果，可用直径0.6mm的钢丝通一下。

2. 使用时要先通气，再把滑块放在导轨上，严禁在未通气前就将滑块放在导轨工作面上滑动，以免擦伤导轨表面。

3. 使用完毕后，先取下滑块再关掉气源。

4. 实验完毕后将导轨擦净，罩上防尘罩，导轨工作面上不宜涂油，长期不用时应将两脚间用木块垫起，以防变形，严禁放在潮湿或有腐蚀性气体的地方，将导轨挂起存放最佳。

【思考题】

1. 在验证物体质量不变、物体的加速度与外力成正比时，为什么把实验过程中用的砝码放在滑块上？

2. 如果不用天平，而用气轨和计时仪来测定滑块的质量，试推导计算滑块质量的公式，并简要说明测量步骤。

实验3　用扭摆法测定物体的转动惯量

转动惯量是表征物体转动惯性大小的物理量，在科学实验、工程技术、航天、电力、机械等工业领域中有着重要的意义。转动惯量与物体质量、转轴的位置以及质量相对转轴的分布有关。对于形状复杂或质量分布不均匀的物体，用数学方法计算其绕给定转轴的转动惯量极为复杂，通常采用实验方法来测定，例如机械部件、电动机转子和枪炮的弹丸等就可以通过实验进行测量。

转动惯量的测量一般都是使物体以一定的形式运动，通过表征这种运动特征的物理量与转动惯量的关系进行转换测量。本实验采用扭摆法，通过使物体做扭转摆动，由摆动周期及

其他参数的测定计算出物体的转动惯量。

【网络资源】

本实验教学资源见学习通“用扭摆法测定物体的转动惯量”实验，有实验仪器介绍视频、金属载物盘转动周期 T_0 测量视频、塑料圆柱体转动周期 T_1 的测量视频、金属圆筒的转动周期 T_2 测量视频、金属细杆及支架转动周期 T_3 的测量视频、滑块转动周期的测量视频、实验原理、实验数据处理方法等。

【实验目的】

1. 测定弹簧的扭转常数 K 值。
2. 用扭摆测定物体的转动惯量，并与理论值进行比较。
3. 验证转动惯量平行轴定理。

【实验原理】

1. 弹簧的扭转常数 K 值和物体的转动惯量的测定

将固定于扭摆上的物体在水平面内转过一角度后释放，在弹簧的回复力矩作用下物体就开始绕竖直轴做往返扭转运动。根据胡克定律，弹簧受扭转而产生的回复力矩与所转过的角度成正比，即

$$M = -K\theta \tag{2.3-1}$$

式中，M 为回复力矩；K 为扭转常数；θ 为扭转度。

根据转动定律

$$M = I\beta \tag{2.3-2}$$

式中，I 为物体绕转轴的转动惯量；β 为角加速度。

忽略轴承的摩擦阻力矩，由上面两式可得

$$\beta = \frac{\mathrm{d}^2\theta}{\mathrm{d}t^2} = -\frac{K}{I}\theta = -\omega^2\theta \tag{2.3-3}$$

式中，$\omega^2 = K/I$，上述方程表示扭摆运动具有简谐振动的特性，角加速度与角位移成正比，且方向相反。此方程的解为

$$\theta = A\cos(\omega t + \phi)$$

式中，A 为谐振动的角振幅；ω 为角频率（圆频率）；ϕ 为初相位角。

此谐振动的周期为

$$T = \frac{2\pi}{\omega} = 2\pi\sqrt{\frac{I}{K}} \tag{2.3-4}$$

由式（2.3-4）可知，只要实验测得物体的摆动周期，并在 I 和 K 中任何一个量已知时即可计算出另一个量。表 2.3-1 列出了常用规则刚体的转动惯量。

表 2.3-1　常用规则刚体的转动惯量

圆柱体		圆筒
转轴沿几何轴	转轴通过中心与几何轴垂直	转轴沿几何轴
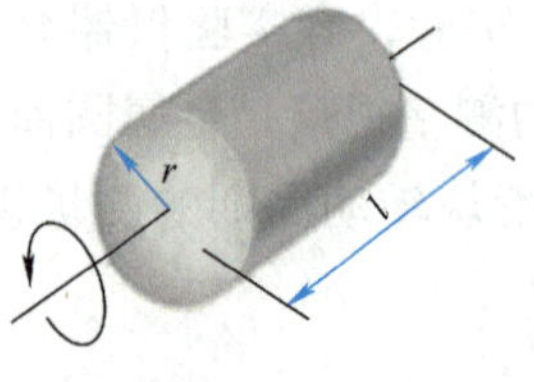	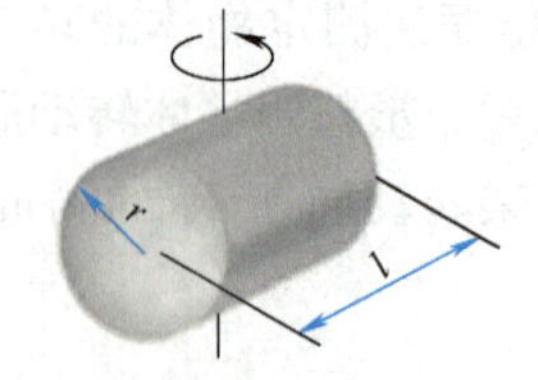	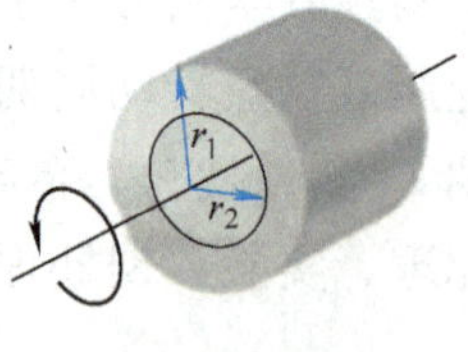
$I=\dfrac{mr^2}{2}$	$I=\dfrac{mr^2}{4}+\dfrac{ml^2}{12}$	$I=\dfrac{m(r_1^2+r_2^2)}{2}$

本实验用一个几何形状规则的物体（塑料圆柱体）来测定弹簧的扭转常数 K 值，其转动惯量可以根据它的质量和几何尺寸（直径）用理论公式直接计算得到。若要测定其他形状物体的转动惯量，只需将待测物体固定在金属载物盘中，测定其摆动周期，由式（2.3-4）即可算出该物体绕竖直轴的转动惯量。现推导如下：

将金属载物盘安装在扭摆上，测得其摆动周期为 T_0，则金属载物盘及支架的转动惯量为

$$I_0=\frac{KT_0^2}{4\pi^2} \tag{2.3-5}$$

再将塑料圆柱体固定在金属载物盘上，测得摆动周期为 T_1，塑料圆柱体的转动惯量为 I_1'，则

$$I_0+I_1'=\frac{KT_1^2}{4\pi^2} \tag{2.3-6}$$

由式（2.3-5）、式（2.3-6）可求得

$$I_0=\frac{I_1'T_0^2}{T_1^2-T_0^2}$$

$$K=4\pi^2\frac{I_1'}{T_1^2-T_0^2}$$

换上待测物体，测得摆动周期为 T，则待测物体的转动惯量为

$$I=\frac{KT^2}{4\pi^2}-I_0$$

2. 验证转动惯量平行轴定理

理论分析证明，若质量为 m 的物体绕质心轴的转动惯量为 I，当转轴平行移动距离为 x 时，则此物体对新转轴的转动惯量为

$$I'=I+mx^2 \tag{2.3-7}$$

此式称为转动惯量的平行轴定理，如图 2.3-1 所示。

对平行轴定理的验证可通过两个金属滑块来进行。将金属细杆在中间用夹具夹住，并固定在扭摆竖直轴上，再将两个金属滑块对称放置在金属细杆上，测出金属滑块转动惯量的实验值，再由平行轴定理计算金属滑块转动惯量的理论值。（想一想怎么做?）二者进行对比，求出百分差。

【实验仪器】

扭摆、转动惯量测试仪、游标卡尺、电子天平。待测物体有塑料圆柱体、金属圆筒、金属滑块。

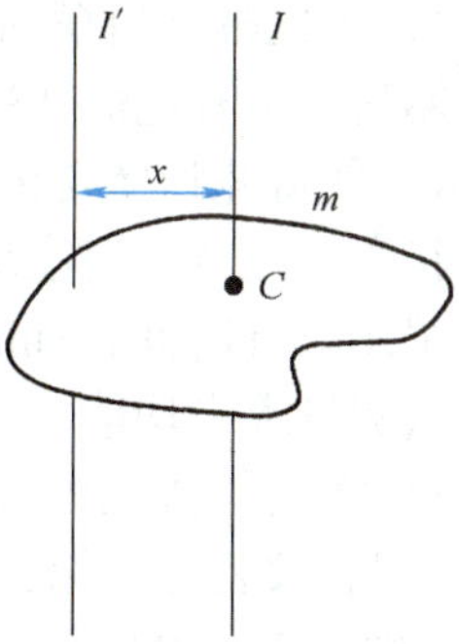

图 2.3-1　平行轴定理

1. 扭摆

扭摆的构造如图 2.3-2 所示，在竖直轴 1 上装有一根薄片状的螺旋弹簧 3，用以产生回复力矩。在轴的上方可以装上各种待测物体。竖直轴与支座间装有轴承，以降低摩擦力矩。2 为水平仪，调节基座 4 上的底脚螺钉 5 可以调整系统水平。

2. 转动惯量测试仪

（1）结构　转动惯量测试仪如图 2.3-3 所示，由光电传感器和主机两部分组成。

光电传感器包括光电探头 1 和信号传输线 4。光电探头主要由红外发射管 2（发光二极管）和红外接收管 3（光电晶体管）组成。测量时，摆动物体上的挡光杆扫过光电探头，光路受遮挡，光电探头将光信号转换为脉冲电信号，通过信号传输线送入主机。

主机采用新型的单片机做控制系统，用于测量物体转动和摆动的周期，以及旋转体的转速，主机能自动记录、存储多组实验数据并能够精确地计算多组实验数据的平均值。

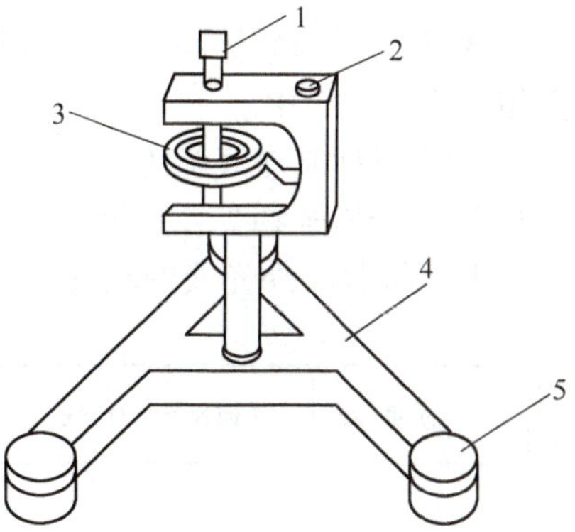

图 2.3-2　扭摆示意图
1—竖直轴　2—水平仪　3—螺旋弹簧
4—基座　5—底脚螺钉

（2）仪器使用方法

1）调节光电传感器在固定支架上的高度，使被测物体上的挡光杆能自由往返地通过光电探头，再将光电传感器的信号传输线插入主机输入端（位于测试仪背面）。

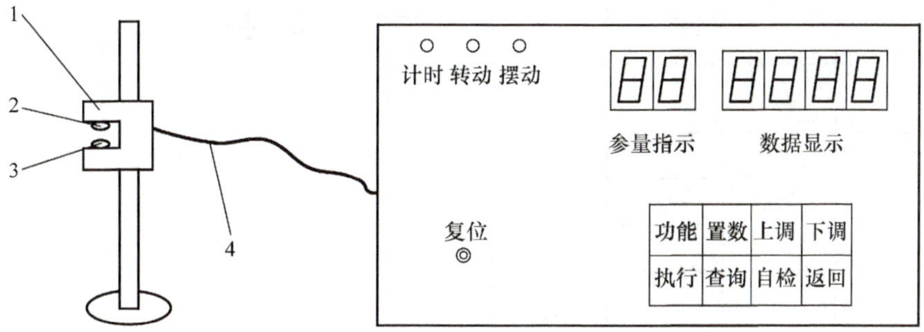

图 2.3-3　TH-2 型转动惯量测试仪示意图
1—光电探头　2—红外发射管　3—红外接收管　4—传输线

2）开启主机电源，摆动指示灯亮，参量指示为“*P*—”、数据显示为“— — — —”。因人眼无法直接观察仪器工作是否正常，可用遮光物体往返遮挡光电探头发射光束通路，按“执行”键，检查计时器是否开始计时，到预定周期数时，是否停止计数。

3）本机默认扭摆的周期数为10，如要更改，可参照仪器使用说明，重新设定。更改后的周期数不具有记忆功能，一旦切断电源或按“复位”键，便恢复至原来的默认周期数。

4）使待测物体自由摆动，按“执行”键，数据显示为“0.000”，表示仪器已处在等待测量状态。此时，当往复摆动的被测物体上的挡光杆第一次通过光电探头时，由“数据显示”显示累计时间，同时仪器自行计算周期 $C1$（仪器显示的字母）予以存储，以供查询和作多次测量求平均值，至此，$P1$（第一次测量）测量完毕。

5）重新使待测物体自由摆动，按“执行”键，“$P1$”变为“$P2$”，数据显示又回到“0.000”，仪器处在第二次待测状态，再进行第二次测量。本机设定重复测量的最多次数为5次，即（$P1$，$P2$，…，$P5$）。通过“查询”键可知各次测量的周期值 CI（$I=1$，2，…，5）以及它们的平均值 CA。

【实验内容】

1. 测出塑料圆柱体的外径、金属圆筒的内、外径（各测量3次）及各物体质量，测量数据填入表2.3-2中。

2. 调整扭摆基座底脚螺钉，使水平仪气泡位于中心。

3. 装上金属载物盘，并调整光电探头的位置使载物盘上的挡光杆处于其缺口中央且能遮住发射、接收红外光线的小孔，测定摆动周期 T_0。

表2.3-2　测量物体的转动惯量

<table>
<tr><th>物体名称</th><th>质量/kg</th><th colspan="2">几何尺寸/10^{-2}m</th><th colspan="2">周期/s</th><th>转动惯量理论值/(10^{-4}kg·m^2)</th><th>实验值/(10^{-4}kg·m^2)</th></tr>
<tr><td rowspan="4">金属载物盘及支架</td><td rowspan="4">—</td><td rowspan="4" colspan="2">—</td><td rowspan="3">T_0</td><td></td><td rowspan="4">—</td><td rowspan="4">$I_0=\frac{I_1'\overline{T}_0^2}{\overline{T}_1^2-\overline{T}_0^2}$</td></tr>
<tr><td></td></tr>
<tr><td></td></tr>
<tr><td>$\overline{T}_0$</td><td></td></tr>
<tr><td rowspan="4">塑料圆柱体</td><td rowspan="4"></td><td rowspan="3">D_1</td><td></td><td rowspan="3">T_1</td><td></td><td rowspan="4">$I_1'=\frac{1}{8}m\overline{D}_1^2$</td><td rowspan="4">—</td></tr>
<tr><td></td><td></td></tr>
<tr><td></td><td></td></tr>
<tr><td>$\overline{D}_1$</td><td></td><td>$\overline{T}_1$</td><td></td></tr>
<tr><td rowspan="8">金属圆筒</td><td rowspan="8"></td><td rowspan="3">$D_{2内}$</td><td></td><td rowspan="7">T_2</td><td rowspan="3"></td><td rowspan="8">$I_2'=\frac{1}{8}m(\overline{D}_{2内}^2+\overline{D}_{2外}^2)$</td><td rowspan="8">$I_2=\frac{K\overline{T}_2^2}{4\pi^2}-I_0$</td></tr>
<tr><td></td></tr>
<tr><td></td></tr>
<tr><td>$\overline{D}_{2内}$</td><td></td><td></td></tr>
<tr><td rowspan="3">$D_{2外}$</td><td></td><td rowspan="3"></td></tr>
<tr><td></td></tr>
<tr><td></td></tr>
<tr><td>$\overline{D}_{2外}$</td><td></td><td>$\overline{T}_2$</td><td></td></tr>
</table>

4. 将塑料圆柱体竖直放在载物盘上，测定摆动周期 T_1。

5. 用金属圆筒代替塑料圆柱体，测定摆动周期 T_2（在计算金属圆筒的转动惯量时，应扣除金属载物盘及支架的转动惯量）。

6. 取下金属圆筒，装上夹具和金属细杆（金属细杆中心必须与转轴重合），测定摆动周期 T_3，实验数据填入表 2.3-3 中。

表 2.3-3　验证转动惯量平行轴定理

金属细杆及支架	周期 T_3/s		实验值/$(10^{-4}\text{kg}\cdot\text{m}^2)$ $I_3=\dfrac{K\bar{T}_3^2}{4\pi^2}$		单个滑块质量/kg	
	$\bar{T}_3$/s					
两滑块	$x/10^{-2}\text{m}$	5.00	10.00	15.00	20.00	25.00
	周期 T/s					
	$\bar{T}$/s					
	实验值/$(10^{-4}\text{kg}\cdot\text{m}^2)$ $I=\dfrac{K\bar{T}^2}{4\pi^2}-I_3$					
	理论值/$(10^{-4}\text{kg}\cdot\text{m}^2)$ $I'=I_4+2mx^2$					
	百分差 $\dfrac{I-I'}{I'}\times100\%$					

7. 将滑块对称放置在细杆两边的凹槽内（见图 2.3-4），此时滑块质心离转轴的距离分别为 5.00cm，10.00cm，15.00cm，20.00cm，25.00cm，测定摆动周期 T。验证转动惯量平行轴定理（在计算滑块转动惯量时，应扣除金属细杆及支架的转动惯量）。

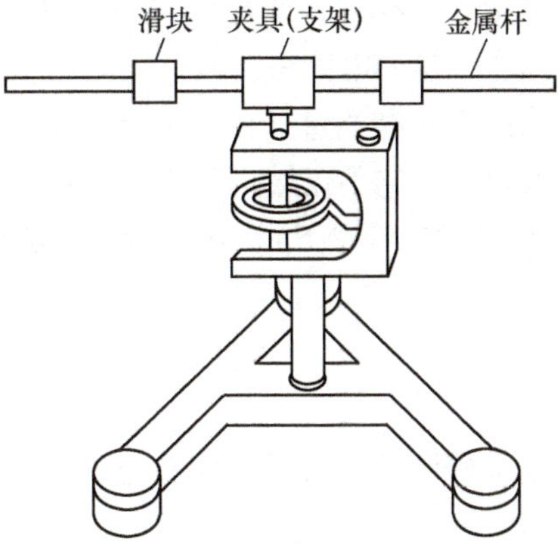

图 2.3-4　验证转动惯量平行轴定理

弹簧的扭转常数 K 值为

$$K=4\pi^2\frac{I_1'}{\bar{T}_1^2-\bar{T}_0^2}=\underline{\qquad\qquad}\ \text{N}\cdot\text{m}$$

两滑块通过滑块质心转轴的转动惯量理论值

$$I_4=2\times\left[\frac{1}{16}m(D_{内}^2+D_{外}^2)+\frac{1}{12}ml^2\right]=0.802\times10^{-4}\text{kg}\cdot\text{m}^2$$

【注意事项】

1. 光电探头不能置放在强光下，实验室应采用窗帘遮光，确保计时的准确。
2. 弹簧的扭转常数 K 值不是固定常数，它与摆动角度略有关系，摆角在 90°左右基本相同，在小角度时变小。为了降低实验时由于摆动角度变化过大带来的系统误差，在测定各种物体的摆动周期时，摆角不宜过小，摆幅也不宜变化过大。
3. 光电探头宜放置在挡光杆平衡位置处，挡光杆不能和它相接触，以免增大摩擦力矩。
4. 机座保持水平状态。
5. 在安装待测物体时，其支架必须全部套入扭摆主轴，并将止动螺钉旋紧，将物体固定在载物盘里，不要倾斜摆放，否则会出现较大的实验误差。

【应用】

台式扭摆法转动惯量测试仪是一种智能化的转动惯量测试仪器，可以为各类物体的转动惯量测量提供便捷、可靠的实验数据，广泛用于航天、航空、机械、电动机、生物力学等科研、生产领域。

【思考题】

1. 分析实验测量值与理论值结果的差别。
2. 你能测量诸如水杯、钢笔等一些物品的转动惯量吗?
3. 应从哪几方面来减小实验误差?

实验 4　温差电偶的定标与测温

在物理测量中，经常将非电学量（如温度、时间、长度等）转换为电学量来进行测量，这种方法叫作非电量的电测法。其优点是不仅测量方便、迅速，而且可提高测量精密度。用温差电偶测温就是把非电学量（温度）转换成电学量（温差电动势）测量的一个实例。温差电偶温度计优点很多，它不仅结构简单、制作方便，而且测温范围广（$-200\sim2000$℃），灵敏度准确度高（可达 10^{-3}℃以下），热容量小，响应快，可用于微区测温，并广泛用于实时测温和监控系统。

【网络资源】

本实验教学资源见学习通“温差电偶的定标与测温”实验。

【实验目的】

1. 了解温差电现象。
2. 掌握温差电偶测温原理。
3. 掌握温差电偶的定标方法和测温方法。

【实验原理】

1. 温差电现象

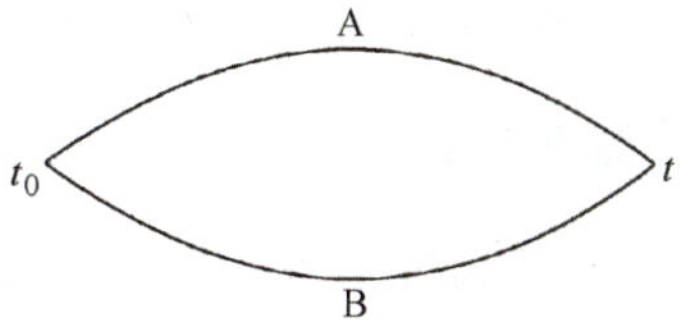

图　2.4-1

如图 2.4-1 所示，如果把两种不同材料的导体连接成回路，并使两接点处于不同温度，则回路中就产生电动势。这种现象称为塞贝克效应，是塞贝克在 1821 年发现的。这种电动势与两接点的温度及两材料性质有关，所以称为温差电动势，并且依其产生机理的不同而有两种具体形式。

一种称为汤姆孙电动势。金属导线两端如果温度不同，高温端的自由电子好像气体一样向低温端扩散，并在低温端堆积起来，从而在导线内形成电场。由电子热扩散不平衡建立的电场反过来又阻碍不平衡热扩散的进行，最终达到动态平衡，使导线两端形成一稳定的电势差。若把同种材料的金属导线两端连接起来，并把接点置于不同温度中，两段导线形成的闭合回路内将建立起相等而相反的两个电动势，互相抵消。若把两种不同材料的金属导线连接成闭合回路，两个汤姆孙电势不相等，则会形成电动势。温差越大，形成的电动势也越大。

另一种称为珀耳帖电动势。两种不同材料的金属连接起来，由于接触面两侧金属内自由电子浓度不同，电子将从浓度大的一侧向浓度小的一侧扩散，在接触面间形成电场，从而在两种金属间形成电势差。显然，两种金属连成回路，并把接点置于相同温度中，两接触面间将建立相等而相反的电动势，合成电动势为零。只有两接点温度不同，两个珀耳帖电动势不等，才会形成电动势，而且温差越大，形成的电动势也越大。

2. 温差电偶

把两种不同的金属或不同成分的合金（A 和 B）两端彼此焊接（或熔焊）成一闭合回路，如图 2.4-2 所示，称为温差电偶。温差电动势 $\mathscr{E}$ 与温差的关系通常用幂函数表示，在常温范围内，要求准确度不太高时，可以取一级近似，写为

$$\mathscr{E} = a + bt \tag{2.4-1}$$

式中，a 取决于参考点温度 t_0；b 称为温差系数（或称电偶常数），它代表温差 1℃时电动势的变化量，其大小决定于组成电偶材料的性质。表 2.4-1 列出了 6 种常用温差电偶材料的性能。

表 2.4-1　常用温差电偶材料的性能

类型代号	组合温差电偶的材料	测温范围及用途
B	铂铑 30 - 铂铑 6	200 ~ 1750℃，测高温用，100℃以下时 $b \approx 0$
E	镍铬合金 - 铜镍合金（康铜）	-250 ~ 800℃，温差系数高，500℃时 $b = 81\mu V/℃$
J	铁 - 铜镍合金（康铜）	0 ~ 760℃，工业上使用广泛
K	镍铬合金 - 镍铝合金	-269 ~ 1260℃，温差系数高，工业上常用
R	铂铑 13 - 铂	0 ~ 1500℃，做标准温度计或精密测温用
T	铜 - 铜镍合金（康铜）	-200 ~ 350℃，$b = 40\mu V/℃$，常用

3. 温差电偶的定标与测温

利用温差电偶测量温度时必须进行定标，所谓定标就是设法确定温差电动势的大小与温差的对应关系。具体方法如下：

在一定大气压下，把一些物质的熔点或沸点作为参考点温度，测出不同温度 t 与参考点温度 t_0 的温差电动势，作出 $\mathscr{E}$-t 曲线，利用曲线即可确定式（2.4-1）中的 a 和 b 的值。

实验中出于安全等因素考虑，选择冰水混合物作为参考点温度 t_0，而不考虑采用沸水温度作为参考点温度。

利用已经定标的温差电偶测量实验室的温度。

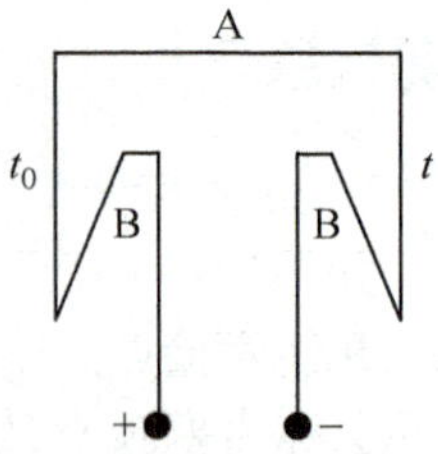

图 2.4-2

【实验仪器】

TE－2 温差电偶装置、恒温水浴锅、数字电压表、电热杯、保温杯。

【实验内容】

1. 温差电偶的定标（铜-康铜温差电偶）

1）将温差电偶的一端慢慢置于冰水混合物中，作为参考点 t_0，另一端慢慢放入到有三分之二自来水的水浴锅中（已经设好某一温度 t），盖好胶木圆盖，把电压表接在温差电偶的红黑接线柱上，记下此温度下的温差电动势 $\mathscr{E}$。

2）调节水浴锅温度，用电压表测出对应温度的温差电动势，并分别记录电动势和相应温度。每隔5℃测量一次，一直测到90℃左右，测量数据填入表 2.4-2 中。

表　2.4-2

t/℃									
$\mathscr{E}$/mV									

3）在直角坐标纸上作 $\mathscr{E}$-t 曲线，如图 2.4-3 所示，曲线的斜率为 b

$$b=\frac{\mathscr{E}_2-\mathscr{E}_1}{t_2-t_1} \tag{2.4-2}$$

由参考点的温度确定 a 的值（当 $t=t_0$ 时，$\mathscr{E}=0$），并写出 $\mathscr{E}=a+bt$ 的具体函数式。

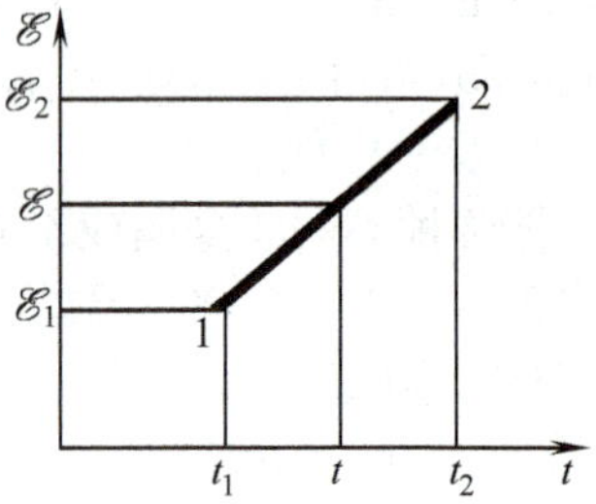

图　2.4-3

2. 用定标后的温差电偶即可测量实验室的温度

$\mathscr{E}_{空气}$ = ____________ mV，$t_{空气}$ = ____________℃。

【注意事项】

1. 温差电偶的参考点和测温点插入铜管时，一定要慢慢地插入，同样，拔出时也要缓缓操作，以免损坏。

2. 加热装置里一定要有水时才能通电加热。

【思考题】

1. 测定温差电偶定标曲线为什么不能采用任意温度定点，而是取某些物质的三相点、凝固定或沸点？

2. 实验时，如果温差电偶参考点为室温，实验的误差主要来源是什么？

实验5　固体线胀系数的测定

绝大多数物质都有“热胀冷缩”的特性，这是由于物体内部分子热运动加剧或减弱造成的。这个性质在工程结构的设计中，在机械和仪器的制造中，在材料的加工（如焊接）中，都应予以考虑，否则将影响结构的稳定性和仪表的精度。若考虑失当，甚至会造成工程结构的毁损、仪表的失灵以及加工焊接中的缺陷和失败等等。

材料的线膨胀是材料受热膨胀时，在一维方向上的伸长。线胀系数是选用材料的一项重要指标。

实验教学中要给学生营造愉悦的操作环境，用疑问促进思考，以思维促进乐趣，让学生从实验中获得成功的喜悦，从而激发他们的学习动力，培养他们的创新精神。

【网络资源】

本实验的教学资源见学习通“固体线胀系数的测定”实验，有实验原理视频、实验步骤视频、实验数据处理方法视频等。

【实验目的】

测定金属的线胀系数，并学习一种测量微小长度的方法。

【实验原理】

1. 材料的热膨胀系数

各种材料热胀冷缩的强弱是不同的，为了定量区分它们，人们找到了表征这种热胀冷缩特性的物理量——线胀系数和体胀系数。

线膨胀是材料在受热膨胀时，在一维方向上的伸长。在一定的温度范围内，固体受热后，其长度都会增加，设物体原长为 L，由初温 t_1 加热至末温 t_2，物体伸长了 ΔL，则有

$$\Delta L = \alpha_l L(t_2 - t_1) \tag{2.5-1}$$

$$\alpha_l = \frac{\Delta L}{L(t_2 - t_1)} \tag{2.5-2}$$

上式表明，物体受热后其伸长量与温度的增加量成正比，和原长也成正比。比例系数 α_l 称为固体的线胀系数。

体膨胀是材料在受热时体积的增加，即材料在三维方向上的增加。体胀系数定义为在压力不变的条件下，温度升高 1K 所引起的物体体积的相对变化，用 α_V 表示，即

$$\alpha_V = \frac{1}{V}\frac{\Delta V}{\Delta t} \tag{2.5-3}$$

一般情况下，固体的体胀系数 α_V 为其线胀系数 α_l 的 3 倍，即 $\alpha_V = 3\alpha_l$，利用已知的 α_l 可计算出固体的体胀系数。

2. 线胀系数的测量

线胀系数是选用材料时的一项重要指标。实验表明，不同材料的线胀系数是不同的，塑料的线胀系数最大，其次是金属、殷钢，熔凝石英的线胀系数很小，由于这一特性，殷钢、石英多被用在精密测量仪器中。表 2.5-1 给出了几种材料的线胀系数。

表 2.5-1　几种材料的线胀系数

材料	钢	铁	铝	殷钢	玻璃	陶瓷	熔凝石英
α_l/℃$^{-1}$	10^{-5}	10^{-5}	10^{-5}	2×10^{-6}	10^{-6}	10^{-6}	10^{-7}

人们在实验中发现，同一材料在不同的温度区段，其线胀系数是不同的。例如，某些合金在金相组织发生变化的温度附近会出现线胀量的突变，但在温度变化不大的范围内，线胀系数仍然是一个常量。因此，线胀系数的测定是人们了解材料特性的一种重要手段。在设计任何要经受温度变化的工程结构（如桥梁、铁路等）时，必须采取措施防止热胀冷缩的影响。

在式（2.5-1）中，ΔL 是一个微小变化量，以金属为例，若原长 $L=300\text{mm}$，温度变化 $t_2-t_1=100℃$，金属的线胀系数 α_l 约为 $10^{-5}℃^{-1}$，估计 $\Delta L\approx0.30\text{mm}$。这样微小的长度变化用普通米尺、游标卡尺的精度是不够的，可采用千分尺、读数显微镜、光杠杆放大法、光学干涉法等。考虑到测量的方便和精度，我们采用光杠杆法测量。

光杠杆系统是由平面镜及底座、望远镜和米尺组成的。光杠杆放大原理如图 2.5-1 所示。当金属杆伸长时，从望远镜中可读出待测杆伸长前后叉丝所对标尺的读数 b_1，b_2，这时有

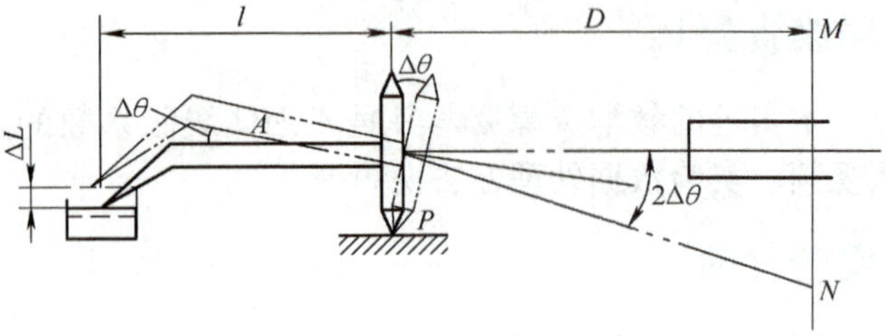

图　2.5-1

$$\Delta L=\frac{(b_2-b_1)l}{2D} \tag{2.5-4}$$

将式（2.5-4）代入式（2.5-2），则有

$$\alpha_l=\frac{(b_2-b_1)l}{2DL(t_2-t_1)} \tag{2.5-5}$$

【实验仪器】

线胀系数测定仪、光杠杆、望远镜和标尺、数字温度计、钢卷尺、游标卡尺、待测铜管。

【实验内容】

1. 用钢卷尺测量待测铜管的原长 L（单次测量）后，将其放入线胀系数测定仪的加热金属圆筒中。

2. 仪器安装与调节

实验部分装置如图 2.5-2 所示。

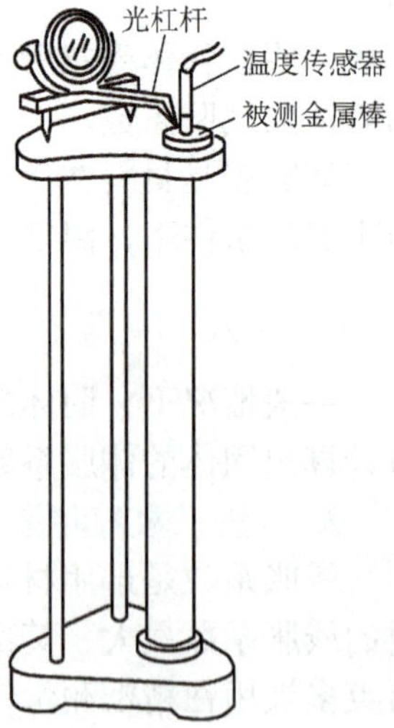

图 2.5-2　实验部分装置

1）调节光杠杆前后脚的长度 l，将光杠杆的后脚置于待测铜管的上端，两前脚置于固定台上的沟槽中，镜面竖直放置。

2）在光杠杆前 1～1.2m 处放置望远镜及标尺架，调节望远镜及标尺架处于水平且与平面镜等高。

3）粗调

调节望远镜及标尺架的位置和望远镜的仰角，沿望远镜轴线方向（借助望远镜上的准星）通过镜面能看到标尺，即看到标尺在镜中所成的像。

4）细调

调节目镜，看清十字叉丝；调节调焦手轮，看清标尺的像，并使像与十字叉丝之间无视

差，即眼睛上下移动时，标尺与叉丝没有相对移动。如果反复细调，看不到标尺的像，请重新按步骤2），3）调节。

3. 测量不同温度 t 时对应的 b 值

读出叉丝横线在标尺上的读数 b_1，记录初温 t_1。

接通加热电源，当金属筒被加热后，待测铜管逐渐伸长，每隔10℃通过望远镜读一次标尺的数值 b，读数时，禁止压桌面。测6~7个测量点，将测量结果填入表2.5-2中，记录数据。（实验中温度升高到一定程度后，也可以采用降温方法测量以上数据）

表 2.5-2

t/℃							
b/mm							

4. 用米尺测量标尺到平面镜间距离 D；将光杠杆在实验报告纸上合适的位置轻轻压出三个足尖印痕，用游标卡尺测量其后足尖到两前足尖连线的垂直距离 l。

5. 以 t 为横坐标，b 为纵坐标作出 b-t 关系曲线，求直线斜率 k，并由此计算 α_l。

6. 写出各测量量的测量结果表达式，计算线胀系数 α_l 的不确定度。

【注意事项】

1. 调整好光杠杆和镜尺组后，实验过程中不要变动光杠杆和望远镜及标尺的位置，否则重做实验。

2. 按先粗调后细调的原则调节光学系统。

3. 禁止用手摸光杠杆的反射镜、望远镜的目镜及物镜镜面。

4. 用望远镜读标尺上的读数 b 时，不要压桌面。

5. 实验时应尽量减少走动和震动，保持安静，以免影响测量的准确性。

【思考题】

1. 调节光杠杆的步骤是什么？怎样判断望远镜已处于调好状态？其调节步骤如何？

2. 本实验的测量公式要求满足哪些实验条件？实验中应如何保证？

3. 本实验要求用作图法处理数据，请考虑一下用哪一个量作为横轴的自变量？哪一个量作为纵轴的因变量？得到的图线是什么形状？如何计算？

实验6　热管及其性能测试

1942年首次由The General Motors Corporation（Ohio，USA）的R. S. Ganger提出“热管”构想，1964年Los Alamos National Laboratory的G. M. Grover及其合作者T. P. Cotter与G. F. Erickson制成高温钠热管，进行了性能测试实验，在美国《*Journal of Applied Physics*》上公开发表了第一篇论文，并正式将此传热器件命名为热管（Heat Pipe）。热管是一种利用工质相变进行热量传递的高效传热器件，其传热效率和输热能力是一般传热器件的100~1000倍，被誉为热的“超导体”，具有导热性好、结构简单、工作可靠、温度均匀等优点，可用于传热、变换热通量以及热控制等方面。用热管制成的换热器结构紧凑、体积小、重量轻、传热温差小、使用寿命长，已广泛应用在航天技术、电子电器、能源动力、运输、化工、轻工、冶金等领域。

【实验目的】

1. 了解热管的基本结构与工作原理。
2. 了解热管的传热技术及其性能的测试方法。
3. 了解热管的应用。

【实验原理】

热管结构如图 2.6-1 所示，是由管壳、管芯（用于冷凝液回流）和工质组成的真空封闭系统。热管传热机制是从蒸发端吸收热量，通过内部工质的相变传热过程，把热量输送到冷凝端，从而实现热量的传递。热管的种类很多，本实验采用以水（水在 100℃时汽化潜热为 2.258×10^6J/kg）为工质的汽液两相闭式热虹吸管，又称重力热管。

重力热管的制作和工作原理：封闭的管内先抽真空，使内压达到 $1.3\times10^{-3}\sim1.3\times10^{-4}$Pa，在此状态下充入少量水（或其他工质，充至管内容积的十分之一左右）。热管下部的蒸发端被加热后，液体因吸收热量而汽化为蒸汽。在微小压差作用下蒸汽流向热管上部的冷凝端，并向外界释放出热量后凝结成液体。该液体在重力作用下沿热管内壁回流到蒸发端，并再次吸热汽化，此过程通过无限循环来完成传热。由于热管是相变传热，热阻很小，其传热效率很高。另外，由于管内工质处于饱和状态，故热管几乎是在等温下传递热量。

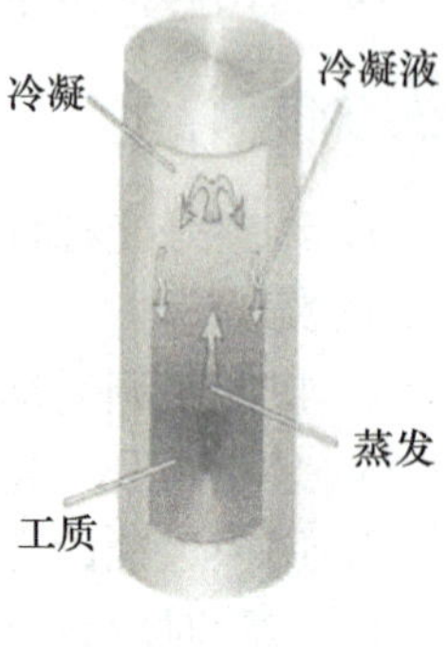

图 2.6-1　热管结构

热管的基本特性是：①相变传热，传热效率极高，热阻极小，当量导热系数极高；②结构形式及型体尺寸灵活多变，蒸发端和冷凝端可以分隔很远；③具有很好的等温表面，输入输出的热流密度可以变化。

【实验装置】

实验装置如图 2.6-2 所示，包括支架、热管（管壳材料为纯铜，内径为 3.5cm，壁厚为 0.3cm，长为 110cm，工质为水）、加热器（电热水杯）、冷凝器、热电偶和检流计等。

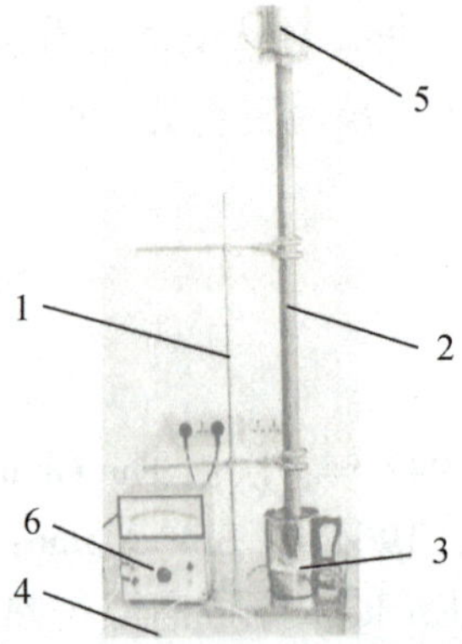

图 2.6-2　热管及测试实验装置
1—实验支架　2—热管　3—加热器
4—热电偶　5—冷凝器　6—检流计

【实验内容】

1. 测量热管的等温性

采用热电偶和检流计测量热管外壁的温度分布（热电偶已定标）。沿热管外壁由下向上每间隔 15cm 为热电偶的一个触点，另一个触点置于加热器的沸水中（为参考）。记录各触点的温度，并填入表 2.6-1 中。

表 2.6-1　热管的等温性测量数据

位置/cm	0	15	30	45	60	75
温度/℃						

画出温度分布曲线图。实验表明，热管外壁每个触点的温度差别很小。热管除两端外近似一个等温体。

2. 测量热管的传热功率

首先通电加热使加热器中的水沸腾，然后将热管蒸发端放入加热器中，并竖直固定于支架上，将质量为 m 的水倒入冷凝器中。t_1 时刻用温度计测量冷凝器中水的温度 T_1。热管把热量由底端（加热器）传到顶端（冷凝器），使冷凝器中的水被加热。t_2 时刻用温度计再次测量冷凝器中水的温度 T_2（t_1 到 t_2 的时间间隔取为 30min，不计散热），则热管的平均传热功率为

$$P=\frac{cm(T_2-T_1)}{t_2-t_1} \tag{2.6-1}$$

式中，c 为水的比热容（参考值 $4.18\times10^3\text{J/kg}\cdot\text{K}$）。冷凝器中水的温度升高 T_2-T_1 越大，热管的传热功率越大，式（2.6-1）给出的是 t_1 到 t_2 的时间间隔内热管的平均传热功率。

3. 比较铜管与热管的传热效率

首先通电加热使加热器中的水沸腾，然后将铜管（材料为纯铜，尺寸与热管相同）放入加热器中并固定，把与倒入热管冷凝器相同质量 m 的水倒入铜管冷凝器中。t_1 时刻用温度计测量冷凝器中水的温度 T_1，t_2 时刻用温度计再次测量冷凝器中水的温度 T_2'（t_1 到 t_2 的时间间隔取为 30min），比较 T_2 和 T_2'就可以得到铜管与热管传热效率的差别。

此外，还可以通过比较热管和铜管冷凝器中水温达到相同温度所需时间的差别，对铜管与热管的传热效率进行比较。

【注意事项】

1. 安装热管时应尽量保持竖直。
2. 热管为真空封闭系统，应注意避免磕碰以防漏气。
3. 在通电加热后，热管温度很高，应注意防止烫伤。
4. 检流计的线圈和悬丝很精细，应注意保护，轻拿轻放。

【思考题】

1. 加热端（蒸发端）温度在 100℃以下时，热管能否工作？
2. 重力热管是否一定竖直安放才能正常工作？
3. 热管可用于工业废热的再利用，你能设计出采用热管利用烟筒中烟尘热量的方案吗？

实验 7　电表的改装与校准

电学实验中经常要用电表（电压表和电流表）进行测量，常用的直流电流表和直流电压表都有一个共同的部分，常称为表头。表头通常是一只磁电式微安表，它只允许通过微安

级的电流，一般只能测量很小的电流和电压。如果要用它来测量较大的电流或电压，就必须进行改装，扩大其量程。我们日常接触到的磁电式电表几乎都是经过改装的，因此，学习改装和校准电表在电学实验部分是非常重要的。

【实验目的】

1. 学会测量电表内阻的方法。
2. 掌握将 50μA 的表头改装成大量程的电流表和电压表的方法。
3. 学会对改装表进行校正和测绘校正曲线。

【实验原理】

1. 表头的量程和内阻的测量

使表针偏转到满刻度所需的电流称为微安表头（习惯上称为表头）的量程，用 I_g 表示。I_g 越小，表头的灵敏度越高。表头内线圈有一定内阻，用 R_g 表示。I_g 与 R_g 是表示表头特征的两个重要参数。

在改装电表时，首先要知道表头的内阻。测量其内阻 R_g 的方法很多，有半偏法、替代法和电桥法等，这里介绍用替代法测定表头的内阻。如图 2.7-1 所示，将表头 M 和标准电流表 N 串联起来，再在两端加电压 U_{AC}，使 N 的读数等于某一定值 I_n（I_n 一般为满度的三分之二为宜），然后保持 U_{AC} 不变，用电阻箱 R 取代 M，调节电阻箱阻值使 N 的读数仍为 I_n，此时电阻箱 R 的阻值就等于微安表 M 的内阻 R_g。

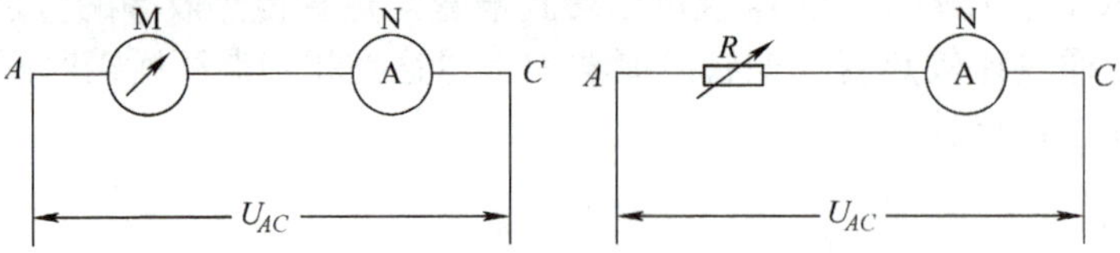

图 2.7-1

2. 改装表头为大量程电流表

根据电阻并联规律可知，如果在表头两端并联上一个阻值适当的电阻 R_s，如图 2.7-2所示，可使表头不能承受的那部分电流从 R_s 上分流通过。设改装后的电流表量程为 I，则有

$$(I - I_g)R_s = I_g R_g$$

$$R_s = \frac{I_g R_g}{I - I_g}$$

这种由表头和并联电阻 R_s 组成的整体（图中点画线框住的部分）就是改装后的电流表。如需将量程扩大 n 倍，即 $I = nI_g$，则有

$$R_s = \frac{R_g}{n-1} \tag{2.7-1}$$

可见，将微安表的量程扩大 n 倍，只需在该表头上并联一个满足式（2.7-1）的分流电阻 R_s，改装后的电流表的量程为 I，内阻为

$$R_A = \frac{R_s R_g}{R_s + R_g} = \frac{R_g}{n}$$

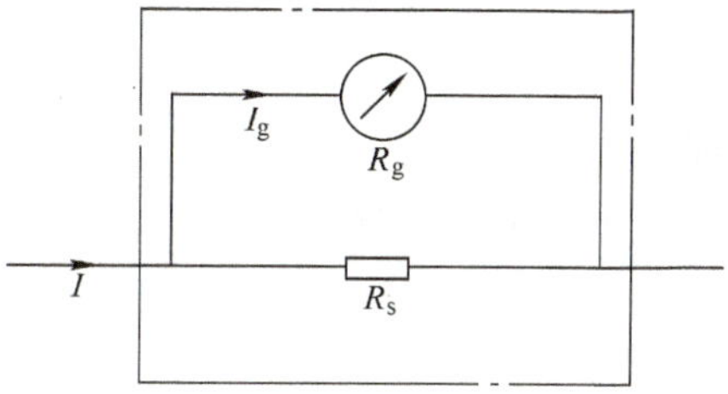

图　2.7-2

在表头上并联阻值不同的分流电阻，便可制成多量程的电流表。用电流表测量电流时，电流表应串联在被测电路中，所以要求电流表应有较小的内阻。

3. 改装表头为电压表

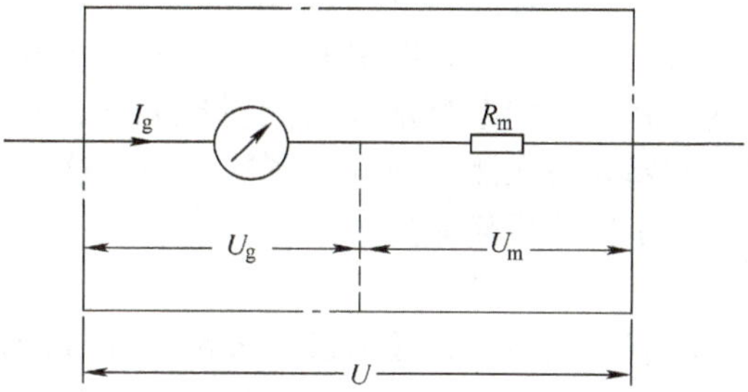

图　2.7-3

一般表头电压量程 $I_g R_g$ 很小，不能用来测量较大的电压。为了测量较大的电压，可以给表头串联一个阻值适当的电阻 R_m，如图 2.7-3所示，使表头上不能承受的那部分电压加在电阻 R_m 上。这种由表头和串联电阻 R_m 组成的整体就是电压表，串联的电阻 R_m 称为分压电阻。

设表头改装后的量程为 U，则

$$I_g(R_g + R_m) = U$$

$$R_m = \frac{U}{I_g} - R_g \tag{2.7-2}$$

可见，若将上述表头改装成量程为 U 的电压表，只需在表头上串联一只满足式（2.7-2)的分压电阻 R_m。改装后的表头成为量程为 U 的电压表，其内阻为 $R_W = R_g + R_m = \frac{U}{I_g}$。根据上述原理，在表头上串联不同的分压电阻，便可制成多量程的电压表。用电压表测电压时，电压表总是并联在被测电路上。为了不致因为并联了电压表而对原电路产生大的影响，要求电压表应有较高的内阻。

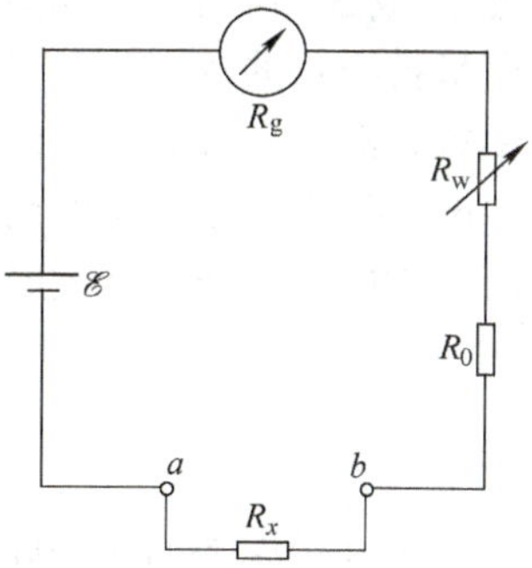

图　2.7-4

4. 改装表头为欧姆表

用来测量电阻的电表称为欧姆表，其原理如图 2.7-4 所示。图中 $\mathscr{E}$ 为电池的端电压，它与固定电阻 R_0、可变电阻 R_W 以及微安表头相串联，R_x 是待测电阻。用欧姆表测电阻的时候，首先需要调零，即将 a、b 两点短路（相当于 $R_x = 0$)，调节可变电阻 R_W，使表头指针偏转到满刻度。可见，欧姆表的零点就是在表头标度尺的满刻度（即量限）处，与电流表和电压表的零点正好相反。由欧姆定律可知，当 a、b 端接入待测电阻 R_x 后，电路中的电流为

$$I = \frac{\mathscr{E}}{R_g + R_W + R_0 + R_x} = \frac{\mathscr{E}}{R_g + r + R_x} \tag{2.7-3}$$

对于给定的表头和线路来说，R_g、R_W、R_0 都是常量。由此可见，当电源端电压 $\mathscr{E}$ 保持不变时，被测电阻和电流值有一一对应的关系，即接入不同的电阻，表头就会有不同的偏转读数，R_x 越大，电流 I 越小。短路 a、b 两端，即当 $R_x = 0$ 时，

$$I=\frac{\mathscr{E}}{R_g+r}=I_g \tag{2.7-4}$$

这时指针满偏。

当 $R_x=R_g+r$ 时，有

$$I=\frac{\mathscr{E}}{R_g+r+R_x}=\frac{1}{2}I_g \tag{2.7-5}$$

这时，指针在表头的中间位置，对应的阻值为中值电阻，显然 $R_{中}=R_g+r$。当 $R_x=\infty$（相当于 a、b 开路）时，$I=0$，即指针在表头的机械零位。所以欧姆表的刻度尺为反向刻度，且刻度是不均匀的，电阻 R 越大，刻度间隔越密。如果表头的标度尺预先按已知电阻值来刻度，就可以用电流来直接测量电阻了。由于干电池的电动势和内阻在使用后都会发生变化，欧姆表每次测量前都应调零。即使这样，欧姆表的示值误差也是比较大的，所以一般欧姆表用于快速粗略测量。

5. 电表的校准

电表在改装后，还需进行校准。校准的目的是：

1）评定该表在改装后的准确度等级；

2）绘制校准曲线，以便于对改装后的电表能准确读数。

校准的方法是用待校准的电表和一个准确度等级较高的标准表同时测量一定的电流（或电压），分别读出改装表各个刻度的示值 $I_{改}$（或 $U_{改}$）和标准表所对应的示值 $I_{标}$（或 $U_{标}$），得到各刻度的修正值 $\Delta I=I_{改}-I_{标}$（或 $\Delta U=U_{改}-U_{标}$），以 $I_{改}$（或 $U_{改}$）为横坐标，以 ΔI（或 ΔU）为纵坐标画出电表的校准曲线，两个校准点之间用直线连接，根据校正数据作出呈折线状的校准曲线（不能画成光滑曲线）。在以后使用该表时，可根据校准曲线来修正读数，能得到较为准确的结果。

电表的校准结果除用校准曲线表示外，还可以用准确度等级表示。取 ΔI（或 ΔU）中绝对值最大的一个作为最大绝对误差，则被校电表的标定误差（或称基本误差）为

$$标定误差=\frac{最大绝对误差}{量程}\times 100\%$$

根据标定误差的大小即可定出被校电表的准确度等级。准确度等级是国家对电表规定的质量指标，它以数字形式标明在电表的表盘上，共 11 个等级，分别是 0.05、0.1、0.2、0.3、0.5、1.0、1.5、2.0、2.5、3.0 和 5.0。电表等级的百分数表示其标定误差，例如，0.1 级表示其标定误差小于等于 0.1%。

【实验仪器】

微安表头、标准电流表、标准电压表、电阻箱、滑线变阻器、稳压电源、开关等。

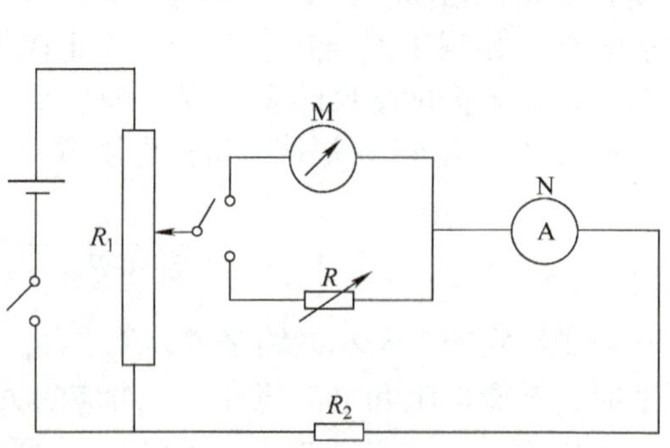

图　2.7-5

【实验内容】

1. 用替代法测量表头的内阻 R_g

按图 2.7-5 接好线，调节 R_1、R_2 使标准

表N的读数为某值I_n，用电阻箱R替代表头，调节R的大小使标准表读数仍为I_n，此时R读数为表头的内阻R_g。改变标准表N的示数，重复测量R_g 5次，记下内阻的数值于表2.7-1中，其平均值为表头M的内阻。

表　2.7-1

测量次数	1	2	3	4	5	$\overline{R_g}$
标准表读数/μA						
表头内阻/Ω						

2. 将量程为50μA表头改装成5.00mA的毫安表

1）根据式（2.7-1）计算在表头M两端并联的分流电阻R_s（计算值），将电阻箱的阻值调到R_s，并和表头并联起来。

2）按照图2.7-6接好线路并检查。

3）校正改装表。

校零点：检查两个电表的零点（机械零点），如不指零，应调零点旋钮。

校量程：调节R_1、R_2使标准表N的示值为5.00mA，此时表头示值应为满刻度。如果有所偏离，可反复调节R_1、R_2和R_s，直到满足上述要求为止，这时电表的量程符合设计值，并记下R_s的实际值。

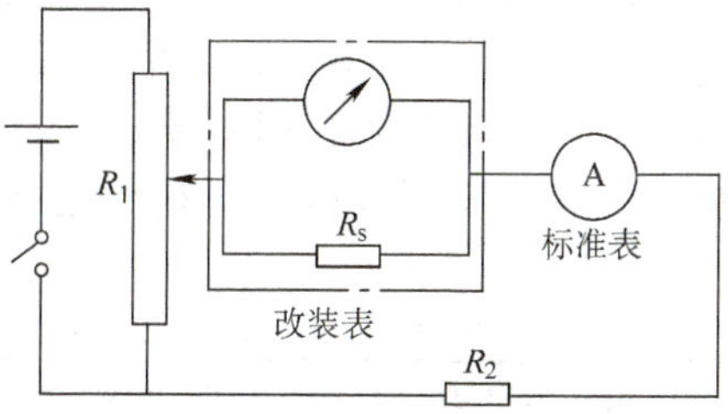

图　2.7-6

R_s保持不变，调节R_1、R_2，使表头的读数为50μA、40μA、30μA、20μA、10μA，对应的表示值为5.00mA、4.00mA、3.00mA、2.00mA、1.00mA，记下标准电流表的读数于表2.7-2中。

4）以ΔI为纵坐标，$I_{改}$为横坐标，作ΔI-$I_{改}$校准曲线

表　2.7-2

R_s =

改装电流表读数/mA	1.00	2.00	3.00	4.00	5.00
标准电流表读数/mA					
$\Delta I=(I_{改}-I_{标})$/mA					

3. 将表头改装成量程为10.000V的电压表

1）根据式（2.7-2）计算与表头串联的电阻阻值R_m；把电阻箱阻值调到R_m，然后和微安表串联。

2）按照图2.7-7接好线路并检查。

3）适当调节R_1、R_2和R_m，使标准表示值为10.000V，此时表头示值应为满刻度，记下R_m的实际值。

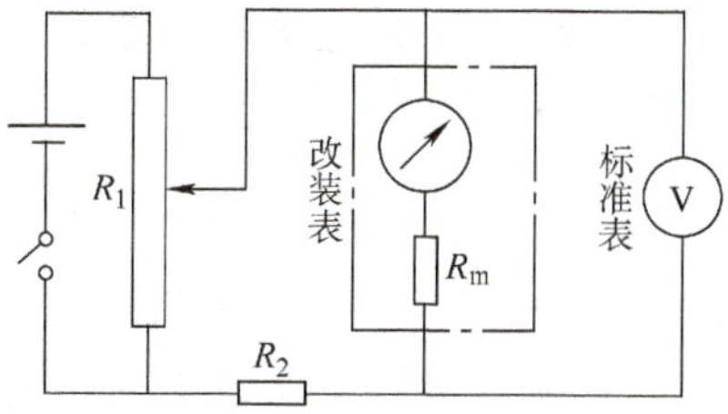

图　2.7-7

4）调节R_1，使表头指针指向50μA、40μA、30μA、20μA、10μA，对应的表示值为10.000V、8.000V、6.000V、4.000V、2.000V，记下标准电压表的相应读数于表2.7-3中；

5）以ΔU为纵坐标，$U_{改}$为横坐标，作ΔU-$U_{改}$校准曲线。

表 2.7-3

R_m =

改装电压表读数/V	2.000	4.000	6.000	8.000	10.000
标准电压表读数/V					
$\Delta U=(U_{改}-U_{标})$/V					

4. 将表头改装为欧姆表（选做）

1）根据给定的表头参数 I_g、R_g 及电源电动势 $\mathscr{E}$，由式（2.7-4）求出 r 的阻值。

2）用电阻箱充当 R_0（使其阻值保持不变），滑线变阻器充当 R_W，按图 2.7-4 将 R_0、R_W 与表头和电池串联，就构成了欧姆表。

当 a、b 两点断路时，表头指针应为零，如不为零应机械调零。

3）将图 2.7-4 中 a、b 两点短路，调节滑线变阻器 R_W，使表头的指针转到满刻度。

4）在保持 R_W 和 R_0 阻值不变的情形下，将另一只电阻箱（即图中的 R_x）接入欧姆表的 a、b 端，取其阻值为欧姆表的中值电阻 $R_{中}=R_g+r$ 的 1/2，1，2，3，…，同时记下指针的偏转格数于表 2.7-4 中，据此绘制出欧姆表的标度尺。

表 2.7-4　欧姆表标度尺的标定

I_g = ______ μA　R_g = ______ Ω　$\mathscr{E}$ = ______ V　r = ______ Ω　$R_{中}=R_g+r$ = ______ Ω

R_x 的取值/Ω	$R_{中}/2$ =	$R_{中}$ =	$2R_{中}$ =	$3R_{中}$ =	$4R_{中}$ =
指针的偏转格数					

【注意事项】

1. 电源电压不要太大，使流过表头的电流不超过其量程。
2. 为保护仪器，先使滑线变阻器的分压值最小，再接通电源。

【思考题】

1. 在校准电流表时，如果发现改装表的读数都比校准表的读数偏高，试问要达到标准的数值，此时改装表的分流电阻应该调大还是调小？为什么？
2. 在校准电压表时，如果发现改装表的读数都比校准表的读数偏低，试问要达到标准的数值，此时改装表的分压电阻应该调大还是调小？为什么？
3. 要把 5V 的电压表改装成为 30V 的电压表，问要串联多大的电阻？（设原电表的内阻是 1000Ω）。

实验 8　用惠斯通电桥测量电阻

根据电桥所使用的电源，可将其分为直流电桥和交流电桥。直流电桥又分为单臂电桥和双臂电桥。单臂电桥又称为惠斯通电桥，主要用于 $1\sim10^6\Omega$ 范围中值电阻的测量。双臂电桥又称为开尔文电桥，用于 $10^{-3}\sim1\Omega$ 范围低值电阻的测量。交流电桥除了测量电阻外，还可测量电容、电感等电学量。通过传感器，利用电桥电路还可以测量一些非电学量。电桥不仅具有上述用途，而且还有灵敏度和准确度高、结构简单、使用方便等特点，所以，电桥法是电磁学实验中最重要的测量方法之一，在测量技术中有着广泛的应用。

【网络资源】

本实验教学资源见学习通“用惠斯通电桥测量电阻”实验，有直流稳压电源使用方法视频、直流检流计使用方法视频、惠斯通电桥实验电路连接方法视频、电桥平衡调节过程视频、实验原理、实验数据处理方法等。

【实验目的】

1. 掌握用惠斯通电桥测量电阻的原理和特点。
2. 学会用惠斯通电桥测量电阻。

【实验原理】

惠斯通电桥的原理如图2.8-1所示。图中R_1、R_2、R_3是三个可调的标准电阻箱，它们和待测电阻R_x连成一个四边形，每一边称为电桥的一个臂。对角B和D之间接检流计G，BD称为“桥”。接通电源和检流计开关S_b、S_g时R_1、R_2、R_3、R_x、G上分别有电流I_1、I_2、I_3、I_x、I_g。适当调节R_1、R_2、R_3的电阻值，使通过检流计的电流I_g为零，此时桥两端的B点和D点电位相等，电桥达到平衡。当电桥平衡时，由欧姆定律可得

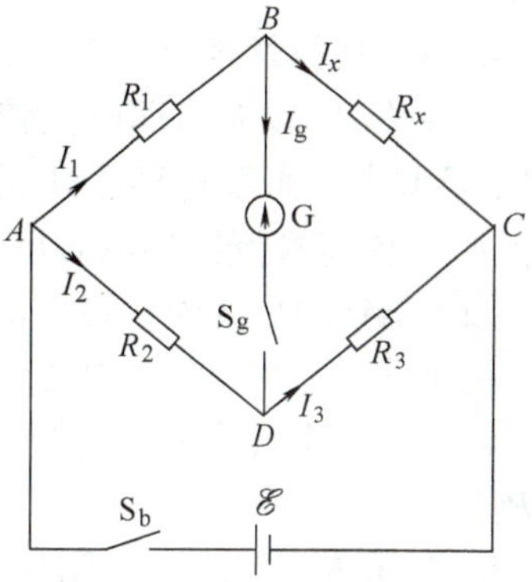

图 2.8-1

$$I_1R_1=I_2R_2 \tag{2.8-1}$$

$$I_xR_x=I_3R_3 \tag{2.8-2}$$

由于$I_g=0$，所以有$I_1=I_x$、$I_2=I_3$。

将式（2.8-1）与式（2.8-2）相除得

$$\frac{R_1}{R_x}=\frac{R_2}{R_3} \tag{2.8-3}$$

即

$$R_x=\frac{R_1}{R_2}R_3=K_rR_3 \tag{2.8-4}$$

这样，就把待测电阻的阻值用三个标准电阻箱的阻值表示出来。式中

$$K_r=\frac{R_1}{R_2}$$

称为倍率或比例系数。式（2.8-3）和式（2.8-4）称为电桥的平衡条件。

【实验仪器】

直流稳压电源、电阻箱（3个）、检流计G、待测电阻（2个）、滑线变阻器、开关（2个）。

【实验内容】

1. 调准检流计的零点；调整直流稳压电源输出电压为2.0～3.0V；调整电阻箱阻值为几百欧以上。

2. 按图2.8-2接好电路。为保护检流计，在检流计支路中接一个保护电阻R_g。测量前，应将保护电阻R_g调到最大。

3. 接通S_b，将R_g调到最大。适当地调节R_1、R_2，选取倍率K_r（$=R_1/R_2$），调节R_3，观看检流计指针的偏转。其方法是：先取R_3值大时，瞬间接触检流计开关S_g，观看指针偏转方向；再取R_3值小时，瞬间接触检流计开关S_g，观看指针偏转方向是否反向偏转。如果找到R_3取大、取小时，检流计指针一个正向偏转，一个反向偏转，这时保持K_r值不变，只要在大值和小值之间调节R_3，就可以将电桥调到平衡状态。如果R_3不论取大值还是取小值，检流计指针始终偏向一侧，这时要改变K_r值，直到找到R_3取大值、取小值时，检流计指针一个正偏、一个反偏为止。

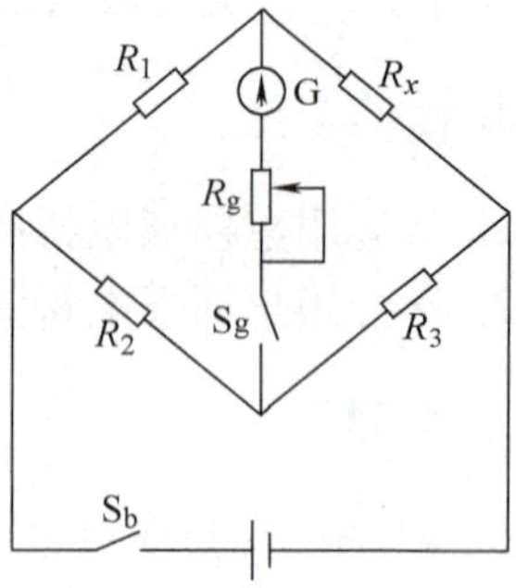

图　2.8-2

指针往R_3取大值那侧偏转时，下一步R_3要调小；指针往R_3取小值那侧偏转时，下一步R_3要调大。采取这种逐渐逼近法，就可以将电桥调到平衡状态。随着平衡态的临近，要减小R_g、提高检流计的灵敏度，直到调到电桥平衡。注意：每次调节R_3后，都要瞬间接触S_g，如果指针跑出格外，要立即断开S_g。记下电桥平衡时的R_1、R_2、R_3数值，填入表2.8-1中，根据式（2.8-4）算出待测电阻R_{x1}。

4. 将R_{x1}换上另一个待测电阻R_{x2}，重复前面的测量过程，将测量填入表2.8-1中，算出R_{x2}。

5. 测量R_{x1}、R_{x2}两电阻串联值$R_{串}$，将测量结果填入表2.8-1中。

6. 测量R_{x1}、R_{x2}两电阻并联值$R_{并}$，将测量结果填入表2.8-1中。

表　2.8-1　　（电阻单位：Ω）

	R_1	R_2	R_3	R_x
R_{x_1}				
R_{x_2}				
$R_{串}$				
$R_{并}$				

7. 估算各电阻值的不确定度，写出测量结果的完整表达式。

各电阻箱的不确定度：

如R_1电阻箱：$U_{R_1}=\Delta_{\text{inst}}=R_1\left(K_1+\dfrac{0.1m_1}{R_1}\right)\%\approx R_1K_1\%$

式中，R_1为电阻箱的读数；m_1为电阻箱所用的旋柄不为零的个数。

同理，$U_{R_2}\approx R_2K_2\%$，$U_{R_3}\approx R_3K_3\%$，则待测电阻的相对不确定度为

$$U_r = \frac{U_{R_x}}{R_x} = \sqrt{\left(\frac{U_{R_1}}{R_1}\right)^2 + \left(\frac{U_{R_2}}{R_2}\right)^2 + \left(\frac{U_{R_3}}{R_3}\right)^2} = \sqrt{(K_1\%)^2 + (K_2\%)^2 + (K_3\%)^2}$$

式中，K_1、K_2、K_3 为各电阻箱所用量程对应的等级。由表 2.8-2 查出。

表　2.8-2

量程/Ω	0~99	100~999	1000~9999	10000~99999
等级 K	0.2	0.1	0.1	0.1

R_x 的不确定度 $U_{R_x} = R_x U_r$，待测电阻测量结果的表达式 $R_x = R_x \pm U_{R_x}$。

【思考题】

1. 电桥由哪几个部分组成？电桥的平衡条件是什么？
2. 图 2.8-1 中，当电桥达到平衡后，检流计与电源互换位置，电桥是否仍保持平衡？试证明之。

实验 9　用电位差计测量电动势

创新能力是运用知识和理论在科学、艺术、技术和各种实践活动领域中不断提供具有经济价值、社会价值、生态价值的新思想、新理论、新方法和新发明的能力。用电位差计测量电动势实验可以从多方面培养学生的创新能力。用电位差计测量未知电动势（电压）是电磁测量的一种基本方法——补偿法。电位差计就是电压补偿电路的典型应用。由于它采用了补偿原理，被测电压和已知标准电压相互补偿，因而测量精密度较高，而且使用方便。电位差计不但用来测电动势、电压、电流、电阻，而且还用来校准精密电表和直流电桥等直读式仪表，并在非电参量（如温度、压力、位移和速度等）的电测法中也占有重要地位。因此，补偿法是学生必须掌握的方法之一。用电位差计测量电动势的结果稳定可靠且精度高。但我们要知道，再精巧的仪器也是人创造出来的，读书、实验都应开动脑筋，特别对实验而言，要想实验效果好，必须动手又动脑。

【网络资源】

本实验教学资源见学习通“用电位差计测量电动势”实验。

【实验目的】

1. 掌握电位差计的工作原理、电路结构和特点。
2. 学习用线式电位差计测量电动势。

【实验原理】

在测量电池电动势时，通常用伏特表并联在电池两端，如图 2.9-1所示。因电压表的引入，电流通过电池内阻时，必然会产生电压降 Ir（r 为电池内阻），此时电压表的读数为

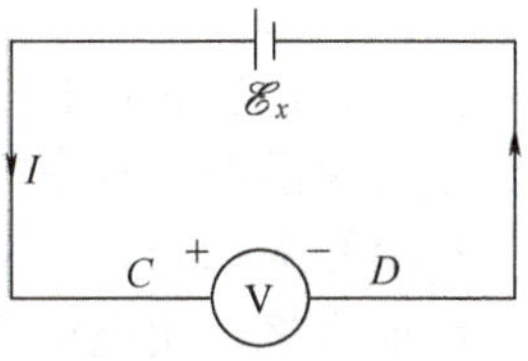

图 2.9-1　测量电池电动势电路图

$$U_{CD}=\mathscr{E}_x-Ir$$

只有当$I=0$时，电压表的读数才能等于电池电动势的实际量值，即$U_{CD}=\mathscr{E}_x$。怎样才能使电池内部没有电流通过而又能测定电池的电动势$\mathscr{E}_x$呢？这就需要采用补偿法。

1. 补偿法

如图2.9-2所示，接通开关S_1、S_2，通过分压电路把电压加到C、D两点间，（C点电位高，D点电位低）。调节C、D两点间的电压，当

1）$U_{CD}<\mathscr{E}_x$时，有电流自右向左通过检流计(G)，使指针偏向一侧。

2）$U_{CD}>\mathscr{E}_x$时，有电流自左向右通过检流计(G)，使指针偏向另一侧。

3）$U_{CD}=\mathscr{E}_x$时，检流计(G)中无电流，指针不偏转，我们称这种状态为补偿状态，或者说待测电路得到了补偿。

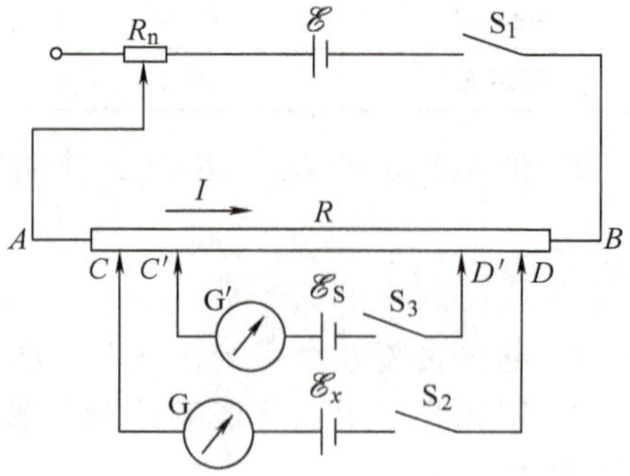

图2.9-2　电位差计原理图

2. 测电动势原理

图2.9-2电路是由一个工作回路（$\mathscr{E}$—R_n—R_{AB}—$\mathscr{E}$）和两个补偿回路（$\mathscr{E}_S$—G′—$R_{C'D'}$—$\mathscr{E}_S$）、（$\mathscr{E}_x$—G—R_{CD}—$\mathscr{E}_x$）组成。工作回路的作用是能够为补偿回路提供补偿电压。接通电源开关S_1，调节滑线变阻器R_n，使电流通过电阻丝AB时，在AB两端产生稍大于被测电动势和标准电池电动势中大者的电压。本次实验测量的是一节5号电池的电动势，AB两端的电压约为2.0V比较合适。设单位长电阻丝的阻值为r_0，接通S_3，调节C'、D'的长度为L_S，使检流计G′指针指零，即电路得到了补偿，则有

$$\mathscr{E}_S=U_{C'D'}=Ir_0L_S \tag{2.9-1}$$

固定滑线变阻器R_n，保持工作电流I不变。断开S_3，接通S_2，用待测电池$\mathscr{E}_x$替换标准电池$\mathscr{E}_S$。调节CD的长度，使G指零，电路达到补偿状态。设此时电阻丝CD的长度为L_x，则

$$\mathscr{E}_x=U_{CD}=Ir_0L_x \tag{2.9-2}$$

将式（2.9-2）与式（2.9-1）相除得到

$$\frac{\mathscr{E}_x}{\mathscr{E}_S}=\frac{U_{CD}}{U_{C'D'}}=\frac{L_x}{L_S}$$

于是有

$$\mathscr{E}_x=\frac{\mathscr{E}_S}{L_S}\cdot L_x \tag{2.9-3}$$

式（2.9-3）是在同一工作电流下的$\mathscr{E}_S$与$\mathscr{E}_x$的补偿电压U_{CD}和$U_{C'D'}$进行比较得到的，该方法又称**比较法**。

其实，比较法在我们实际生活中经常用到，如用米尺测量身高。潜意识中我们认为米尺的长度是标准值，身高与这个标准长度做比较，得出身高值。测时间、测质量等都是这个道理，都是被测物与某一个标准值做比较，进一步得出测量值。

简而言之，用电位差计测量电动势的基本原理是：在11m长的电阻丝AB两端加上2V左右的直流电压（本实验中），把$C'D'$补偿回路接入电阻丝上，调节$C'D'$两点的间距L_S（约5m多），使回路达到补偿状态，这时$C'D'$两点间的电压值为$\mathscr{E}_S$；保持通过电阻丝AB的

电流不变，或称保持 AB 两端的电压不变，再把 CD 补偿回路接入电阻丝上，调节 CD 两点的间距 L_x，使回路达到补偿状态，这时 CD 两点间的电压值为被测电池的电动势 $\mathscr{E}_x$。根据长度与电压成正比例关系，按式（2.9-3）计算电动势 $\mathscr{E}_x$ 值。注意：在实验中，回路达到补偿状态时检流计的灵敏度一定取高些。

【实验仪器】

UJ—11 线式电位差计、检流计、稳压电源、电阻箱、标准电池、待测（一节 5 号）电池、单刀单掷开关（2 个）、固定电阻 1 个（几百欧）。

1. UJ—11 线式电位差计

UJ—11 线式电位差计具有结构简单、直观、便于分析讨论等优点，而且测量结果亦较准确，其结构见图 2.9-3。电阻丝 AB 长 11m，往复绕在木板的 11 个接线插孔 0、1、2、…、10上，每相邻数字的插孔间，电阻丝长 1m，插头 C 可选插在插孔 0、1、2、…、10 中任一个位置。电阻丝 $0B$ 附在带有毫米刻度的米尺上，滑动触片 D 在它上面滑动。插头 CD 间电阻丝长可在 0 ~ 11m 间连续变化。

2. 标准电池

标准电池 $\mathscr{E}_S$ 是一种用来作为电动势的标准值的原电池。由于其内阻高，在充放电情况下会极化，不能用它来供电。当温度恒定时它的电动势稳定。在不同温度（0 ~ +40℃）时，标准电池电动势 $\mathscr{E}_S(t)$ 为

$$\mathscr{E}_S(t)=[\mathscr{E}_S(20)-39.94\times10^{-6}(t-20)-0.929\times10^{-6}(t-20)^2+0.0090\times10^{-6}(t-20)^3](\mathrm{V})$$

其中，$\mathscr{E}_S(20)$ 是 +20℃时标准电池的电动势，其值应根据所用标准电池的型号确定。

使用标准电池时要注意：

1）必须在温度波动小的条件下保存，应远离热源，避免太阳光直射。

2）正负极不能接错。通入或取自标准电池的电流不应大于 10^{-6} ~ 10^{-5}A，不允许将两电极短路连接或用电压表去测量它的电动势。

3）标准电池内装有玻璃容器，容器内盛有化学液体，要防止震动和摔坏，不可倒置。

【实验内容】

1. 调节直流稳压电源 $\mathscr{E}$ 输出电压为 2.5V 后关闭电源，按图 2.9-3 连接线路。注意连线

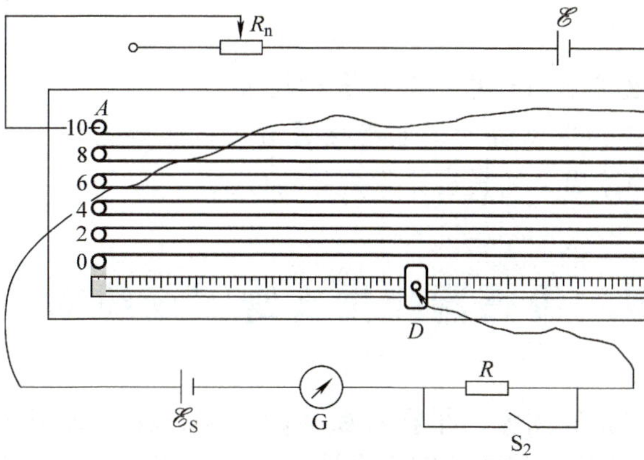

图 2.9-3　电位差计实验线路

时开关必须处于断开状态；稳压电源 $\mathscr{E}$、标准电池 $\mathscr{E}_S$、待测电池 $\mathscr{E}_x$ 的正负极相对，否则，检流计 G 的指针始终偏向一侧，不会指到零。

2. 校准电位差计

标准电池在室温 +20℃时 $\mathscr{E}_S = 1.0186V$，计算可知补偿回路处于补偿状态时标准电池的电动势 $\mathscr{E}_S$ 对应的电阻丝长度 L_S 约为 5m 多。

具体校准步骤：接通电源开关 S_1，断开开关 S_2。将插头 C 插在数字 5 的插孔上，调节电阻箱 R_n，试触 D 端，使检流计指针基本指零。提高检流计的灵敏度，接通 S_2 开关（去掉保护电阻），微调 D 端位置并试触，使 G 的指针指零，这时补偿回路处于补偿状态，CD 两端的电压等于 $\mathscr{E}_S$。记录 L_S 值。

3. 测量未知电动势

准备工作：保持稳压电源输出电压、电阻箱 R_n 不变，降低检流计的灵敏度，断开开关 S_2，把标准电池换为待测电池（注意正负极性），滑动触头 D 移到尺的左边 0 处。

测量：移动插头 C 分别插在 4、5、6、7、8 插孔处（为什么不用插入其他数值的插孔处?），分别按下触头 D，找出使 G 的指针偏转方向相反的两个相邻数字的插孔，将插头 C 插在数字小的插孔上，然后向右移动触头 D 并试触，直到 G 的指针基本指零。提高检流计的灵敏度，接通 S_2，微调触头 D 的位置，当 G 的指针不偏转时，记录 CD 间电阻丝的长度 L_x。

4. 重复上述测量 3 次。数据填入表 2.9-1 中。

表　2.9-1

次数	L_S/m	L_x/m	$\mathscr{E}_x$/V
1			
2			
3			

5. 计算被测电动势，计算被测电动势的平均值 $\overline{\mathscr{E}}_x$。

【思考题】

1. 调节电位差计达到补偿状态的必要条件是什么?（提示：$\mathscr{E}$ 与 $\mathscr{E}_S$、$\mathscr{E}_x$ 之间的极性有什么要求?）

2. 电位差计在使用前为什么要进行校准? 如何进行校准?

3. 在用线式电位差计测量未知电动势时，电路接通后，检流计只向一个方向偏转，无法达到补偿，分析导致此故障的原因，并提出排除故障的方法。

实验 10　利用集成霍尔传感器测量亥姆霍兹线圈的磁场分布

我国是世界上最早发现磁现象的国家，早在春秋战国时期，在《管子·地数》篇中有“上有慈石者，其下有铜金”的记载。我国的四大发明之一——指南针，为世界的航海业做出了巨大贡献。磁感应强度是描述磁场强弱的物理量，它是电磁学中的一个非常重要的基本物理量。在现代科技技术和生活中，往往需要测量磁场空间的磁感应强度分布情况。磁感应强度没有直接测量方法，间接测量方法有多种，常用的方法有电磁感应法、磁阻传感器法和霍尔效应法。本实验利用集成霍尔传感器测量亥姆霍兹线圈的磁场分布，并进一步验证磁场叠加原理。

【网络资源】

本实验教学资源见学习通“利用集成霍尔传感器测量亥姆霍兹线圈的磁场分布”实验，主要有实验原理 PPT、实验仪器介绍视频、实验线路连接视频、实验测量过程视频，以及实验数据处理方法等。

【实验目的】

1. 掌握霍尔效应的基本原理。
2. 测量单个载流圆线圈轴线上各点的磁感应强度。
3. 测量亥姆霍兹线圈中心轴线上各点的磁感应强度。
4. 验证磁场叠加原理。

【实验原理】

1. 霍尔效应与利用霍尔效应法测量磁场的原理

霍尔效应是电磁效应的一种，这一现象是美国物理学家霍尔（E. H. Hall，1855—1938）于 1879 年在研究金属的导电机制时发现的。当电流垂直于外磁场通过导体时，载流子发生偏转，在垂直于电流和磁场方向的导体的两个端面之间会产生一个附加电场，从而在导体的两端产生电势差，这一现象称为**霍尔效应**，这个电势差被称为**霍尔电压**，或霍尔电势差。利用霍尔效应制成的元件称为**霍尔元件**，实际应用中的霍尔元件通常使用半导体代替导体。

霍尔效应从本质上讲是运动的带电粒子在磁场中受洛伦兹力作用而偏转引起的，以磁场中通有电流的半导体为例。

设霍尔元件由均匀的 N 型半导体材料制成，如果在 x 方向通入电流 I，在 z 方向加匀强磁场 $\boldsymbol{B}$，如图 2. 10-1 所示，则 N 型半导体中多数载流子（电子）在定向运动时，受到洛伦兹力 $\boldsymbol{F}$ 作用向侧面 A 偏转，这种偏转导致在垂直于电流和磁场方向的 A'和 A 两侧面上产生正、负电荷的聚积，从而形成横向电场即霍尔电场 $\boldsymbol{E}_H$。

如果霍尔元件由均匀的 P 型半导体材料制成，由于 P 型半导体中多数载流子是空穴，相当于正电荷，形成的霍尔电场 $\boldsymbol{E}_H$ 如图 2. 10-2 所示。

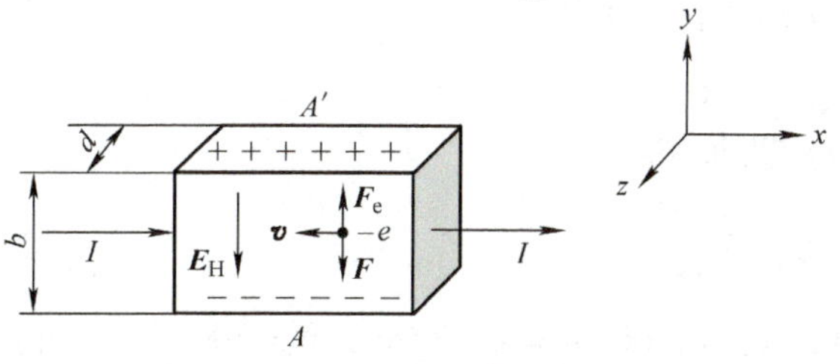

图 2. 10-1　N 型半导体的霍尔效应

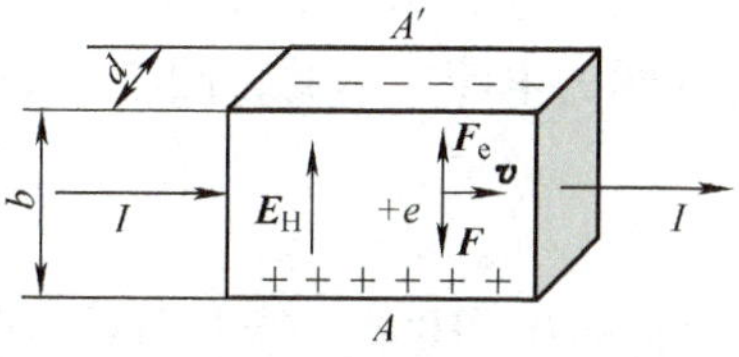

图 2. 10-2　P 型半导体的霍尔效应

形成的霍尔电场 $\boldsymbol{E}_H$ 会对运动的电子产生一个指向侧面 A'的电场力 $\boldsymbol{F}_e$ 作用，它的方向与

洛伦兹力 $\boldsymbol{F}$ 的方向相反，电场力随着 A' 和 A 两侧面电荷的积累而增大。当电场力与洛伦兹力大小相等时，电荷量不再继续增加，从而在两侧面上产生稳定的电势差 U_H，即霍尔电压。

这时有

$$eE_H = evB \tag{2.10-1}$$

式中，E_H 为霍尔电场强度；v 为载流子在电流方向上的平均漂移速度。

设半导体的宽度为 b，厚度为 d，载流子浓度为 n，则由电流的定义可计算出

$$I = nevbd \tag{2.10-2}$$

由式（2.10-1）、式（2.10-2）可得霍尔电压

$$U_H = E_H b = \frac{1}{ne} \cdot \frac{IB}{d} = R_H \frac{IB}{d} \tag{2.10-3}$$

即霍尔电压 U_H 与 IB 乘积成正比，与半导体厚度 d 成反比。比例系数 $R_H = 1/(ne)$ 称为霍尔系数，它是反映材料霍尔效应的重要参数。

对于成品的霍尔元件，其 R_H 和 d 已知，设 $K_H = R_H/d$，称为霍尔元件的灵敏度（其值由制造厂家给出），而 I 可调节实验仪器给出标准值，这样磁场空间的磁感应强度与霍尔电压成一一对应关系，只要测出 U_H，就可以求得霍尔元件所在处的磁感应强度。

$$B = \frac{U_H}{K_H I} \tag{2.10-4}$$

实验中采用 SS95A 型集成霍尔传感器，该传感器是一种高灵敏度集成霍尔传感器。它由霍尔元件、放大器和薄膜电阻剩余电压补偿器组成。测量时输出信号大，并且剩余电压的影响已被消除。

SS95A 型集成霍尔传感器有三根引线，分别是“V_+”“V_-”“V_{out}”。其中“V_+”和“V_-”构成“电流输入端”，“V_{out}”和“V_-”构成“电压输出端”。由于 SS95A 型集成霍尔传感器的工作电流 I 已设定，被称为标准工作电流，使用传感器时，必须使工作电流处在该标准状态下。实验中该标准状态的调节方法是：在亥姆霍兹线圈不通电（空间磁感应强度为零，此时忽略了地磁场的影响）的条件下，调节实验仪“线圈磁场测量”部分的“调零”旋钮，使毫特斯拉计的示数为零即可。

2. 载流线圈轴线上的磁场

根据毕奥－萨伐尔定律，载流圆线圈在轴线（通过圆心并与线圈平面垂直的直线）上距离圆心 O 点为 x 的点处的磁感应强度为

$$B = \frac{\mu_0 N R^2 I}{2(R^2 + x^2)^{3/2}} \tag{2.10-5}$$

式中，μ_0 为真空磁导率；R 为线圈的平均半径；x 为圆心到该点的距离；N 为线圈匝数；I 为通过线圈的电流。因此，圆心处的磁感应强度 B_0 为

$$B_0 = \frac{\mu_0 N I}{2R} \tag{2.10-6}$$

将 $\mu_0 = 4\pi \times 10^{-7}\text{H/m}$，$I = 100\text{mA} = 0.1\text{A}$，$R = 10.00\text{cm} = 0.1000\text{m}$，$N = 500$ 代入，得

$$B_{0\text{理论}} = \frac{\mu_0 N I}{2R} = \frac{4\pi \times 10^{-7} \times 500 \times 0.1}{2 \times 0.1000}\text{T} = 0.314\text{mT}$$

载流圆线圈轴线上的磁感应强度分布如图 2.10-3 所示。

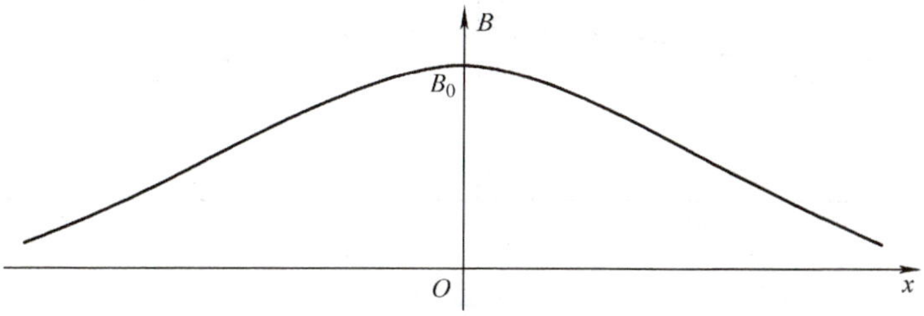

图 2.10-3　载流圆线圈轴线上的磁感应强度分布

3. 亥姆霍兹线圈空间的磁场

取一对大小相同、匝数为 N、半径为 R、彼此平行且连通的共轴圆形线圈，两线圈内流过的电流 I 方向一致，两线圈圆心 O_1 和 O_2 之间的距离为 a，如图 2.10-4 所示。

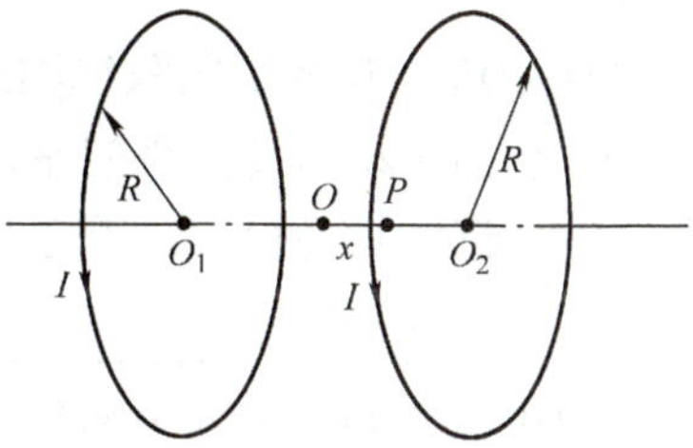

图 2.10-4　亥姆霍兹线圈

在两线圈之间任取一点 P，设 P 点距中心 O 点为 x。结合式（2.10-5），利用磁场叠加原理，认为 P 点的磁感应强度是两个线圈通电时分别在 P 点产生的磁场的矢量叠加，通过计算可得 P 点处的磁感应强度为

$$B=\frac{\mu_0 INR^2}{2}\left\{\left[R^2+\left(\frac{a}{2}+x\right)^2\right]^{-\frac{3}{2}}+\left[R^2+\left(\frac{a}{2}-x\right)^2\right]^{-\frac{3}{2}}\right\} \tag{2.10-7}$$

可见，P 点处的磁感应强度 B 随位置的不同而变化。

利用数学求极值的方法，可得如下结论：

当 $a>R$ 时，O 点的磁感应强度 B 有极小值；当 $a<R$ 时，O 点的磁感应强度 B 有极大值；当 $a=R$ 时，在 O 点附近的磁场是相当均匀的，可看成匀强磁场。

我们把 $a=R$ 时这样的两个线圈称为**亥姆霍兹线圈**。亥姆霍兹线圈的特点是能在其公共轴线中点附近产生较广的均匀磁场区，所以在生产和科研中有较大的使用价值，也常作为弱磁场的计量标准。

在亥姆霍兹线圈上中心 O 处的磁感应强度 B_0 为

$$B_0=\frac{8}{5^{3/2}}\cdot\frac{\mu_0 NI}{R} \tag{2.10-8}$$

代入已知数据可得

$$B_{0理论}=\frac{8}{5^{3/2}}\cdot\frac{\mu_0 NI}{R}=\frac{8}{5^{3/2}}\cdot\frac{4\pi\times10^{-7}\times500\times0.1}{0.1000}\text{T}=0.450\text{mT}$$

亥姆霍兹线圈轴线上的磁感应强度分布如图 2.10-5 所示。

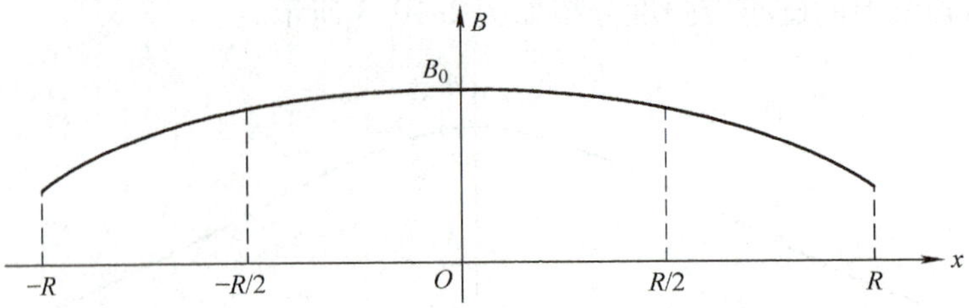

图2.10-5　亥姆霍兹线圈轴线上的磁感应强度分布

【实验仪器】

FD－HM－B亥姆霍兹线圈磁场测量实验仪（见图2.10-6）、亥姆霍兹线圈及带刻度尺的底座（见图2.10-7，线圈平均半径 $R=10.00\text{cm}$，单个线圈匝数 $N=500$）、传感器测量尺、USB接线（1根）、红黑手枪插连接线（3根）。

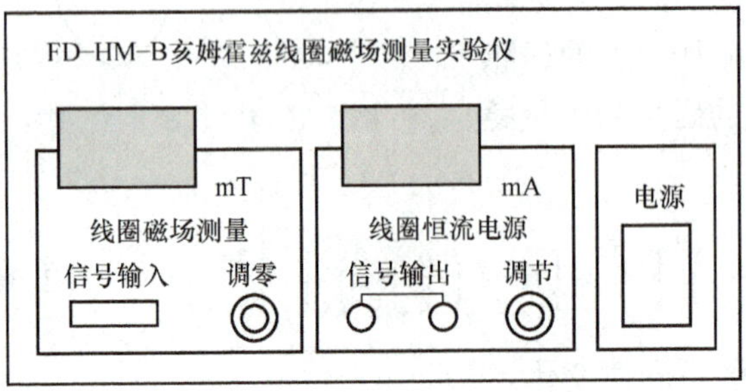

图2.10-6　亥姆霍兹线圈磁场测量实验仪示意图

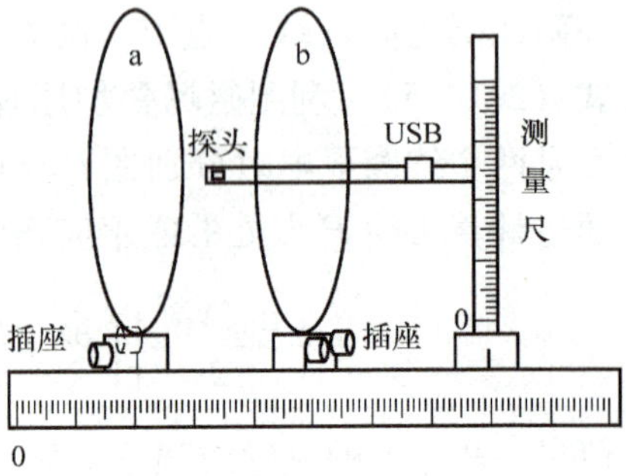

图2.10-7　亥姆霍兹线圈装置示意图

【实验内容】

1. 测量单个载流圆线圈轴线上各点的磁感应强度

1）在断电状态下，用USB连接线将亥姆霍兹线圈磁场测量实验仪上“线圈磁场测量”中“信号输入”端与传感器测量尺上USB口接线端连接。

2）用红、黑手枪插连接线将主机上“线圈恒流电源”中“信号输出”与线圈a（左线圈）或线圈b（右线圈）连接：红色插头插线圈的红色插座，黑色插头插线圈的黑色插座。

3）开机后预热5min左右再进行测量。

4）将传感器测量尺高度调节至80mm位置处，通过上下移动找出线圈中心位置（一般在游标尺80mm位置附近），此时霍尔传感器位于单线圈的轴线上。

5）调节恒流电源至100mA，移动传感器测量尺的滑块，观察毫特斯拉计示数的变化（注意传感器中心位置与滑块刻线位置相差200mm）。

6）断开恒流源电流（拔掉一个手枪插头即可），调节毫特斯拉计“调零”旋钮，使线圈零电流时毫特斯拉计示数为零。

7）重新连接恒流电源，接通100mA电流，开始测量单个载流圆线圈轴线上各点的磁感

应强度 B 与位置的数据，记入表 2.10-1 中，并在坐标纸上以 B 为纵坐标、x 为横坐标，画出 $B-x$ 测量曲线。测量曲线与理论曲线进行比较，将圆心点磁感应强度的测量值与理论值进行比较，计算百分误差。

表 2.10-1　载流圆线圈轴线上磁感应强度的分布

x/cm	-10.0	-9.5	-9.0	-8.5	-8.0	-7.5	-7.0	-6.5	-6.0	-5.5	-5.0
B/μT											
x/cm	-4.5	-4.0	-3.5	-3.0	-2.5	-2.0	-1.5	-1.0	-0.5	0.0	0.5
B/μT											
x/cm	1.0	1.5	2.0	2.5	3.0	3.5	4.0	4.5	5.0	5.5	6.0
B/μT											
x/cm	6.5	7.0	7.5	8.0	8.5	9.0	9.5	10.0			
B/μT											

2. 测量亥姆霍兹线圈中心轴线上各点的磁感应强度

1）在断电状态下，调节两线圈之间距离为 100mm，将主机上“线圈恒流电源”中“信号输出”红接线端的红色插头插线圈 a 的红色插座，线圈 a 的黑色插座用插线接线圈 b 的红色插座，线圈 b 的黑色插座用黑色插头接“信号输出”的黑色插座，完成线圈的串接，从而保持两个线圈的电流方向一致，则两个线圈连接成亥姆霍兹线圈。

2）开机后预热 5min 左右再进行测量。

3）调节传感器测量尺高度，使霍尔传感器位于亥姆霍兹线圈的轴线上（参考实验内容 1 的调节方法）。

4）调节恒流电源至 100mA，移动传感器测量尺滑块，观察毫特斯拉计示数的变化。

5）断开恒流源电流，调节毫特斯拉计“调零”旋钮，使线圈零电流时毫特斯拉计示数为零。

6）移动滑块，测量亥姆霍兹线圈中心轴线上各点的磁感应强度，将数据填入表 2.10-2 中，并在坐标纸上以 B 为纵坐标、x 为横坐标，画出 $B-x$ 测量曲线。测量曲线与理论曲线进行比较，将圆心点磁感应强度的测量值与理论值进行比较，计算百分误差。

表 2.10-2　亥姆霍兹线圈中心轴线上磁感应强度的分布

x/cm	-10.0	-9.0	-8.0	-7.0	-6.0	-5.0	-4.0	-3.0	-2.0	-1.0	0.0
B/μT											
x/cm	1.0	2.0	3.0	4.0	5.0	6.0	7.0	8.0	9.0	10.0	
B/μT											

3. 验证磁场叠加原理

利用单个载流圆线圈 a 轴线上各点磁感应强度的测量数据（见实验内容 1），把各组数据的横坐标 x 值加 10cm，形成另一个线圈 b 轴线上各点磁感应强度的数据（在测量曲线上看等同于把线圈 a 的曲线向右移动 10cm，形成线圈 b 轴线上各点磁感应强度的分布曲线），然后利用磁场叠加原理，把线圈 a 和线圈 b 轴线上的磁场进行叠加（注意位置），再与亥姆霍兹线圈轴线上的磁感应强度测量值（实验内容 2）进行比较（观察是否近似相等），从而验证磁场叠加原理。

也可以单独测量亥姆霍兹线圈 a 和线圈 b 在轴线上各点的磁感应强度，再利用数据验证磁场叠加原理。

4. 测量单个载流圆线圈半径平面上各点的磁感应强度（选做）

1）连接方式同实验内容 1。

2）恒流电源通 100mA 电流，移动传感器测量尺（或线圈滑块），使传感器位于线圈半径平面内（传感器测量尺位置减去 200mm 等于线圈平面位置）。上下移动传感器测量尺，测量载流圆线圈半径平面内各点的磁感应强度与位置的关系，数据填入表 2. 10-3 中。根据数据，以 B 为纵坐标、y 为横坐标，画出 $B-y$ 曲线。

表 2. 10-3　载流圆线圈半径平面上磁感应强度的分布

y/cm	4.0	5.0	6.0	7.0	8.0	9.0	10.0	11.0	12.0	13.0
B/μT										

5. 测量两线圈间距分别为 $a=R/2$ 时轴线上的磁场分布（选做）

1）两线圈连接方式同实验内容 2。

2）改变两线圈间距 $a=R/2=5\text{cm}$，每间隔 0. 5cm 测量一次线圈轴线上不同位置的磁感应强度，设计表格、记录数据、描绘磁场分布 $B-x$ 测量曲线。

【注意事项】

1. 实验中使用的毫特斯拉计，其探测器采用配对 SS95A 型集成霍尔传感器，灵敏度高，可以显示 $1\times10^{-6}\text{T}$ 磁场的变化。因而在线圈断电情况下，不同位置毫特斯拉计所显示的最后一位略有区别，这主要是地磁场和其他杂散信号的影响。因此，每次测量前应拔掉线圈电源调零。

2. 当接线或测量数据时，要特别注意检查在移动两个线圈时是否满足亥姆霍兹线圈的条件。

3. 当两个线圈采用串接方式与电源相连时，必须注意磁场的方向。如果接错线有可能使亥姆霍兹线圈中间轴线上磁场为零。

【思考题】

1. 什么是霍尔效应？如何利用霍尔元件测量磁场？
2. 在验证磁场叠加原理时，如何提高测量精度？
3. 利用实验仪器能否测量地磁场的磁感应强度？

实验 11　模拟示波器的使用

示波器是电工、电子、计算机等设备设计、调试和维修中使用得最广泛、功能最强大的电子测量仪器之一，它可以把原来肉眼看不见的电压变化情况变换成可见的图像，使人们可以直接观察电信号的波形和高速变化情况，研究它们的瞬间变化过程。在科学研究和工农业生产中，示波器被广泛地用来测定电信号的幅度、周期、频率和相位等各种参数。通过各种传感器，示波器还可用来观察各种物理量、化学量、生物量等的高速变化过程，成为科学研究和生产活动中强有力的工具和检测手段。现在示波器已成为所有高科技研究、开发和应用单位的必备基本仪器，各种行业的检测和生产部门以及家用电器的维修也都离不开它。

【网络资源】

本实验教学资源见学习通“模拟示波器的使用”实验，有仪器介绍、示波器预调节视频、波形稳定调节视频、电压大小测量视频、电压周期测量视频、李萨如图形测量视频、实验数据处理举例等。

【实验目的】

1. 了解示波器的结构和原理。
2. 学习示波器和信号发生器的基本使用方法。
3. 测量正弦信号的幅度和周期。
4. 学会用示波器观察李萨如图形。

【实验原理】

1. 示波器的分类

示波器分为数字式和模拟式两大类。在示波器发明以后的大半个世纪中，模拟示波器一直占主导地位，并且至今还在国内外广泛地使用着。模拟示波器的规格和型号尽管很多，但它们都由下面几个基本部分组成：示波管（又称阴极射线管）、竖直放大器（Y 放大）、水平放大器（X 放大）、扫描锯齿波发生器、触发同步等。模拟示波器价格便宜、图形美观，作为一种传统的多用途测量仪器，几十年来变化不大。本实验主要介绍模拟式示波器。

数字示波器是数字化潮流在示波器领域的体现。数字示波器实现了对波形的数字化测量、采集和存储，它解决了模拟示波器长久以来难以解决的对高速过程、瞬间过程记录和重现的难题。数字示波器具有很多智能化测量功能，使很多在模拟示波器中很难实现的测量变得十分容易，同时又使测量精度大幅度提高，测量功能和内容极大扩展，测量难度大大减少。它可以对测量结果进行各种修正和补偿，测量结果可以直接输入计算机。

本实验介绍模拟示波器的使用，下一个实验介绍数字示波器的基本操作。

2. 模拟示波器的基本构造

示波器由示波管及与其配合的电子线路组成，如图 2.11-1 所示。为了适应各种测量要求，示波器的电子线路是多样而复杂的，这里仅就其主要部分加以介绍。

（1）示波管　如图 2.11-2 所示，示波管可分为三部分：电子枪、偏转板及荧光屏。小圆管状的阴极 C 里有钨丝加热电极，由 H-H′导线引出管外。控制栅极 G、第一加速阳极 A_1、聚焦电极 F_A、第二加速电极 A_2 等均为同轴金属圆筒，筒内膜片的中心有限制小孔。Y_1Y_2 及 X_1X_2 分别是两对金属偏转板。所有电极都封装在高真空的玻璃壳内，各有导线接到管外，以便和外电路相连。管右端玻璃屏内表面涂有荧光物质膜层，称为荧光屏。

电子枪：由灯丝、阴极、控制栅极、第一加速阳极、第二加速阳极五部分构成。加热电流从 H-H′ 通过钨丝，阴极 C 被加热后放射出热电子，形成电子流。第一加速阳极 A_1 具有很高的电压（相对阴极 C 而言，例如 1500V），在 C、G、A_1 之间形成强电场。从阴极射出的电子在电场中加速，穿过栅极 G 的小孔，以高速穿过 F_A 及 A_2 筒内限制孔，形成一束电子射线。电子最后打在屏的荧光物质上，发出可见光，在屏上形成一个亮点。控制栅极 G 相对阴极 C 为负电位，两者相距很近，所形成的电场对电子有斥力作用。栅极的电位相对于阴极 C 负得不很大(几十伏)时就可把电子斥回，使电子束截止。用电位器 R_1 调节 G 对 C 的电压可以控制阴极发射的电子数目，从而连续改变屏上光点的亮度。示波器面板上的“亮度”调节就是调节此电位。控制栅极、第一阳极、第二阳极之间的电位调节合适时，电子枪内的电场对电子射线有聚焦作用，故第一阳极又称为聚焦阳极。第二阳极电位更高，又称加速阳极。面板上“聚焦”调节，就是调第一阳极电位，“辅助聚焦”就是调第二阳极电位。

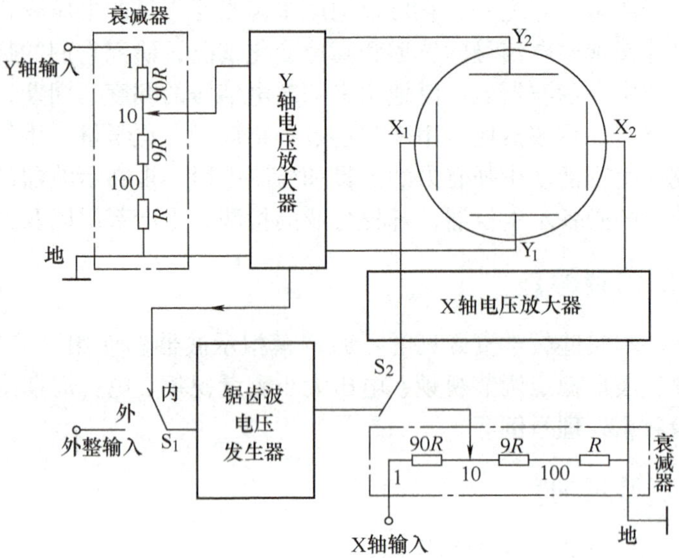

图 2.11-1　示波器工作原理图

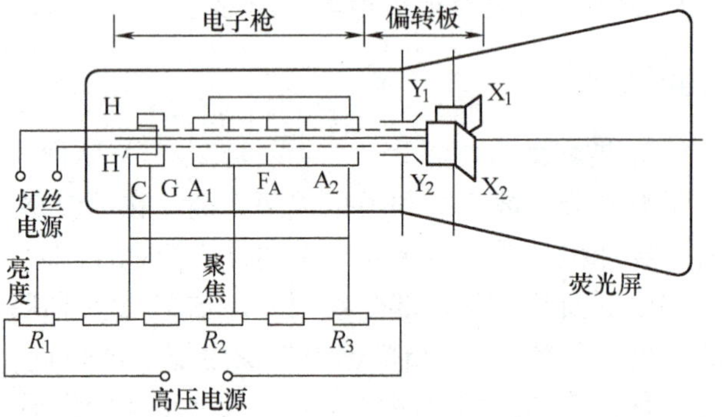

图 2.11-2　示波管结构示意图

电子束的电偏转：在电子枪和荧光屏之间有两对互相垂直的水平和垂直偏转板。若在任一对极板上加上电压，则极板间产生电场。电子从其中经过时受到电场力作用而发生偏转，从而使荧光屏上的光点产生位移。可以证明，光点的位移与偏转板上所加的电压成正比。

荧光屏：它是示波器的显示部分。当加速聚焦后的电子打到荧光屏上时，屏上所涂的荧光物质就会发光，从而显示出电子束的位置。当电子束停止作用后，荧光剂继续发光，经一定时间后才停止，称为余辉效应。荧光物质不同，发出的光色不同，“余辉时间”也不一样。示波管有“长余辉”和“短余辉”之分，本次实验用的是“短余辉”示波器。

（2）电压放大器和衰减器　示波管相当于一个多量程电压表，这一作用是靠放大器和衰减器实现的。由于示波管本身的 X 轴和 Y 轴偏转板的灵敏度不高（约 0.1～1mm/V），当加入偏转板的信号电压较小时，电子束不能发生足够的偏转，以致屏上的光点位移过小，不便观测，这就需要预先把小的信号电压加以放大后再加到偏转板上。为此，需设置 X 轴及 Y 轴电压放大器。为使过大的输入电压变小，设置了衰减器，以适应 Y 轴放大器的要求，否则放大器不能正常工作，甚至受损。

（3）扫描、整步与波形显示原理　如果在竖直偏转板上加一交变的正弦电压 $U_y = U_m \sin\omega t$，电子束的亮点将随电压变化在屏幕上下往复运动，若电压频率较高，会形成一条竖直亮线。要显示波形，应在水平偏转板上同时加一扫描电压，使电子束沿水平方向匀速运动。此电压随时间呈线性关系即锯齿波电压，如图 2.11-3 所示。

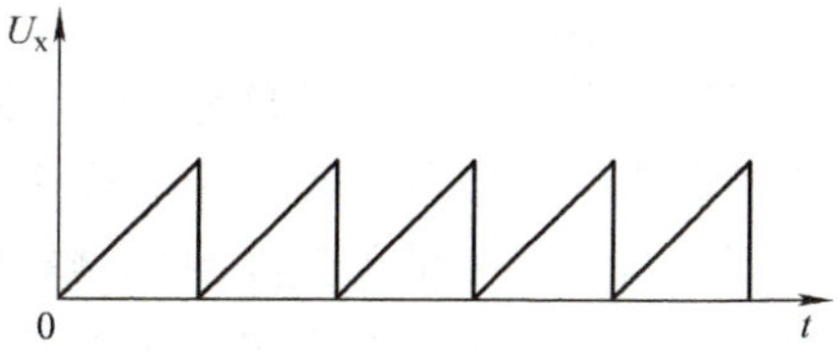

图 2.11-3　锯齿波电压

当同时在竖直偏转板（Y 轴）和水平偏转板（X 轴）上分别加上正弦电压和锯齿波电压时，电子束受到两个方向电压的作用，其运动将会是两个互相垂直的运动合成。当扫描周期是 Y 轴信号周期的整数倍时，屏上将稳定地出现几个周期的 Y 轴信号波形，如图 2.11-4 所示。

由于技术上的原因，扫描周期很难调节成 Y 轴信号周期严格的整数倍，因而屏上波形将发生横向移动，不能稳定。克服的办法是：用 Y 轴信号频率去控制扫描频率，使信号频率准确等于扫描频率（或成整数倍），这个控制作用称为“整步”（或“同步”）。当需要从“X 轴输入”端输入信号时，S_2 键换向，锯齿波不再起作用。

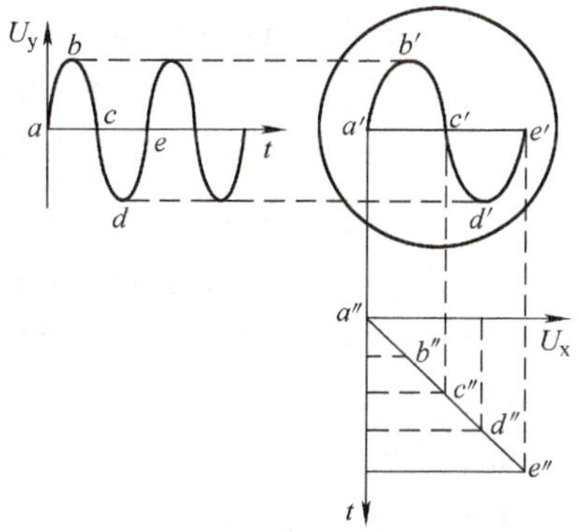

图 2.11-4　电压波形显示原理

【实验仪器】

GOS－630FC 型模拟示波器、SP1641D 型函数信号发生器。操作方法见【本实验附录】。

【实验内容】

1. 示波器的调节、观察光点扫描及输入波形

1）熟悉示波器面板上各调节旋钮，明确它们的功能。置各控制旋钮如下：“POWER/电源开关 6”关，“INTEN/亮度控制 2”居中，“FOCUS/聚焦控制 3”居中，“AC/GND/DC/交流/接地/直流 9、18”置“AC”，“POSITION/水平位移 30”居中，“POSITION/垂直位移 10、17”居中，“MODE/模式选择开关 13”置“CH1”，“TIME/DIV/时基灵敏度 27”置“0.5ms/DIV”，“VOLTS/DIV/伏/格选择开关 8、19”置“0.1V/DIV”，“MODE/触发模式选择开关 23”置“自动（AUTO）”，“SOURCE/触发源选择 21”置“CH1”。

“POWER/电源开关 6”开，接通电源，预热约 15s 后，屏上出现扫描线，然后分别调节“POSITION/水平位移 30”“POSITION/垂直位移 10”“FOCUS/聚焦控制 3”“INTEN/亮度控制 2”等旋钮，使扫描线位置居中，最细，亮度适中，能看得清楚，但又不过亮。

2）观察光点扫描。将“扫描时间”旋钮由高频率逐挡旋到低频率，观察扫描频率变化时，光点的扫描情况。

3）观察输入波形。接通信号发生器的电源，把信号发生器的“点频输出”信号输入示波器的 CH1 通道，调节“VOLTS/DIV/伏/格选择开关 8”“TIME/DIV/时基灵敏度 27”“同步”等旋钮，调整出稳定的波形（可观察正弦波、三角波及方波波形）。

2. 测量交流信号的电压和周期

把信号发生器的“50Ω 输出”信号输入示波器的 CH2 通道，调出稳定的波形。注意：扫描微调与位移微调必须处于“CAL”（校准）的状态。

利用示波器测量正弦波的峰-峰电压值（即从波峰→波谷之间的电压）的方法：

在屏上读出被测两点之间垂直方向的距离 d_y（单位是 DIV），再乘以 Y 轴放大器垂直幅度衰减开关“VOLTS/DIV”所指示的读数“a”，所得的值为

$$U_y = a \times d_y$$

注意单位。

例如，如图 2.11-5 所示，d_y = 5.0DIV，设“VOLTS/DIV（伏/格）选择开关 19”开关置于“0.1V/DIV”，则被测电压峰-峰值为 5.0DIV × 0.1V/DIV = 0.5V；实验中如果使用了 10∶1 探头的 10 倍率档，结果需再乘 10，即是 5V。

利用示波器测量周期的方法：

在屏上读出相邻的两波峰（或两波谷）之间的水平方向的距离 d_x（单位是 DIV），再乘以时基开关“TIME/DIV 时基灵敏度 27”所指示的读数“b”，所得的周期值为

$$T = b \times d_x$$

注意单位。

例如，如图 2.11-5 所示，d_x = 6.0DIV（A、B 两点间的距离），设“TIME/DIV 时基灵敏度 27”开关置于“1ms/DIV”，则被测周期为 6.0DIV × 1ms/DIV = 6ms。注意：此时“AC-GND-DC”选择开关应置于“AC”位置。

实验中，可以测量多个完整波形在水平方向的距离，这时如何计算周期值？

实验要求：测量两个不同频率、不同“峰-峰”电压的正弦波信号的电压值和周期值，并与信号发生器的输出显示值相比较，将测量数据填入表 2.11-1 中。

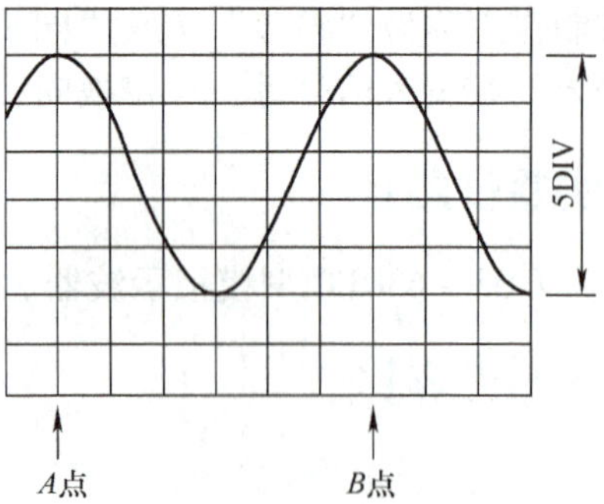

图 2.11-5　测量正弦波的电压和周期

表 2.11-1　测量正弦波的“峰-峰”电压值和周期值用表

被测量量	1 被测正弦波信号	2 被测正弦波信号
峰-谷距离 d_y/DIV		
VOLTS/DIV 的标称值 a		
电压 U_y/V		
相邻两波峰间距 d_x/DIV		
扫描时间因数 b		
周期 T/s		

3. 观察李萨如图形

如果在示波管内 X 偏转板上加上正弦波电压，则电子束受这个电压的作用，在荧光屏上的亮点做 X 轴方向的谐振动；如果在 Y 偏转板上加上正弦波电压，则荧光屏上的亮点在 Y 轴方向做谐振动；如果在 X 和 Y 偏转板上同时加上正弦电压，亮点的运动是两个相互垂直振动的合成。

一般地，如果频率比值 f_x:f_y 为整数比，则合成运动的轨迹是一个封闭的图形，称为李萨如图形。表 2. 11-2 表示部分不同频率比值时的李萨如图形。

表 2. 11-2　李萨如图形

f_x:f_y	1:1	1:2	1:3	2:3	3:2	3:4	2:1
李萨如图形	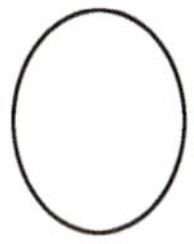		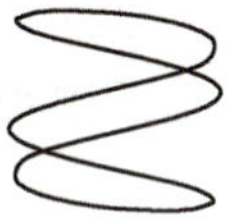	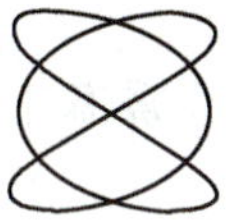	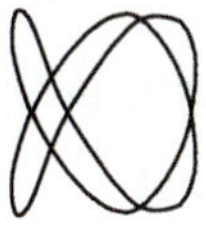	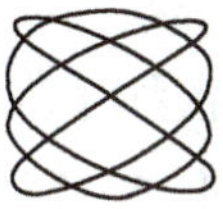	

李萨如图形与振动频率之间有如下的简单关系：

$$\frac{N_x}{N_y}=\frac{f_y}{f_x}$$

式中，N_x 是 X 方向一条切线对图形的切点数；N_y 是 Y 方向一条切线对图形的切点数。

如果 f_x 或 f_y 中有一个是已知的，则可由李萨如图形的切点数决定其频率比值，求出另一个未知频率来，这是测量频率的一种方法。

操作过程：

“TIME/DIV/时基灵敏度 27” 置 “X-Y” 工作方式，“CH1（X）输入/通道 1 输入 7” 输入由信号发生器的 “点频输出” 端输出的正弦波信号（100Hz、2V 峰－峰值），“CH2（Y）输入/通道 2 输入 20” 的输入信号可由信号发生器的 “50Ω” 输出端提供，其频率值可直接在信号发生器的显示屏上读出。

调节信号发生器输出频率，使屏上出现稳定的李萨如图形。观察并画出所看到的 5 个李萨如图形，画入表 2. 11-3 中，并记录 CH2（Y 轴）的输入信号的频率（由信号发生器的显示屏读出）。

实验中，可以把 CH1 端与 CH2 端的输入信号互换，这时看到的李萨如图形方向改变：立起或倒下。

表 2. 11-3　李萨如图形（f_x = 100Hz）

f_x/f_y					
f_y 值					
图形					
N_x					
N_y					

注：f_y 为图形稳定后，从信号发生器读出的频率。

【注意事项】

1. 必须弄清所使用的示波器、信号发生器的型号与面板上各旋钮的作用后再开始实验。

2. 不可将荧光屏上的光点亮度调得太强，也不可将光点固定在荧光屏上某一点的时间过长，以免损坏荧光屏。

3. 示波器上所有开关与旋钮都有一定的强度与调节角度，使用时应轻轻地、缓慢地旋转，不能用力过猛、转动过快或随意乱旋。

4. X 轴插入的金属线千万不能和电源相接，以免发生仪器或人身的重大事故。

【思考题】

1. 如果在打开示波器的电源后，屏幕上既看不到扫描线又看不到光点，可能有哪些原因？应分别进行怎样的调节？

2. 为什么观察扫描信号时，必须在 X 偏转板上加锯齿波电压？加恒值电压可行吗？

3. 示波器的扫描频率远大于或远小于输入正弦波电压信号的频率时，屏上的图形是什么情况？

4. 观察李萨如图形时，调节“同步”旋钮对图形的稳定有无影响？为什么？若图形不稳定，应调节什么？

【本实验附录】

1. GOS-630FC 型示波器介绍

GOS-630FC 型示波器前面板示意图如图 2.11-6 所示，为频宽从 DC 至 30MHz（ -3dB）的可携带式双通道示波器，灵敏度最高可达 1mV/DIV，并具有长达 0.2μs/DIV 的扫描时间，放

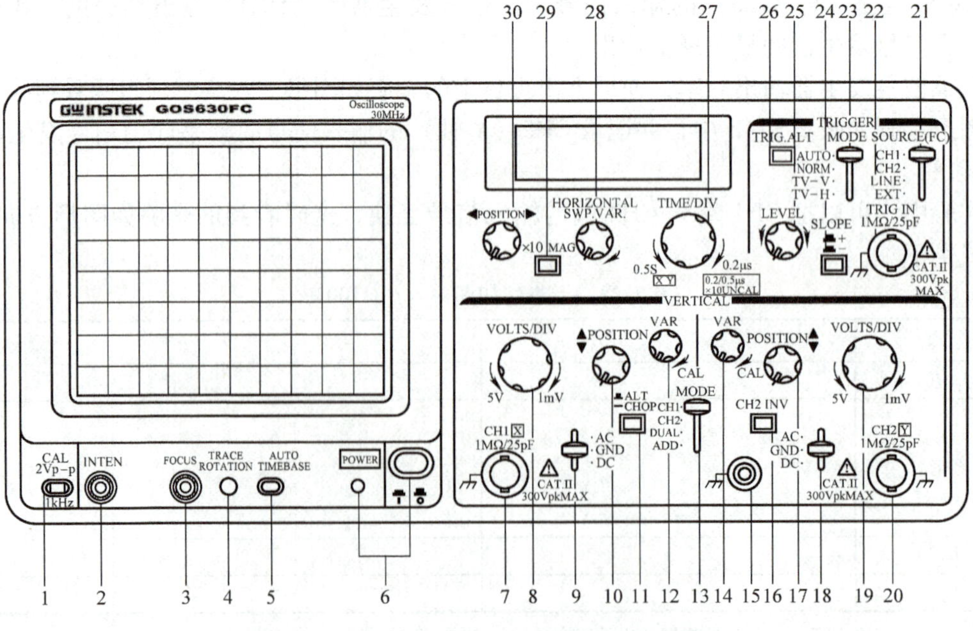

图 2.11-6　GOS-630FC 型示波器前面板示意图

大 10 倍时最高扫描时间为 100ns/DIV。采用内附红色刻度线的直角阴极射线管，可获得精确的量测值。坚固耐用，不仅易于操作，更具有高度可靠性。GOS-630FC 配备一个独立的 LCD 显示屏，可以显示 CH1、CH2 信号的衰减幅度、扫描时间、X-Y 模式、触发信号频率等。

前面板各控制件名称和用途如下：

（1）显示控制

CAL 输出/校准信号输出 1：产生探棒补偿信号，$2V_{p-p}$、1kHz 方波。

INTEN/亮度控制 2：轨迹及光点亮度控制。

FOCUS/聚焦控制 3：轨迹聚焦控制。

TRACE ROTATION/基线旋转控制 4：用于调节扫描线和水平刻度线平行。

AUTO TIMEBASE/扫描切换控制 5：自动切换扫描时间至适当的挡位。

POWER/电源开关 6：切换主电源开关，接通电源后电源指示灯会发亮。（电源插座和电源保险丝插座在后面板）

（2）水平控制

POSITION/水平位移 30：控制轨迹或光点水平位置。

×10 MAG/×10 扩展 29：使水平放大 10 倍。

SWP VAR/扫描微调 28：水平挡位调节控制。可连续调节水平挡位值，若逆时针旋转此旋钮至最小位置，实际水平挡位扩大为 LCD 显示挡位值的 2.5 倍。例如，当前 LCD 显示挡位为 1ms/DIV，调整后，实际挡位将变为 2.5ms/DIV。若顺时针旋转此旋钮至最大（CAL）位置（校准），则 LCD 显示挡位即为实际水平挡位。

TIME/DIV/时基灵敏度 27：扫描时间选择，扫描范围从 0.2μs/DIV 到 0.5s/DIV 共 20 个挡位。X-Y 挡：设定为 X-Y 模式，用于示波器工作在 X-Y 状态；此时，X（水平）信号连接到 CH1 输入端，Y（垂直）信号连接到 CH2 输入端。

（3）垂直控制

VOLTS/DIV/伏/度选择开关 8：选择输入信号衰减幅度，范围为 1mV/DIV ~ 5V/DIV，共 12 挡。

19 同 8。

POSITION/垂直位移 10：轨迹及光点的垂直位置调整。

17 同 10。

ALT/CHOP/交替/断续选择 11：在双轨迹模式下，选择 CH1 和 CH2 信号显示方式。

ALT：CH1 和 CH2 以交替方式显示（一般使用于较快速时水平扫描，0.5ms/DIV 或更快）。

CHOP：CH1 和 CH2 以切割方式显示（一般使用于较慢速时水平扫描，1ms/DIV 或更慢）。

MODE/模式选择开关 13：此开关用于选择垂直偏转系统的工作方式。

CH1/通道 1：只有加到 CH1 通道的信号能显示。

CH2/通道 2：只有加到 CH2 通道的信号能显示。

DUAL/双通道：加到 CH1、CH2 通道的信号能同时显示在荧光屏上。

ADD：显示 CH1、CH2 通道的相加或相减信号。

VAR/微调 12：垂直偏转灵敏度微调控制。可连续调节垂直挡位值，若逆时针旋转此旋钮至最小位置，实际垂直挡位扩大为 LCD 显示挡位值的 2.5 倍。例如，当前 LCD 显示挡位为 1mV/DIV，调整后，实际挡位将变为 2.5mV/DIV。若顺时针旋转此旋钮至最大（CAL）位置（校准），则 LCD 显示挡位即为实际垂直挡位。

14 同 12。

CH2 INV/通道 2 反向 16：CH2 信号反向。在 ADD 模式下，如果按下 CH2 INV 键，则显示 CH1 及 CH2 信号之差。

CH1（X）输入/通道 1 输入 7：CH1 的垂直输入端。在 X-Y 模式中为 X 轴的信号输入端。

AC/ GND/DC/交流/接地/直流 9：输入信号耦合选择。

AC/交流：截止直流或极低频信号输入。

GND/接地：在屏幕上显示 GND（零电平）垂直位置。此模式仅为检验参考电平，此时输入信号将不会显示。

DC/直流：示波器显示所有的输入信号。

18 同 9。

GND/地 15：本示波器接地端子。

CH2（Y）输入/通道 2 输入 20：CH2 的垂直输入端。在 X-Y 模式中，为 Y 轴的信号输入端。

（4）触发系统

TRIG. ALT/交替触发 26：按下此键，将自动设定 CH1 与 CH2 的输入信号以交替方式轮流作为内部触发信号源，这样两个波形皆会同步稳定显示。

MODE/触发模式选择开关 23：

AUTO/自动：示波器不管是否存在触发条件，始终自动触发，显示扫描线。

NORM/普通：示波器只有在触发条件发生时才产生扫描。当无触发信号时，不出现扫描线。

TV－V：此状态用于观察电视信号的全场波形。

TV－H：此状态用于观察电视信号的全行波形。

注：只有当电视同步信号是负极性时，TV－V、TV－H 才能正常工作。

LEVEL/触发电平 25：触发准位调整，又称“同步”旋钮。将此旋钮顺时针旋转，触发准位向上移；将旋钮逆时针旋转，触发准位向下移。

SLOPE/斜率 24：触发斜率选择。

当按键处于“＋”位置时，当信号正向通过触发准位时进行触发。

当按键处于“－”位置时，当信号负向通过触发准位时进行触发。

SOURCE/触发源选择 21：此开关用于选择扫描触发信号源：

CH1/通道 1 触发：CH1 输入端的信号作为内部触发源。

CH2/通道 2 触发：CH2 输入端的信号作为内部触发源。

LINE/电源触发：取交流电源信号作为触发源。此种触发源适合于观察与电源频率有关的波形。

EXT/外部触发：将信号作为外部触发信号源。外触发用于垂直方向上的特殊信号的触发。

TRIG IN/外触发输入 22：TRIG IN 输入端子，可输入外部触发信号。使用此端子时，应先将 SOURCE/触发源选择置于 EXT 位置。

2. SP1641D 型函数信号发生器介绍

SP1641D 型函数信号发生器是一种精密的测试仪器，如图 2.11-7 所示，它具有连续信号、扫频信号、函数信号、脉冲信号，可输出单脉冲、点频、正弦等多种输出信号和外部测频功能，是电子工程师、电子实验室、生产线及教学、科研需配备的理想设备。输出频率为 0Hz ~ 3MHz，输出电压为 0 ~ 20V。

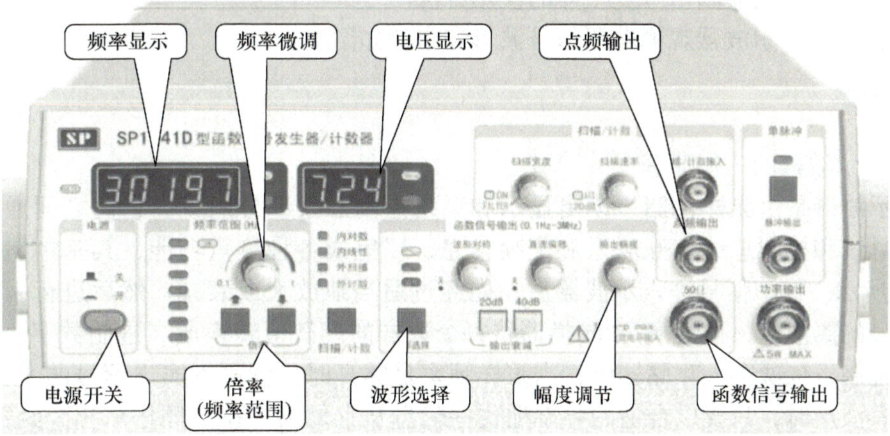

图 2.11-7　SP1641D 型函数信号发生器

电源开关：电源开关切换，按下接通电源。

倍率（频率范围）：选择函数信号输出频率范围，可设置 1Hz、10Hz 、100Hz、1kHz、10kHz、100kHz、1MHz、3MHz 共 8 挡。

波形选择：设置三种输出波形，即正弦波、三角形波、方波。

幅度调节：调节输出电压值。

函数信号输出：电压频率及幅度可调的信号输出端。

点频输出：固定的 2V、100Hz 正弦电压信号输出端。

电压显示：函数信号输出电压显示。

频率微调：可对设置的函数信号输出频率范围值从 0.1 ~ 1 进行连续调节。

频率显示：函数信号输出频率显示。

实验 12　数字示波器的基本操作

数字示波器（Digital Oscilloscope）是 20 世纪 70 年代初发展起来的一种新型示波器，区别于传统模拟示波器，它通过内置的 CPU 或专门的数字信号处理器，能够将输入的电压信号经模/数转换器转换成数字信号，再经数/模转换器转换后还原波形，从而实现了对波形的触发、存储、显示、测量、波形数据分析处理等功能，因而其应用日益普及。

【网络资源】

本实验教学资源，见学习通“数字示波器的基本操作”实验，有数字示波器介绍视频、波形调节过程视频、电压和周期测量过程视频、实验数据处理方法等。

【实验目的】

1. 了解数字示波器的工作原理。
2. 学习数字示波器和信号发生器的使用方法。
3. 学会用数字示波器观测电压信号波形和李萨如图形。

【实验原理】

1. 数字示波器的工作原理

数字示波器是由取样存储、读出显示和系统控制三大部分组成，它们之间通过数据总线、地址总线和控制总线相互联系和交换信息，以完成各种测量功能，其基本组成框图如图2.12-1所示。模拟信号进入示波器后，先经过适当地放大或衰减，然后进行采样获得模拟输入信号的离散值，再经模/数转换器将每个取样的离散值转换成二进制数字，在逻辑控制电路的控制下依次存入存储器中，当采样频率足够高时，就可以实现信号的不失真存储。当需要观察波形时，只要以合适的频率把这些信息从存储器中按原顺序取出，经数/模转换器转换后送至示波器CRT就可以还原波形。

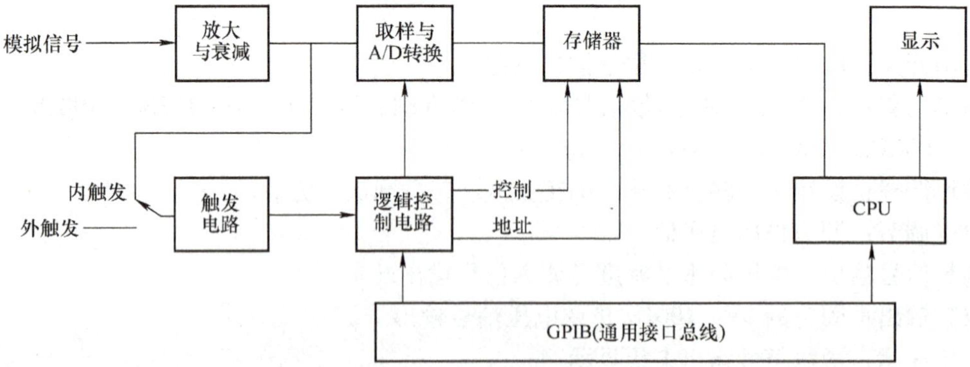

图2.12-1 数字示波器原理示意图

（1）波形的采样和存储 对模拟输入信号采样，并将其转化为可内部处理的数字信号，这一过程也称为捕获。通常有三种捕获模式：实时采样、峰值检测和平均值检测。

1）实时采样和存储：所有的采样点按一个固定的时间顺序采集，如图2.12-2所示，把模拟波形送到加有反偏的取样门的 a 点，在 c 点加入等间隔的取样脉冲，则对应时间 $t_n(n=1,2,3,\cdots)$ 取样脉冲打开取样门的一瞬间，在 b 点就得到相应的模拟量 $a_n(n=1,2,3,\cdots)$，这个模拟量就是离散化了的模拟量，把每一个模拟量进行模/数转换，就可以得到相应的数字量，如 a_1→A/D→01H；a_2→A/D→02H；a_3→A/D→03H……如果把这些数字量按序存放在存储器中，就相当于把一幅模拟波形以数字量存储了起来。

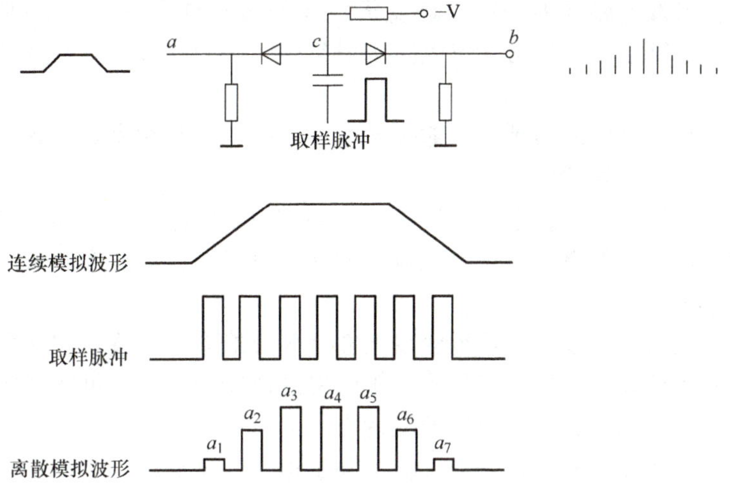

图 2.12-2　模拟输入信号的采样和存储过程

对输入信号进行采样的速率称为采样频率，是指单位时间内对模拟输入信号的采样次数，常以 MSa/s 表示。如果采样频率过低，容易出现混叠现象，造成屏幕上显示的波形频率低于输入信号的实际频率，或者显示的波形不稳定。根据奈奎斯特（Nyquist）采样定理，只有采样频率至少大于要处理信号频率的两倍时，才能在显示端理想地复现该信号。

2）峰值检测：对于每次获取间隔，在实时采样的同时，示波器对信号波形的幅度连续地进行监测，并由正负峰值检测器将信号的正负峰值幅度存储起来。当示波器要显示采样点时，示波器就将正或负峰值检测器保存的峰值进行数字化，并用该值代替原来的采样点数值。峰值侦测主要用于捕获异常毛刺信号。

3）平均值检测：示波器采集几个波形，然后通过计算采样数据的平均值显示最终波形。该模式能有效绘制无噪波形。

（2）波形的显示　读出显示部分由显示缓冲存储器、D/A 转换器、扫描发生器、X 放大器、Y 放大器和示波管电路组成。存储器中每个单元存储了一个采样点的信息，在显示屏上显示为一个点。它在接到读命令后，先将存储在显示缓冲存储器中的数字信号送 D/A 转换器，将其重新恢复成模拟信号，经放大后送示波管，同时扫描发生器产生的扫描阶梯波电压把被测信号在水平方向展开，从而将信号波形显示在屏幕上，波形显示过程如图 2.12-3 所示。

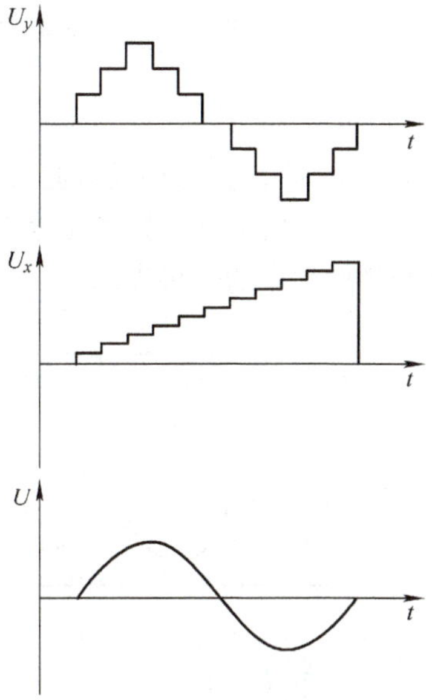

图 2.12-3　波形显示过程

（3）信号的触发　为了实时稳定地显示信号波形，示波器必须重复地从存储器中读取数据并显示。为使每次显示的曲线和前一次重合，必须采用触发技术。信号的触发也叫整部或同步，一般的触发方式为：输入信号经衰减放大后分送至 A/D 转换器，同时也分送至触发电路，触发电路根据一定的触发条件（如信号电压达到某值并处于上升沿）产生触发信号，控制电路接收到来自触发电路的触发信号，就启动一次数据采集与 RAM 写入循环。

触发信号可以从多种信源得到，如输入通道、市电、外部触发等。数字示波器的触发方式包括常态触发和预置触发两种方式。

常态触发是在存储工作方式下自动形成的，同模拟示波器基本一样，可通过面板设置触发电平的幅度和极性，触发点可处于复现波形的任何位置及存储波形的末端，触发点位置通常用加亮的亮点来表示。

预置触发即延迟触发，是人为设置触发点在复现波形上的位置，它是在进行预置之后通过微处理器的控制和计算功能来实现的。由于触发点位置的不同，可以观测到触发点前后不同区段上的波形，这是因为数字示波器的触发点只是一个存储的参考点，而不一定是取样、存储的第一点。预置触发对显示数据的选择带来了很大的灵活性。

（4）信号的测量　数字示波器对波形参数的测量分为自动测量和光标测量两种。一般参数的测量为自动测量，即示波器自动完成测量工作，并将测量结果以数字的形式显示在荧光屏上。特殊值的测量使用手动光标进行测量，即光标测量。光标测量指的是在荧光屏上设置两条水平光标线和两条竖直光标线，这四条光标线可在面板的控制下移动，光标和波形的交点对应于信号存储器中的相应的数据。测量时，示波器在测量程序控制下，根据光标的位置来完成测量，并将测量结果以数字形式显示在荧光屏上。

2. 李萨如图形的基本原理

如果在示波器的 CH1 通道输入频率为 f_x 的正弦波，在示波器的 CH2 通道输入频率为 f_y 的另一正弦波，则当两正弦波信号的频率比值为简单整数比时，在荧光屏上将得到李萨如图形，表 2.12-1 表示部分不同频率比值时的李萨如图形。这些李萨如图形是两个相互垂直的简谐振动合成的结果，李萨如图形与频率之间有如下的简单关系：

$$\frac{N_x}{N_y}=\frac{f_y}{f_x} \tag{2.12-1}$$

式中，N_x 是 X 方向切线对图形的切点数，N_y 是 Y 方向切线对图形的切点数。如果 f_x 或 f_y 中有一个是已知的，则可由李萨如图形的切点数决定其频率比值，求出另一个未知频率来，这是测量频率的一种方法。

表 2.12-1　李萨如图形

f_y:f_x	1:1	1:2	1:3	2:3	3:2	3:4	2:1
李萨如图形	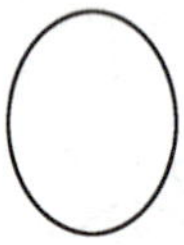		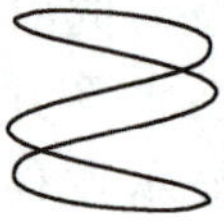	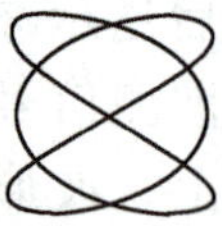	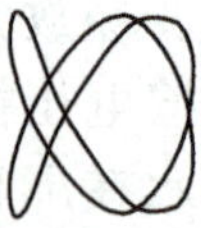	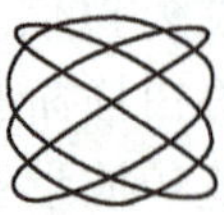	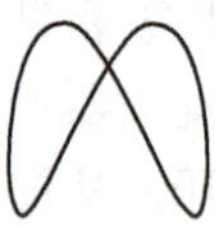

【实验仪器】

GDS－1102B 型数字示波器、SP1641D 型函数信号发生器、Q9 连接线。

【实验内容】

1. 连接仪器，熟悉数字示波器的操作

通电前，先用 Q9 线连接信号发生器与数字示波器，其中信号发生器的“点频输出”信号输入示波器的 CH1 通道，“50Ω 输出”信号输入示波器的 CH2 通道。

参考【本实验附录】，熟悉数字示波器前面板各旋钮、按键的使用方法，明确它们的功能。

接通数字示波器电源（POWER），经 30s 预热后即可开始使用。语言选择应设置为“中文简体”，操作方法如下：常用功能区按“Utility”键，底部菜单点按“语言选择”，右侧菜单点按“语言选择”，用多功能旋钮调出“中文简体”并点按选择键“Select”确认。

2. 观察波形，分别调出通道 1 和通道 2 输入波形

点按默认设置键（Default），数字示波器的各项设置将恢复初始（出厂）状态。显示屏出现通道 1 输入波形，可调节“时基档位（SCALE）”和通道 1 的“垂直灵敏度（SCALE）”使波形幅度适当。还可以调节“水平位移（HorizontalPOSITION）”和“垂直位移（Vertical-POSITION）”改变波形位置，也可以通过点按“自动设置（Autoset）”将输入信号自动调整在面板最佳的视野位置。

手动调节通道 1 和通道 2 波形：可以点按通道按键（ChannelMenu）“CH1”或“CH2”，当“CH1”或“CH2”按键处于点亮状态时，即显示通道 1 或通道 2 波形。同样，可通过调节“时基档位（SCALE）”和“垂直灵敏度（SCALE）”改变波形幅度，调节“水平位移（HorizontalPOSITION）”和“垂直位移（VerticalPOSITION）”改变波形位置。

在手动调节波形时，波形稳定的调节方法（以通道 1 为例）：

首先，点按触发菜单（MENU）按键，然后在显示屏底部菜单中进行如下设置：

1）设置触发模式：点按底部菜单中的“模式”键，从右侧菜单中点按“自动（未触发）”或“正常”模式均可。

2）设置触发类型：点按底部菜单中的“类型”键，从右侧菜单中点按“边沿”触发类型。

3）设置触发源：点按底部菜单中的“触发源”键，从右侧菜单中点按触发源类型按键，旋转多功能旋钮（VARIABLE）选择“通道 1”，点按选择（Select）键确认。提示：当同时观察通道 1 和通道 2 波形的，可在右侧菜单中点按“交替触发”置于“开”位置，两通道波形可达到稳定。

其次，适当调节触发电平（Level）可以使波形达到稳定。

3. 测量交流信号的电压和周期

（1）自动测量　自动测量功能可以测量和更新电压（或电流）、时间（或频率）和延迟类型等主要测量项。

按实验内容 2 分别调节好通道 1 和通道 2 的稳定波形，再进行自动测量。测量方法如下：以通道 1 测量为例，点按常用功能区的自动测量（Measure）键，在底部菜单中点按“显示全部”键，从右侧菜单中点按“信号源”键，旋转多功能旋钮（VARIABLE），选择“通道 1”信号，点按选择（Select）键确认，显示屏即出现各项测量结果，在表 2.12-2 中

记录相应读数值。通道2测量以此类推。

表 2.12-2 自动测量正弦波的电压、周期用量

被测量	通道1正弦波信号	通道2正弦波信号
正向脉宽/ms		
负向脉宽/ms		
周期读数/ms		
最大值/V		
最小值/V		
电压峰峰值读数/V		

（2）光标测量 采用手动测量方式，即利用光标进行测量。水平或垂直光标可以显示波形位置、波形测量值以及运算操作结果，涵盖电压、时间、频率和其他运算操作。

1）周期测量：在常用功能区按两次光标计算（Cursor）键，从底部菜单中选择“水平光标”键，重复按“水平光标”键或选择（Select）键切换光标类型，可对水平光标1、2调整位置。使用多功能旋钮（VARIABLE）分别将水平光标1、2移动至相邻波峰位置，如图2.12-4所示。点按底部菜单中“水平单位”键，单位选择“s”，在表2.12-3中记录此时显示屏左上角显示的1、2水平光标位置读数及两光标间的数值差即周期。

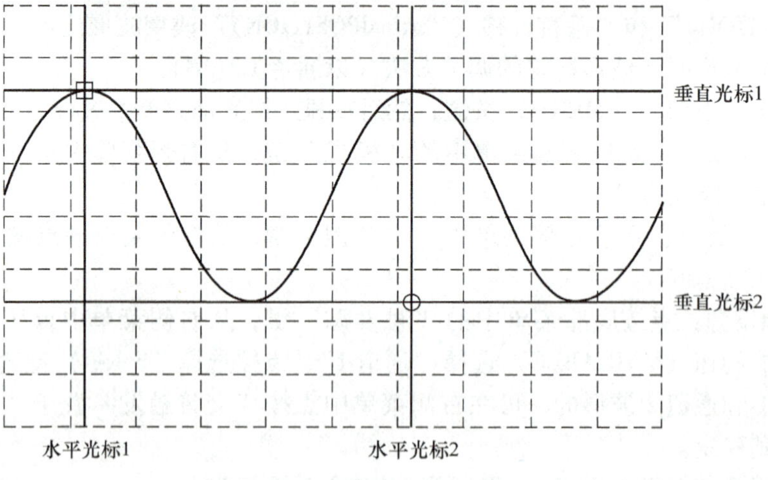

图 2.12-4 测量正弦波的电压和周期

2）电压测量：从底部菜单中选择“垂直光标”键，重复点按“垂直光标”键或选择（Select）键切换光标类型，可对垂直光标1、2调整位置。使用多功能旋钮（VARIABLE）分别将垂直光标1、2移动至波峰、波谷位置，如图2.12-4所示。底部菜单中“垂直单位”键选择“Base”（源波形单位），在表2.12-3中记录此时显示屏左上角显示的1、2垂直光标位置读数及两光标间的数值差即电压峰峰值。

表 2.12-3　光标测量正弦波的电压、周期用表

被测量	通道 1 正弦波信号	通道 2 正弦波信号
水平光标 1 读数		
水平光标 2 读数		
两光标间的数值差即周期/ms		
垂直光标 1 读数		
垂直光标 2 读数		
两光标间的数值差即电压峰峰值/V		

4. 观察李萨如图形

要调出李萨如图形，需要使数字示波器处于以 XY 模式显示波形状态，在此状态下可以将通道 1 与通道 2 的输入信号垂直叠加合成李萨如图形。操作方法如下：

在常用功能区点按采样设置（Acquire）键，从底部菜单中选择“XY”模式，从右侧菜单中点按“开启 XY”键，显示屏将出现两个视窗，顶部视窗显示全时域内的信号，底部视窗显示李萨如图形。此时，可以使用两通道的垂直位置旋钮移动李萨如图形位置：CH1 的旋钮水平移动图形，CH2 的旋钮垂直移动图形。

记下显示屏右下角通道 1 信号频率 f_x，调节信号发生器输出至通道 2 的信号频率 f_y，使屏上出现稳定的李萨如图形。从表 2.12-1 中任选 5 个李萨如图形进行观察，按表 2.12-4 记录相应结果。

表 2.12-4　李萨如图形（f_x =________ Hz）

f_y/f_x					
f_y 值					
图形					
N_x					
N_y					

注：f_y 为图形稳定后从信号发生器读出的频率。

【注意事项】

1. 注意用电安全，示波器电源输入电压应不超过 300V。
2. 必须弄清示波器、信号发生器面板上各旋钮的作用后方可实验。
3. 应当使用匹配的连接线，切不可用裸线连接。
4. 不要遮挡风扇通风口。
5. 示波器旋钮使用时应缓慢旋转，不能用力过猛、转动过快或随意乱旋。
6. 非专业维修人员，请勿自行拆装仪器。

【思考题】

1. 如果打开示波器的电源后，在屏幕上看不到扫描线，可能有哪些原因？应分别进行怎样的调节？

2. 当数字示波器用光标测量电压信号电压时，上下光标应当处于什么位置？峰谷间距与电压峰峰值有什么关系？

3. 当数字示波器用光标测量电压信号周期时，左右光标应当处于什么位置？相邻两波峰间距与周期有什么关系？

4. 当观察李萨如图形时，示波器应当处于什么状态？若图形不稳定，应如何调节？

【本实验附录】

1. GDS－1102B型数字示波器介绍

GDS－1102B型数字示波器前面板示意图如图2.12-5所示，主要技术指标有：

显示器：7″WVGATFT彩色LCD800×480分辨率；

带宽：DC～100MHz（－3dB）；

实时采样率：最大1GSa/s；

记录长度：每通道最大10Mpts；

峰值侦测：2ns；

平均模式：可选2～256；

波形捕获率：每秒50，000次；

垂直灵敏度：1mV/DIV～10V/DIV；

分段存储：29000个连续的波形分段记录；

内置闪存：32MB；

前面板各控制件名称和用途介绍如下：

1）显示屏：显示模拟输入信号波形、李萨如图形、串行总线波形、参考波形等，以及各类状态参数，如图2.12-6所示。

2）保存/打印（Hardcopy）：一键保存或打印，可以根据设置保存屏幕截图、波形或当前设置，或打印屏幕图像。

3）右侧菜单键：在底部菜单键打开的右侧菜单项中，用于选择变量或选项，设置参数或进入子菜单。

4）MENUOFF：用于隐藏系统菜单。

5）OPTION：进入安装选件。

6）底部菜单键：7个底部菜单键用于选择LCD屏上的界面菜单。

7）多功能旋钮与选择（VARIABLE与Select）：多功能旋钮用于增加/减少数值或选择参数；选择键用于确认。

8）常用功能区（Fuction）

① 自动计算（Measure）：设置和运行自动测量项目。

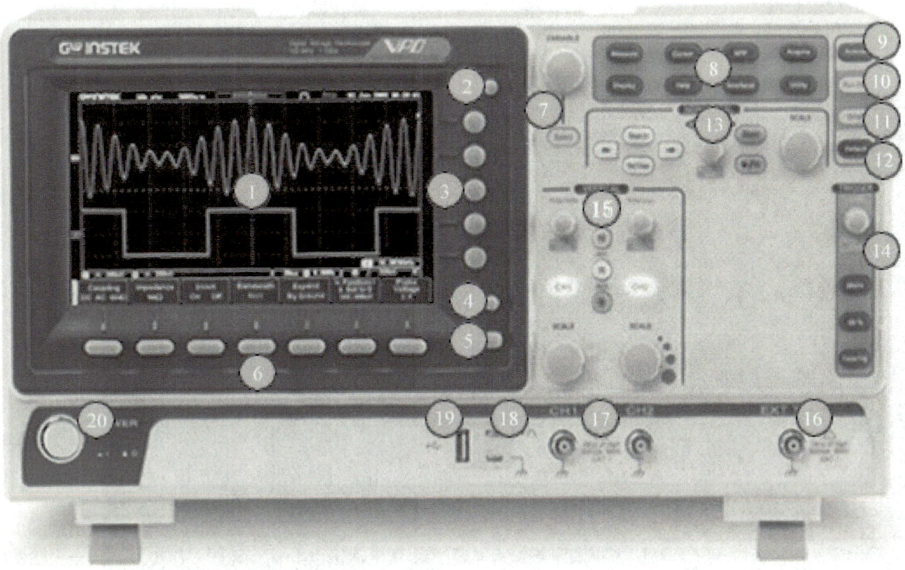

编号	说明	编号	说明
1	屏幕显示区	11	单次触发
2	保存/打印	12	默认设置
3	右侧菜单键	13	水平控制部分
4	MENU OFF	14	触发控制部分
5	OPTION	15	垂直控制部分
6	底部菜单键	16	外触发
7	多功能旋钮与选择	17	模拟通道输入端
8	常用功能区	18	补偿信号输出端/接地端
9	自动设置	19	USB Host接口
10	运行/停止键	20	电源开关

图2.12-5 GDS-1102B型数字示波器前面板

② 光标计算（Cursor）：设置和运行光标测量。

③ 应用程序（App）：设置和运行预安装或选配的应用程序。

④ 采样设置（Acquire）：设置采样捕获模式（三种捕获模式：实时采样、峰值检测和平均值检测），包括分段存储功能。

⑤ 显示设置（Display）：显示设置。

⑥ 帮助系统（Help）：显示帮助菜单。

⑦ 存储/调用（Save/Recall）：用于存储和调取波形、图像、面板设置。

⑧ 辅助功能（Utility）：可设置 Hardcopy 键、显示时间、语言、探棒补偿和校准。

9）自动设置（Autoset）：自动设置触发、水平刻度和垂直刻度，该功能将输入信号自动调整在面板最佳的视野位置。

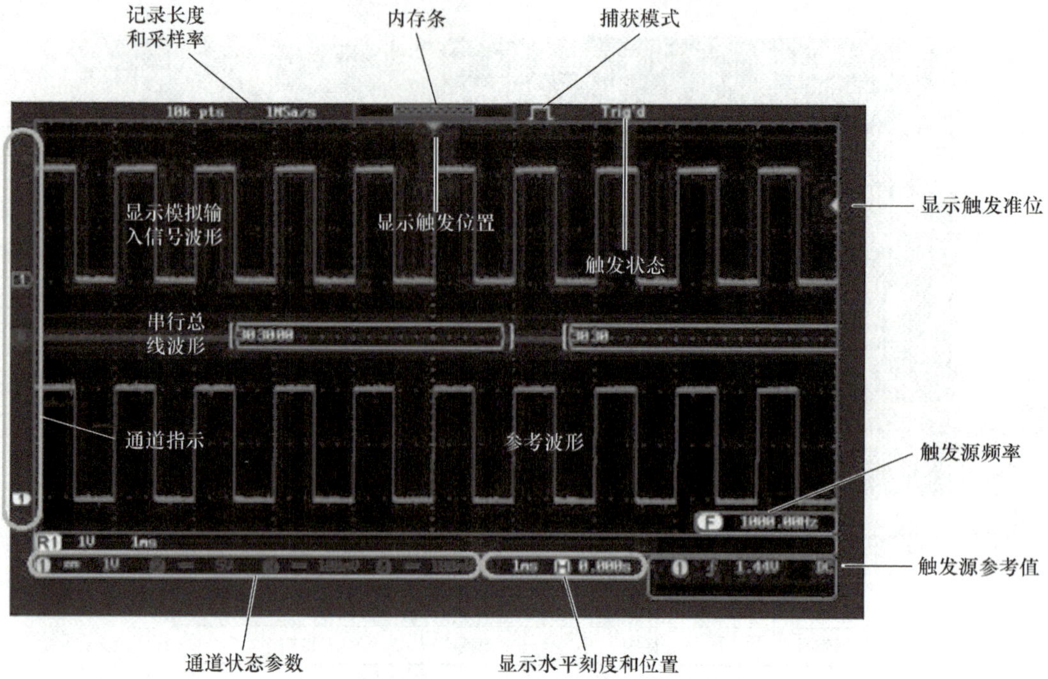

图 2.12-6　显示屏各部分示意图

10）运行/停止键（Run/Stop）：继续或停止捕获信号。

11）单次触发（Single）：设置单次触发模式。

12）默认设置（Default）：将示波器各参数恢复出厂状态。

13）水平控制部分：

① 水平位移（HorizontalPOSITION）：用于调整波形的水平位置，下按旋钮时将位置重设为零。

② 时基档位（SCALE）：用于改变水平时基档位（TIME/DIV），左旋慢、右旋快。

③ 水平缩放（Zoom）：缩放波形，与水平位置旋钮结合使用。Zoom 模式下，屏幕分为两部分：上方显示全记录长度，下方显示正常视图。

④ 播放/暂停（Play/Pause）：查看每一个搜索事件，也用于在 Zoom 模式播放波形。

⑤ 搜索功能（Search）：进入搜索功能菜单，设置搜索类型、源和阈值。

⑥ 搜索方向键（SearchArrows）：方向键用于引导搜索事件。

⑦ 设置或清除（Set/Clear）：当使用搜索功能时，该键用于设置或清除感兴趣的点。

14）触发控制部分：

① 触发电平（Level）：设置触发准位，下按旋钮将准位重设为零。

② 触发菜单（MENU）：显示触发菜单。

③ 50% 准位（50%）：触发准位设置为 50%。

④ 强制触发（Force－Trig）：立即强制触发波形。触发模式为正常或单次触发状态时，强制触发可以在触发电平不满足条件时完成一次触发。

15）垂直控制部分：

① 垂直位移（VerticalPOSITION）：用于调整波形的垂直位置，下按旋钮时将位置重设为零。

② 通道按键（ChannelMenu）：按 CH1、CH2 键设置通道。

③ 垂直灵敏度（SCALE）：设置通道的垂直灵敏度档位（V/DIV）。

④ 数学运算（MATH）：设置数学运算功能。

⑤ 参考波形（REF）：设置或移除参考波形。

⑥ 总线键（BUS）：用于设置串行总线输入。总线菜单的事件列表可以追踪和保存总线数据。（此功能为选配）

16）外触发（EXTTRIG）：接收外部触发信号。

17）模拟通道输入端（CH1、CH2）：接收模拟通道的输入信号。

18）补偿信号输出端/接地端：补偿信号输出端输出 2Vpp 方波信号，1kHz 探棒补偿。接地端用于连接待测物的接地线。

19）USBHost 接口：TypeA，1.1/2.0 兼容，用于数据传输。

20）电源开关（POWER）：开机/关机。

2. SP1641D 型函数信号发生器介绍，参见实验 11 的［本实验附录］。

实验 13　分光计的调节和使用

分光计是一种能精确测量角度的光学仪器，用它可以测量光线偏转角度，如反射角、衍射角、折射角等。不少光学量（如光波波长、折射率、光栅常数等）都可以通过测量相关角度来确定。

【网络资源】

本实验教学资源见学习通“分光计的调节和使用”实验，有实验设备简介视频、调整分光计视频、分光计的调节与使用视频、反射法测三棱镜顶角视频、分光计数据处理方法视频、操作考试要点等。

【实验目的】

1. 了解分光计的结构，学习正确调节和使用分光计的方法。
2. 学习用分光计测定三棱镜顶角的方法。

【实验原理】

1. 分光计的结构

分光计主要由平行光管、望远镜、载物台和读数装置四部分组成，其结构如图 2.13-1 所示。

（1）平行光管——用来发射平行光的装置。管的一端装有会聚透镜；另一端是带有狭缝的圆筒，狭缝宽度可以根据需要调节。

（2）望远镜——用来接收平行光的装置。

（3）载物台——放置三棱镜、平面镜、光栅等光学元件。台面下三个螺钉可调节台面的倾斜角度，平台高度可旋松螺钉 6 升降，调到合适位置再锁紧螺钉。

（4）读数装置——用来测量角度。

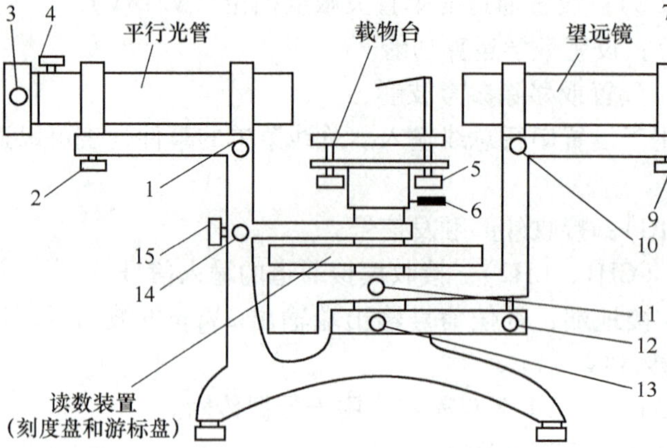

图 2.13-1　分光计结构图

分光计上有许多调节螺钉，它们的代号、名称和功能见表 2.13-1。

表　2.13-1

代号	名　称	功　能
1	平行光管光轴水平调节螺钉	调节平行光管的水平方位
2	平行光管光轴高低调节螺钉	调节平行光管光轴的倾斜度
3	狭缝宽度调节手轮	调节狭缝宽度
4	狭缝装置固定螺钉	松开时，调平行光，调好后锁紧，以固定狭缝装置
5	载物台调节螺钉（3 只）	台面水平调节
6	载物台固定螺钉	松开时，载物台可单独转动、升降；锁紧后，使载物台与游标盘固连
7	叉丝套筒固定螺钉	松开时，叉丝套筒可自由伸缩、转动；调节后锁紧，以固定叉丝套筒
8	目镜调焦轮	目镜调焦用，可使视场中叉丝清晰
9	望远镜光轴高低调节螺钉	调节望远镜光轴的倾斜度
10	望远镜光轴水平调节螺钉	调节望远镜光轴的水平方位
11	望远镜微调螺钉	锁紧 13 后，调 11 可使望远镜绕中心轴微动
12	刻度盘与望远镜固连螺钉	松开 12，两者可相对转动；锁紧 12，两者才能一起转动
13	望远镜止动螺钉	松开 13，可用手大幅度转动望远镜；锁紧 13，微调螺钉 11 才起作用
14	游标盘微调螺钉	锁紧 15 后，调 14 可使游标盘做小幅度转动
15	游标盘止动螺钉	松开 15，游标盘能单独做大幅度转动；锁紧 15，微调螺钉 14 才起作用

2. 分光计的读数

分光计的读数装置由刻度盘和游标盘两部分组成。刻度盘分为 360°，最小分度为半度（30′），半度以下的角度可借助游标准确读出。游标等分为 30 格，游标的这 30 格正好与刻度盘上的 29 格对齐。因此，游标上 1 格为 29′。游标上 1 格与刻度盘上 1 格之差为 1′，即分光计最小分度为 1′。

角游标的读数与直游标（如游标卡尺）相似，以游标零线为基准，先读出大数（大于 30′的部分），再利用游标读出小数（小于 30′的部分），大数跟小数之和即为测量结果。现举两例，如图 2. 13-2 所示。

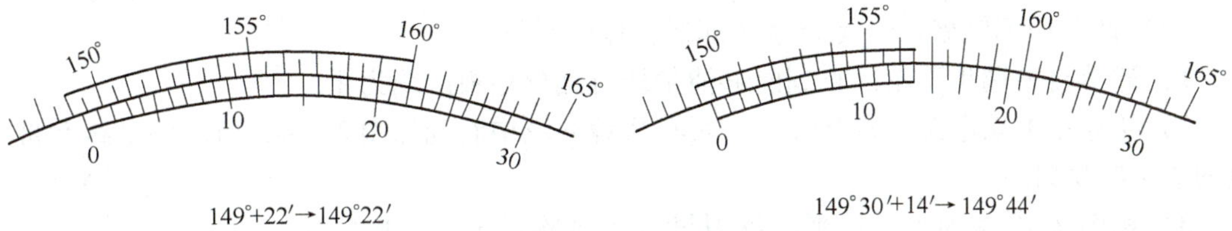

图 2. 13-2　角游标读数示例

在生产分光计时，难以做到使望远镜、刻度盘的旋转轴与分光计中心轴完全重合。为消除刻度盘与分光计中心轴偏心而引起的误差，在游标盘同一条直径的两端各装一个读数游标。测量时，两个游标都应读数，然后分别算出每个游标两次读数之差，取其平均值作为测量结果。

3. 望远镜的结构

望远镜是由物镜镜筒、叉丝套筒和目镜镜筒三部分组成。常用的阿贝目镜式望远镜的结构和视场如图 2. 13-3 所示。

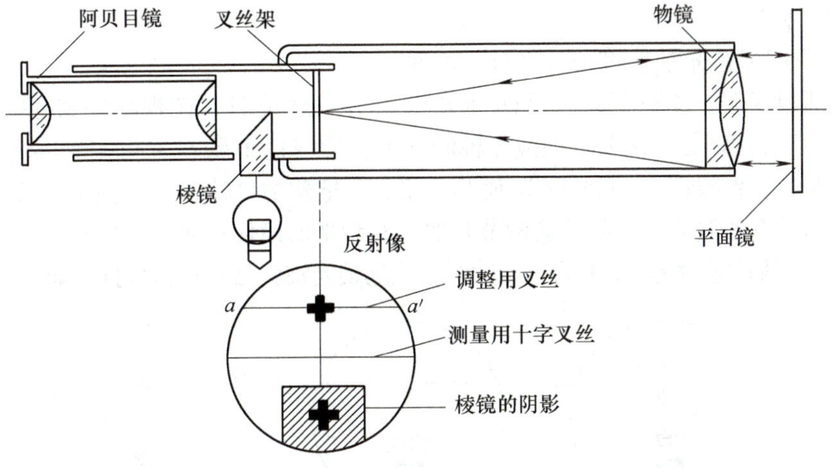

图 2. 13-3　阿贝目镜式望远镜的结构和视场

【实验仪器】

分光计、平面反射镜、三棱镜、钠灯。

【实验内容】

1. 调节分光计

（1）目测粗调　根据眼睛的粗略估计，调节望远镜和平行光管上控制倾斜度的螺钉，使望远镜、平行光管大致呈水平状态；调节载物台下的三个水平调节螺钉，使载物台也大致呈水平状态。这一步粗调是细调的前提，也是细调成功的保证，必须引起足够的重视。

（2）调节望远镜聚焦于无穷远（即适合接收平行光）

1）调节目镜调焦手轮，直到能够清楚地看到分划板准线为止。

2）接通小电珠电源，打开开关，可在目镜视场中看到如图 2. 13-3 所示的准线和带有颜色的小十字窗口。

3）按图 2. 13-4 所示，将平面反射镜置于载物台上。缓慢转动载物台，从望远镜中找到小“＋”字经平面镜反射回来的光斑（如果找不到，说明粗调没达到要求，应重调）。找到光斑后进一步移动叉丝套筒，光斑会逐渐变成清晰的绿色小亮“＋”字（它是叉丝平面下方小“＋”字的反射像）。当叉丝位于物镜焦平面上时，叉丝发出的光经过物镜后成为平行光。平行光经平面镜反射再次通过物镜后仍成像于叉丝平面。此时，从目镜中可同时看清叉丝与绿色小亮“＋”字，且两者无视差。至此，望远镜已聚焦于无穷远，即适合于接收平行光。切记此时各镜筒间的相对位置不应该再改变了。

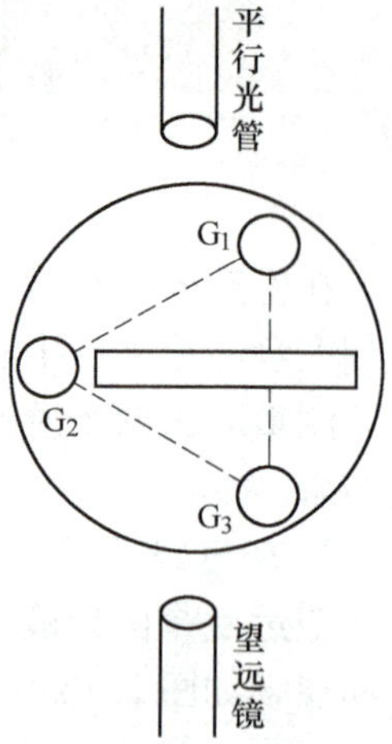

图 2. 13-4　平面镜在载物台上的放法

需要说明的是，叉丝套筒在调节过程中应做适当转动，使竖直叉丝平行于分光计中心轴（其标志是转动望远镜时，亮“＋”字丝相对叉丝无平移）。

（3）调节望远镜光轴垂直于分光计中心轴

首先，通过粗调，使平面镜正反两面分别正对望远镜时，在视场中都能找到绿色小亮“＋”字。然后，用螺钉 9 调节望远镜光轴倾斜度，使绿色小亮“＋”字到 aa'线的距离 h 减小一半。再调载物台螺钉 G_1（或 G_3）使两者重合。把载物台转 180°，使平面镜的反面正对望远镜，再用同样方法调节。如此反复调节几次，直到平面镜任一面正对望远镜时，视场中的绿色小亮“＋”字都落在叉丝 aa'上为止。此时，望远镜光轴就与中心轴垂直，如图 2. 13-5 所示。

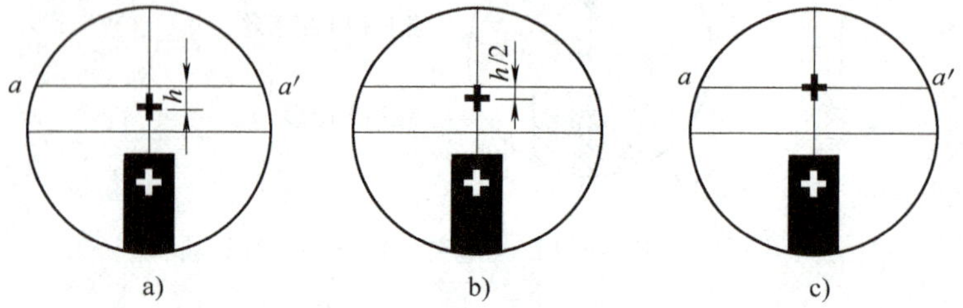

图 2. 13-5　正交调节

切记，望远镜调好后，螺钉 9 不可再调节。

此步骤所使用的方法为**各半调节法**，通过各半调节法的学习，让学生体会实验方法的重要性，激发求知热情，培养探索精神。

（4）调节载物台使其垂直于分光计中心轴

1）把三棱镜按图 2.13-6 所示的位置放在载物台上，螺钉 G_1，G_2，G_3 中每两个的连线与三棱镜底边正交。

2）调节三棱镜的一个镜面如 AC 面大致与望远镜光轴正交，然后转动望远镜或载物台，从望远镜中观察和寻找由镜面 AC 反射回来的亮“+”字像，调节 G_2 或 G_1，使其与望远镜中上“+”字线重合。

3）转动载物台，使 AB 面对准望远镜，重复步骤 2）的调节。

4）重复步骤 2）、3）数次，直至不管哪一个面对准望远镜时，亮“+”字像始终与上“+”字丝重合。

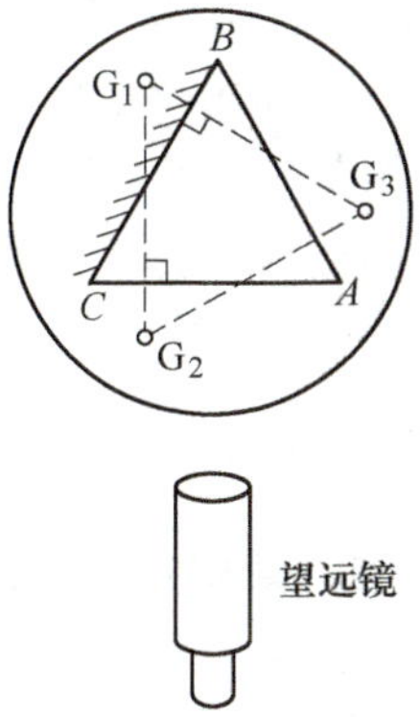

图 2.13-6　三棱镜放置图

（5）调节平行光管

1）调节平行光管发出平行光：关闭望远镜中的小电珠，用灯照亮狭缝，以调好的望远镜为基准，从望远镜中观察来自平行光管的狭缝像，前后微微移动狭缝，使狭缝像清晰而无视差。

2）调节平行光管的光轴使其与分光计中心轴线正交：转动狭缝（但前后不能移动），使狭缝像平行于竖直叉丝。然后，调节平行光管倾斜度调节螺钉，使狭缝竖直像被中央“+”字线的水平线上下平分。

2. 用反射法测三棱镜顶角

将三棱镜如图放在载物台上，使三棱镜顶角对准平行光管，让平行光管射出的光束照在三棱镜两个反射面上（见图 2.13-7）。将望远镜转至 I 处找到反射光，调节望远镜微调螺钉 Ⅱ，使望远镜竖直叉丝对准狭缝像中心。再分别从两个游标（设左游标为 A，右游标为 B）读出反射光的方位角 θ_A，θ_B。然后，将望远镜转至Ⅱ处找到反射光，用相同方法读出反射光的方位角 θ_A'，θ_B'，则顶角为

$$\alpha=\frac{\varphi}{2}=\frac{1}{4}\left(\left|\theta_A-\theta_A'\right|+\left|\theta_B-\theta_B'\right|\right)$$

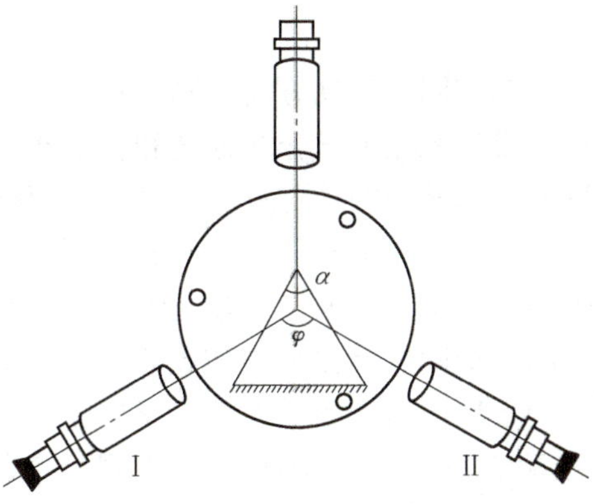

图 2.13-7　用反射法测三棱镜顶角

【数据记录与处理】

见表 2.13-2

表 2.13-2

游标	望远镜位置 I	望远镜位置 Ⅱ	计算望远镜转角
左游标 A			
右游标 B			

1. 记录望远镜 I 、Ⅱ位置处反射光的方位角 θ_A、θ_B、θ_A'、θ_B'。
2. 计算三棱镜顶角 α。

【注意事项】

1. 望远镜、平行光管上的镜头和平面镜、三棱镜等的镜面不能用手摸、擦。有尘埃时，应该用专用镜头纸轻轻擦拭。切记小心拿、放三棱镜，避免打碎。

2. 在用反射法测顶角时，三棱镜顶角应靠近载物台中央（即离平行光管远一些），否则反射光不能进入望远镜。

3. 在计算望远镜转角时，若度盘零点经过游标零点，应在相应读数上加上（或减去）360°后再计算。

【思考题】

1. 调节分光计的要求是什么？
2. 调节分光计的步骤是什么？
3. 在实验中，若望远镜中看不到由镜面反射的小“+”字像，应如何调节？

实验14　用牛顿环测量透镜的曲率半径

当频率相同、振动方向相同、相位差恒定的两束简谐光波相遇时，在光波重叠的区域，某些点合成的光强大于分光强之和，某些点合成的光强小于分光强之和，合成光波的光强在空间形成强弱相间的稳定分布，这种现象称为光的干涉。光的干涉证明了光具有波动性。

实验中获得相干光的方法一般有两种：分波阵面法和分振幅法。“牛顿环”属于分振幅法产生的等厚干涉现象，它在光学加工中有着广泛的应用，例如，测量光波的波长，检验试件表面的平整度以及在半导体技术中测量硅片上氧化层的厚度，测量光学元件的曲率半径等。这种方法适用于测量大的曲率半径。

为落实立德树人根本任务，本实验在培养学生耐心和细致上下功夫。为了避免回程误差，在测量位置读数时，鼓轮只能向一个方向缓慢移动，这时要求学生既要有耐心，还要专注认真，这样才能得到准确的测量数据。这个实验不仅有助于引导学生在学习生活中注意做好小事、管好小节，还能提高自身修养，养成科学的实验习惯。

【网络资源】

本实验教学资源见学习通“用牛顿环测量透镜的曲率半径”实验。

【实验目的】

1. 观察牛顿环等厚干涉现象，加深对光的波动性的认识。
2. 学会使用读数显微镜。
3. 学会利用牛顿环测透镜曲率半径。

【实验原理】

如图 2.14-1 所示，把一块曲率半径很大的平凸透镜的凸面放在一块光学平板玻璃上，在透镜的凸面和平板玻璃间形成一个上表面是球面，下表面是平面的空气薄层，其厚度从中心接触点到边缘逐渐增加。离接触点等距离的地方，厚度相同。若一单色光近乎垂直地射到平凸透镜上，光线经空气薄层上下两个面反射后相遇于 P 点，两相干光的光程差为

$$\Delta_k = 2d_k + \frac{\lambda}{2} \qquad (2.14\text{-}1)$$

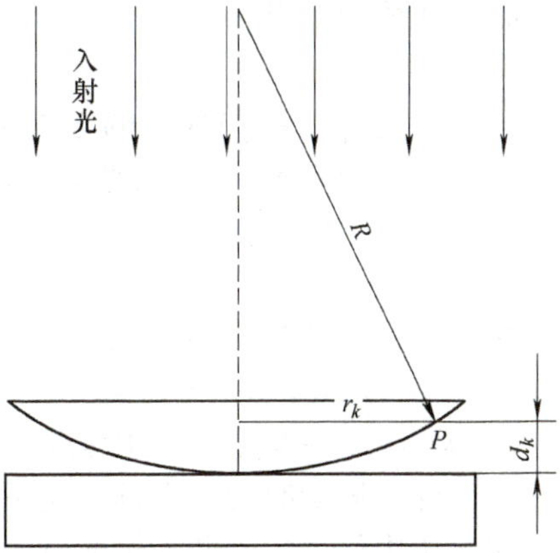

图 2.14-1　产生牛顿环的光路示意图

式中，$\lambda/2$ 为光在平面玻璃上反射时因有相位跃变而产生的附加光程差。当光程差满足

$$\Delta_k = 2d_k + \frac{\lambda}{2} = k\lambda \qquad \text{当 } k=1,\ 2,\ 3,\ \cdots \text{ 时，为明条纹}$$

$$\Delta_k = 2d_k + \frac{\lambda}{2} = (2k+1)\frac{\lambda}{2} \qquad \text{当 } k=0,\ 1,\ 2,\ 3,\ \cdots \text{ 时，为暗条纹}$$

可见，在空气厚度 d_k 相同的地方为同一级干涉条纹，干涉条纹是一系列明暗相间、内疏外密的同心圆环，最早由牛顿发现，因此称为牛顿环，在反射方向观察时，牛顿环的干涉图样如图2.14-2所示。透镜和平面玻璃的接触点处 $d_k=0$，对应的是零级暗环。

根据牛顿环的暗条纹（暗环）形成条件，当空气厚度满足如下条件：

$$2d_k = k\lambda \qquad (2.14\text{-}2)$$

得到暗条纹。又由图 2.14-1 的几何关系可得

$$r_k^2 = R^2 - (R-d_k)^2 = 2Rd_k - d_k^2 \qquad (2.14\text{-}3)$$

因为 $R \gg d_k$，略去 d_k^2，再把式（2.14-2）代入式（2.14-3），得出暗环半径为

$$r_k^2 = kR\lambda \qquad (k=0,\ 1,\ 2,\ 3,\ \cdots) \qquad (2.14\text{-}4)$$

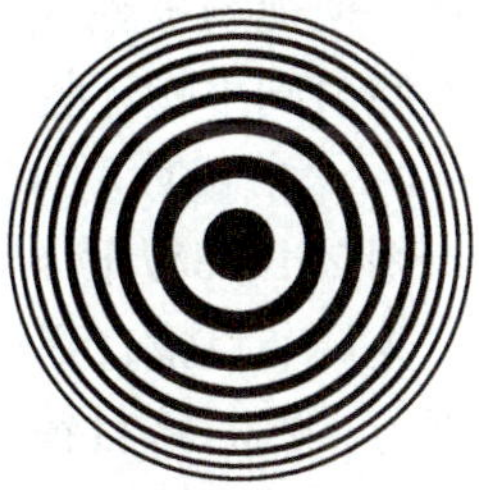
图 2.14-2　牛顿环

式（2.14-4）表明，只要测出第 k 级牛顿环的半径和已知入射光的波长 λ，就可以计算出透镜的曲率半径 R；相反，当 R 已知时，可以算出 λ。

观察牛顿环时将会发现，牛顿环中心不是一个点，而是一个不甚清晰的暗圆斑。其原因是透镜和平板玻璃接触时，由于接触压力引起变形，接触处不是一个点而是一圆面；又因镜面上可能有微小的灰尘等存在，从而引起附加光程差。难以确定条纹的干涉级数，这都会给测量带来较大的系统误差。

我们可以通过测量距中心较远、比较清晰的两个暗环的半径的二次方差来清除附加光程差带来的误差。

取第 m 和 n 两级暗环，则对应的半径根据式（2.14-4）分别为

$$r_m^2 = mR\lambda$$

$$r_n^2 = nR\lambda$$

将两式相减，得

$$r_m^2 - r_n^2 = (m-n)R\lambda$$

可以证明 $r_m^2 - r_n^2$ 与附加的光程差无关。

由于暗环圆心不易确定，故取暗环的直径替换，因而透镜的曲率半径为

$$R = \frac{D_m^2 - D_n^2}{4(m-n)\lambda} \tag{2.14-5}$$

由式（2.14-5）可以看出：

1）R 与环数差 $m-n$ 有关。

2）对于 $D_m^2 - D_n^2$，由几何关系可以证明，两同心圆直径的二次方差等于对应弦的二次方差。因此，测量时无须准确确定环心的位置，只要测出同心暗环对应的弦长即可。

本实验中使用的光源为钠光灯，入射光波波长 $\lambda = 589.3\text{nm}$，只要测出 D_m 和 D_n，就可求得透镜的曲率半径。

【实验仪器】

JXD－C 型读数显微镜、钠光灯、牛顿环装置、45°平面反射玻璃片。

【实验内容】

1. 调节光源

将牛顿环装置放在显微镜载物台中心，让钠光光源放在45°平面反射玻璃前方且与其等高，旋转45°平面反射玻璃片，使视场被钠光黄光均匀照亮呈黄色，证明光已近乎垂直照射到牛顿环装置上。

2. 调节读数显微镜

图2.14-3为读数显微镜结构图。调节过程如下：

先调节目镜直到清楚地看到叉丝，且分别与X、Y轴大致平行，然后将目镜固定紧。调节显微镜的镜筒使其下降（注意：应该从显微镜外面看，而不是从目镜中看）。靠近牛顿环时，再自下而上缓慢上升，直到从目镜中看清楚干涉条纹，且与叉丝无视差。

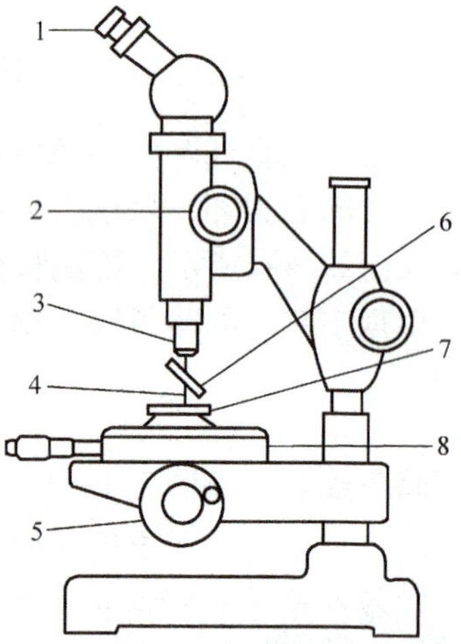

图2.14-3　读数显微镜结构图
1—目镜　2—调焦手轮　3—物镜　4—钠灯光　5—测微鼓轮　6—半反射镜　7—牛顿环　8—载物台

3. 测量牛顿环直径

转动测微鼓轮使载物台移动，并使尺身读数准线居尺身中央。适当移动牛顿环装置，使牛顿环中心的暗斑处在十字叉丝正中央，旋转读数显微镜测微鼓轮，使叉丝的交点由暗斑中心向左移动，同时读出移过去的暗环数（中心暗斑环序为0）。当数到23环时，再反向转动鼓轮（注意：使用读数显微镜时，为了避免引起螺距差，移测时必须向同一方向旋转，中途不可倒退），使竖直叉丝依次对准牛顿环左半部条纹暗环，分别记下相应要测环的位置读数 x_{20}，x_{19}，x_{18}，x_{17}，x_{16}，再记下 x_{10}，x_9，x_8，x_7，x_6的位置读数（下标为暗环序号）。当竖直叉丝移到环心另一侧后，继续记下右半部相应暗环位置读数 x_6-x_{10}，$x_{16}-x_{20}$。

将测量数据记录在表2.14-1中，同一环的 $x_{右}$ 和 $x_{左}$ 相减，即可求出该环的直径 D_x，按表用逐差法处理数据。

表 2.14-1　实验数据记录表格

钠光波长 $\lambda=589.3\text{nm}$　环数差 $m-n=10$　　（单位：mm）

暗环级数 m	暗环位置		D_m	暗环级数 n	暗环位置		D_n	$(D_m^2-D_n^2)$ /mm²	R_i
	左	右			左	右			
20				10					
19				9					
18				8					
17				7					
16				6					

4. 数据处理

1）计算出凸透镜的曲率半径的算术平均值 $\overline{R}$。

$$R_i=\frac{D_m^2-D_n^2}{4(m-n)\lambda},\quad \overline{R}=\frac{\sum R_i}{5}$$

2）测量的不确定度 U_R，不计 B 类不确定度，则测量的不确定度为

$$U_R=t\cdot S_{\overline{R}}=t\cdot\sqrt{\frac{\sum(R_i-\overline{R})^2}{n(n-1)}}$$

式中，$n=5$，查表 1.3-1 可得修正因子 $t=2.78$。

3）最后，测量结果表达式为

$$R=\overline{R}\pm U_R$$

$$U_r=\frac{U_R}{\overline{R}}\times100\%$$

【注意事项】

1. 在测量牛顿环直径过程中，应特别注意避免回程误差的影响。
2. 拿取牛顿环装置时，切忌触摸光学表面，如有不洁，必须用专门的擦镜纸擦拭。
3. 对钠灯严禁时开时关，即点燃或熄灭后均要间断 5min 以上时间，以免损坏钠灯。

【思考题】

1. 理论上牛顿环中心是个暗点，实际看到的往往是个忽明忽暗的斑，造成的原因是什么？这对透镜曲率半径 R 的测量有无影响？为什么？
2. 牛顿环干涉条纹各环间的间距是否相等？为什么？
3. 试举例说明牛顿环在光学加工中的其他应用。

实验 15　用衍射光栅测量光波的波长

衍射光栅是利用单缝衍射和多缝干涉原理制成的一种用来分光的光学元件。它由大量平行等距的刻痕构成。由于光栅可以产生间距较宽、条纹清晰的均匀光谱，故广泛地应用于各种光谱仪器中。

【网络资源】

本实验教学资源见学习通“用衍射光栅测量光波的波长”实验，有实验设备简介视频、调整分光计视频、实验原理内容与数据处理视频、预习要求等。

【实验目的】

1. 熟悉分光计的调节和使用方法。
2. 掌握用光栅测定光栅常数和光波波长的方法。

【实验原理】

如图2.15-1所示，如果光栅上刻痕宽度为 a，刻痕间距为 b，那么 $d=a+b$ 称为光栅常数。

以平行单色光垂直照射光栅，透过各狭缝的光线因为衍射，会向各个方向传播。衍射光线与光栅法线之间的夹角称为衍射角。图2.15-2中所示的衍射光谱中明条纹的位置由光栅方程确定：

$$d\sin\varphi_k = k\lambda \qquad (k=0,\ \pm1,\ \pm2,\ \cdots) \tag{2.15-1}$$

式中，λ 为光波波长；k 为明条纹的级数；φ_k 是第 k 级明条纹的衍射角。

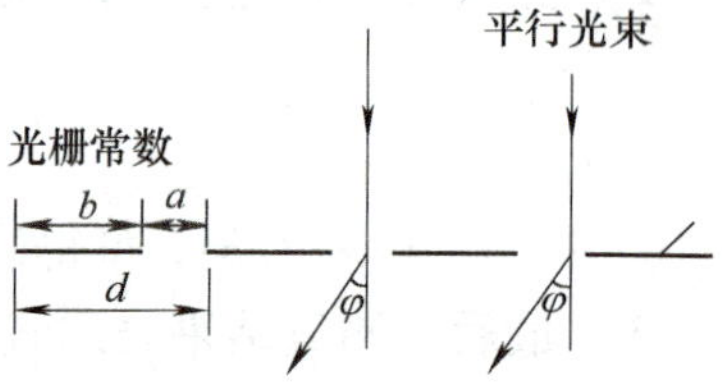

图2.15-1　衍射光栅

如果入射光不是单色光，衍射后不同波长光的零级明条纹重叠在一起，形成中央明条纹。其他各级明条纹在中央明条纹两侧对称分布，不同波长的光的同一级明条纹按波长的大小依次排列，这样就将复色光分解成了单色光。图2.15-3所示为低压汞灯的1级衍射光谱，它由四条特征谱线组成：紫色 $\lambda_1=435.8\text{nm}$，绿色 $\lambda_2=546.1\text{nm}$，黄色1 $\lambda_3=577.0\text{nm}$，黄色2 $\lambda_4=579.1\text{nm}$，并且在中央明条纹两侧对称分布。

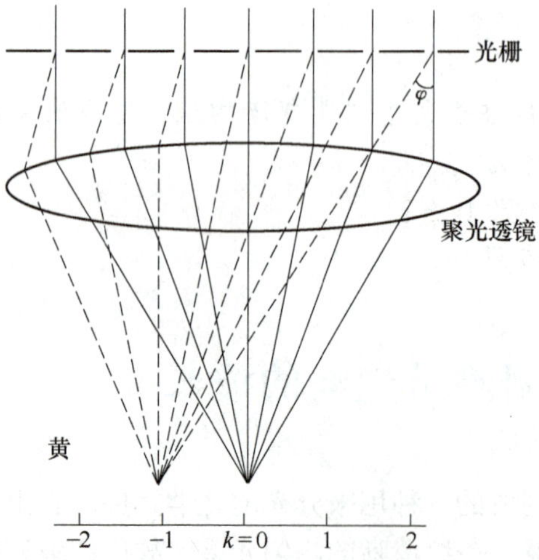

图2.15-2　衍射光谱

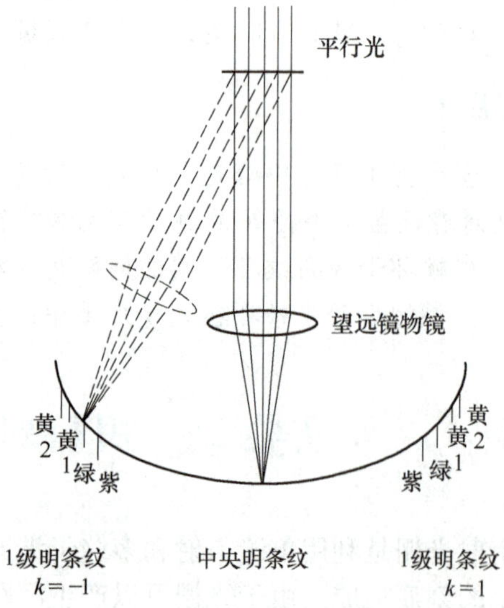

图2.15-3　低压汞灯1级衍射光谱

【实验仪器】

分光计、光栅、平面镜、汞灯。

【实验内容】

1. 调节分光计

1）调节望远镜聚焦于无穷远。

2）调节望远镜光轴与分光计中心轴线正交。

3）调节平行光管出射平行光，使平行光管光轴与分光计中心轴线正交。

2. 调节光栅

光栅元件的调节是本节实验的关键。实验中载物台下方三根螺钉都需要调节吗？通过实践思考总结，培养学生追求真理的勇气、严谨求实的科学态度和刻苦钻研的作风。

1）调节光栅平面平行于分光计中心轴，并垂直于平行光管光轴。如图 2.15-4 所示，将光栅放在载物台中部，即让光栅直立在调平螺钉 G_1、G_2 连线的中垂线上，并与平行光管垂直。固定载物台，转动望远镜，寻找经光栅平面反射回来的亮“+”字像，调节 G_1 或 G_2 使亮“+”字像与分划板上方的“+”字线重合，如图 2.15-5 所示。

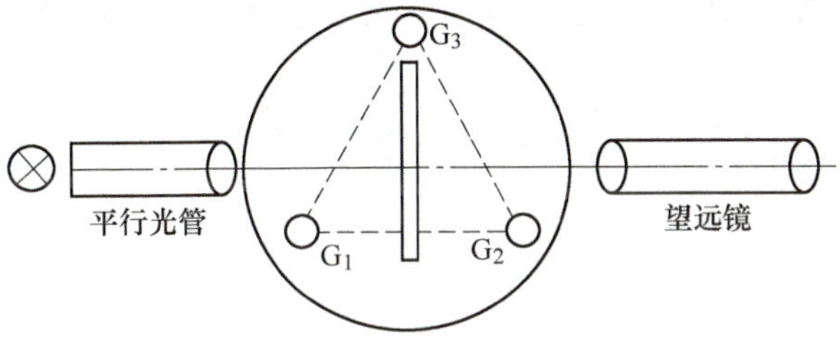

图 2.15-4　光栅安置图

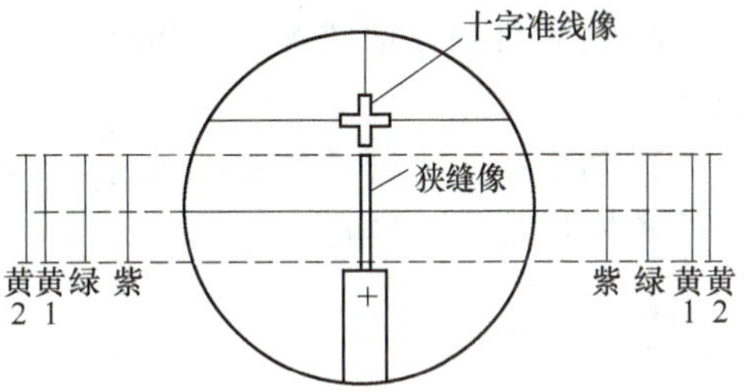

图 2.15-5　光栅调好后的谱线分布图

2）调节光栅刻痕使其与分光计中心轴平行。转动望远镜，观察汞灯光谱。中央零级（$k=0$）为白色亮线，两边均可看到分立的一紫、一绿、两黄共四条彩色谱线。若发现左右两侧光谱线不在同一水平线上（见图 2.15-6），说明光栅刻痕与分光计中心轴不平行，可调节螺钉 G_3，使两侧谱线处于同一水平线上即可（见图 2.15-5）。

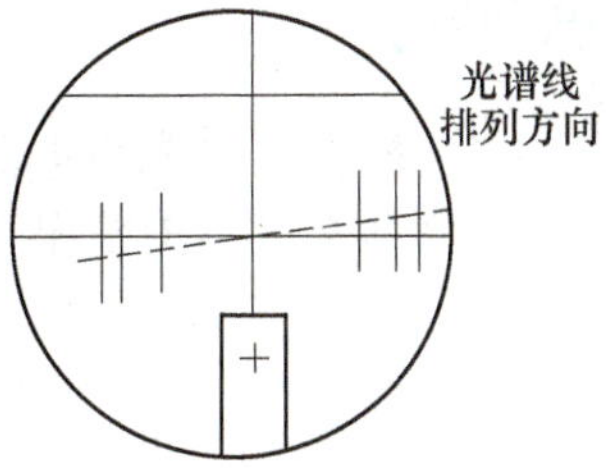

图 2.15-6　光谱线排列方向图

3. 测量谱线的衍射角

转动望远镜，测量绿、黄 1、黄 2 光的 $k=\pm2$ 级谱线的方位角。改变刻度盘的初始位置，重复测量 1 次。

【数据记录与处理】

1. 在表 2.15-1 中记录实验数据。

表 2.15-1

零级谱线位置 A：________ B：________

谱线	次数	游标	分光计读数		2φ	$\overline{\varphi}$	测量值 λ /nm	标准波长 λ_0 /nm	相对误差 (%)
			$k=-2$	$k=+2$					
黄光2	1	A(左)						579.1	
		B(右)							
	2	A(左)							
		B(右)							
黄光1	1	A(左)						577.0	
		B(右)							
	2	A(左)							
		B(右)							
绿光	1	A(左)					/	546.1	/
		B(右)							
	2	A(左)							
		B(右)							

2. 将汞灯绿光谱线波长 546.1nm 和绿光 2 级谱线衍射角代入光栅方程，求出光栅常数 d。

3. 将求得的光栅常数 d 和黄光 1、黄光 2 的 2 级谱线衍射角代入光栅方程，求出相应的波长和相对误差，并填入表中。

【注意事项】

1. 光栅是精密光学元件，容易损坏，要轻拿轻放，绝不能用手触摸或用纸擦拭其光学表面。

2. 汞灯在关闭后不要立即打开，需冷却后再开启。

【思考题】

1. 狭缝宽度对光谱的观测有什么影响？
2. 为什么光栅刻痕要平行于中心轴？

实验16 光的偏振

光的干涉和衍射现象揭示了光的波动性质，而光的偏振现象证实了光是横波，即光的振动方向垂直于它的传播方向。对于光偏振现象的研究，不仅使人们加深了对光的传播规律和光与物质相互作用规律的认识，而且利用偏振光做成的各种精密仪器已为科学研究、工程设计、生产技术检测等提供了极有价值的方法。

【实验目的】

1. 观察光的偏振现象，熟悉偏振的基本规律。
2. 了解产生和检测偏振光的基本方法。

【实验原理】

1. 偏振光的基本概念

光是电磁波，它的电矢量 $\boldsymbol{E}$ 和磁矢量 $\boldsymbol{H}$ 相互垂直，且均垂直于光的传播方向 C（见图 2.16-1）。通常用电矢量 $\boldsymbol{E}$ 代表光的振动方向，并将 $\boldsymbol{E}$ 和 C 所构成的平面称为光振动面。按 $\boldsymbol{E}$ 的振动状态不同，最常见的几种光如图 2.16-2 所示。

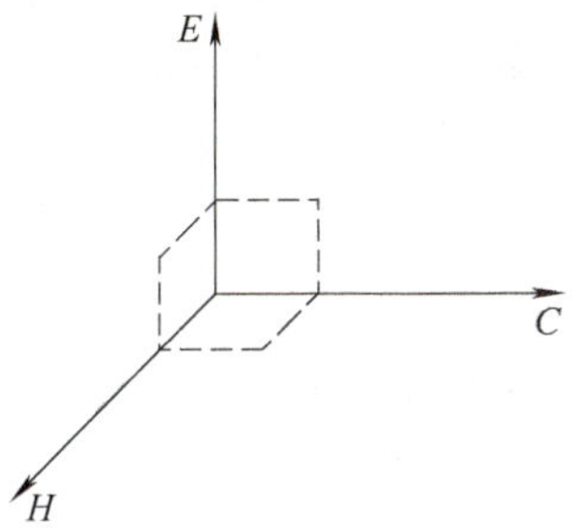

图 2.16-1　电矢量、磁矢量与光传播方向的关系

（1）线偏振光　在光的传播过程中，其电矢量的振动方向始终在某一确定方向的光称为线偏振光。

（2）自然光　光源发射的光是由大量原子或分子辐射形成的，由于原子或分子热运动和辐射的随机性，它们所发射光的振动面出现在各个方向的概率是相同的。

一般来说，在 10^{-6}s 内各个方向电矢量的时间平均值相等，没有哪一个方向的振动比其他方向更占优势，故这种光源发射的光对外不显现偏振的性质，称为自然光。

类别	自然光	部分偏振光	线偏振光	圆偏振光	椭圆偏振光
$\boldsymbol{E}$ 的振动方向和振幅				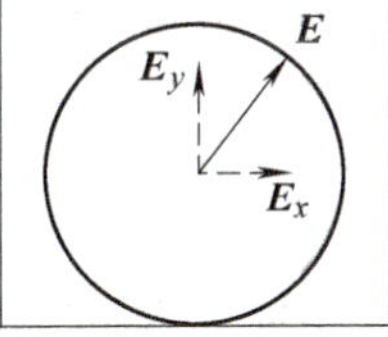	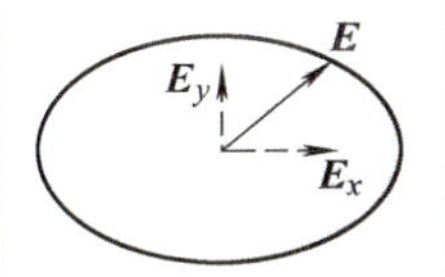

图 2.16-2　自然光和偏振光

（3）部分偏振光　在发光过程中，有些光的偏振面在某个特定方向上出现的概率大于其他方向，即在较长时间内电矢量在某一方向上较强，这样的光称为部分偏振光。

（4）圆或椭圆偏振光　以两个同频率、有固定相位差、相互垂直的线偏振光，在其相遇点的合成光 $\boldsymbol{E}$ 末端的轨迹呈圆形或椭圆形时，这种光称为圆偏振光或椭圆偏振光。

2. 获得偏振光的常用方法

将非偏振光变成偏振光的过程称为起偏，起偏的装置称为起偏器。常用的起偏器主要有以下几种：

1）反射起偏器（或透射起偏器）：当自然光在两种介质的界面上反射和折射时，反射光和折射光都是部分偏振光。当入射角达到某一特定值 φ_b 时，反射光成为完全偏振光，其振动面垂直于入射面，如图 2.16-3，角 φ_b 称为起偏振角，也称为布儒斯特角。由布儒斯特定律得

$$\tan\varphi_b = \frac{n_2}{n_1} \tag{2.16-1}$$

一般介质在空气中的起偏振角在53°～58°之间。例如，当光由空气射向$n=1.54$的玻璃时，$\varphi_b=57°$。

若入射光以起偏振角φ_b射到多层平行玻璃上，经过多次反射，最后透射出来的光也就接近于线偏振光，其振动面平行于入射面。由多层玻璃片组成的这种透射起偏器又称玻璃片堆。

2）双折射起偏器：某些单轴晶体（如方解石、石英）具有双折射现象。即当一束自然光射到这些晶体上时，进入晶体内部的光分为两束传播方向不同的折射光。这两束折射光是光矢量振动方向不同的线偏振光。其中一束折射光始终在入射面内，且遵从折射定律，称为寻常光（或o光）；另一束折射光一般不在入射面内，且不遵从折射定律，其振动方向垂直于o光，称为非寻常光（或e光），如图2.16-4所示。

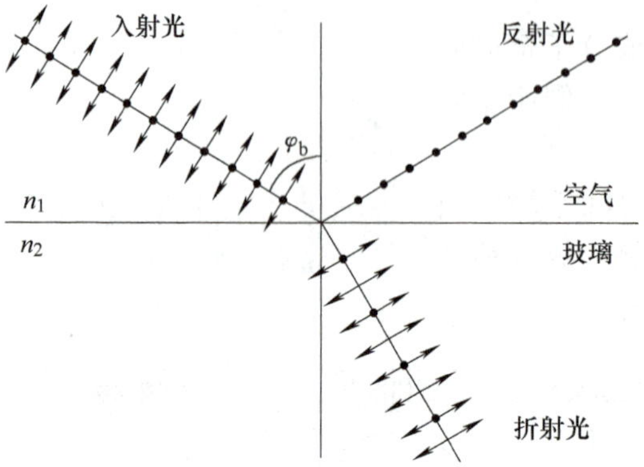

图2.16-3　用玻璃片产生反射线偏振光

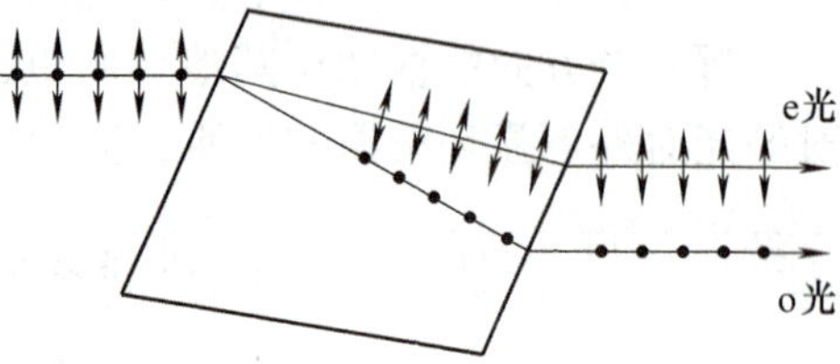

图2.16-4　双折射起偏原理

3）偏振片：有些晶体（如天然的电气石）对两个振动方向相互垂直的光波电矢量具有不同的吸收本领。它能吸收某方向的光振动而让其他与此方向垂直的光振动通过。这种选择性吸收称为二色性。偏振片是用人工方法制成的具有二色性的薄膜。自然光通过偏振片后，透射光就成了线偏振光，如图2.16-5所示。由于偏振片易于制作，所以它是普遍使用的偏振器。

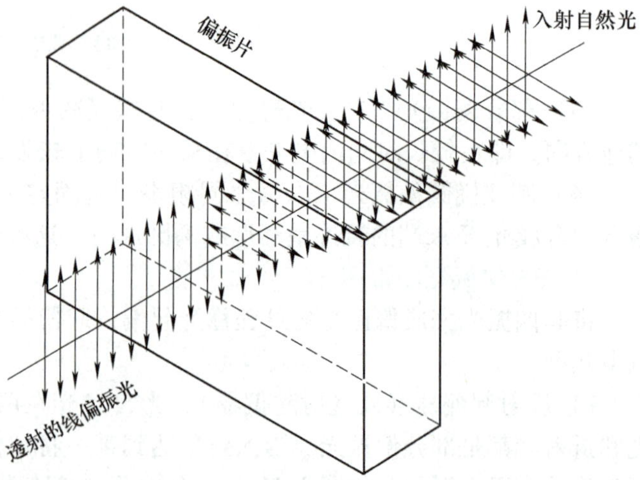

图2.16-5　用偏振片产生线偏振光

3. 偏振光的检测

鉴别光的偏振状态的过程称

为检偏，所用的装置称为检偏器。实际上，起偏器和检偏器是通用的。偏振片用于起偏时称为起偏器，而用于检偏时就称为检偏器。按照马吕斯定律，光强为 I_0 的线偏振光通过检偏器后，透射光的光强为

$$I = I_0\cos^2\theta \tag{2.16-2}$$

式中，θ 为入射光偏振方向与检偏器偏振轴之间的夹角。显然，当以光线传播方向为轴转动检偏器时，透射光强 I 将发生周期性变化。当 $\theta=0°$ 时，透射光强最大；当 $\theta=90°$ 时，透射光强为极小值（消光状态），接近于全暗；当 $0°<\theta<90°$ 时，透射光强介于最大值和最小值之间。因此，根据透射光强变化的情况，可以区别线偏振光、自然光和部分偏振光。图2.16-6表示的是自然光通过起偏器和检偏器后发生的变化。

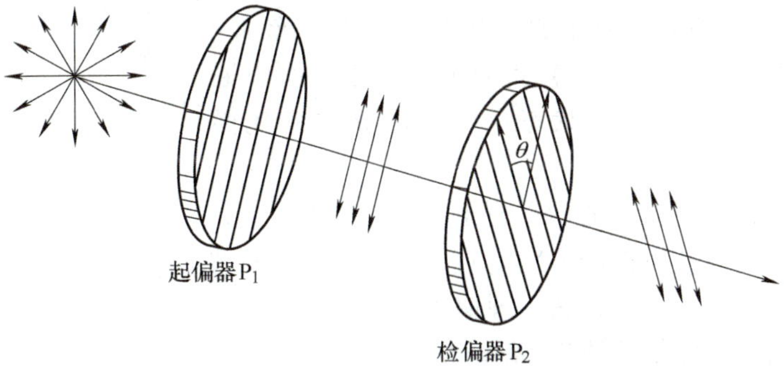

图2.16-6　自然光通过起偏器和检偏器的变化

4. 偏振光通过晶体片（波片）时的情形

当线偏振光垂直射到厚度为 L、表面平行于自身光轴的单轴晶片上时，寻常光（o光）和非寻常光（e光）沿同一方向前进，但传播的速度不同。对于负晶体，振动方向平行于光轴的e光光速度比o光快。这两种偏振光通过晶片后，它们的相位差为

$$\varphi = \frac{2\pi}{\lambda}(n_o - n_e)L \tag{2.16-3}$$

式中，λ 为入射光在真空中的波长；n_o 和 n_e 分别为晶片对o光和e光的折射率；L 为晶片的厚度。

我们知道，两个相互垂直、频率相同且有固定相位差的简谐振动（例如通过晶片后的e光和o光的振动）可用下列方程式表示

$$x = A_e\sin\omega t \tag{2.16-4}$$

$$y = A_o\sin(\omega t + \varphi) \tag{2.16-5}$$

从式（2.16-4）和式（2.16-5）中消去 t，经三角运算后得到合振动的方程式为

$$\frac{x^2}{A_e^2} + \frac{y^2}{A_o^2} - \frac{2xy}{A_eA_o}\cos\varphi = \sin^2\varphi \tag{2.16-6}$$

一般来说，上式为一椭圆方程，即合振动的轨迹在垂直于传播方向的平面内，且呈一椭圆形，它表示一椭圆偏振光。

但是，当 $\varphi = k\pi(k=0, 1, 2, 3, \cdots)$ 时，式（2.16-6）变为直线方程，表示合振动是线

偏振光。

当 $\varphi=(k+1/2)\pi(k=0, 1, 2, \cdots)$ 时，式（2.16-6）变为正椭圆方程，表示合振动为正椭圆偏振光（在 $A_o=A_e$ 时，合振动为圆偏振光）。

当 φ 不等于以上各值时，合振动为不同长短轴组合的椭圆偏振光。在某一波长的线偏振光垂直射入晶片的情形下，能使 o 光和 e 光产生相位差 $\varphi=(2k+1)\pi$（相当于光程差为 $\lambda/2$ 的奇数倍）的晶片，称为对应于该单色光的二分之一波片（$\lambda/2$ 波片）。与此相似，能使 o 光和 e 光产生相位差 $\varphi=(k+1/2)\pi$（相当于光程差为 $\lambda/4$ 的奇数倍）的晶片称为四分之一波片（$\lambda/4$ 波片）。

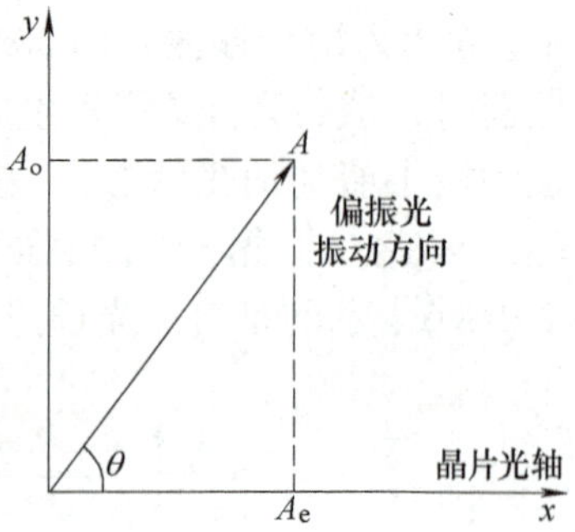

图 2.16-7　振动方向与晶片光轴夹角为 θ 时，线偏振光振幅的分解

如图 2.16-7 所示，当振幅为 A 的线偏振光垂直射到 $\lambda/4$ 波片，且振动方向和波片光轴成 θ 角时，由于 o 光和 e 光的振幅（分别为 $A\sin\theta$ 和 $A\cos\theta$）都是 θ 的函数，所以通过 $\lambda/4$ 波片后合成的光的振动状态也随角度 θ 的变化而不同。

1）当 $\theta=0°$ 时，获得振动方向平行于光轴的线偏振光。

2）当 $\theta=\pi/2$ 时，获得振动方向垂直于光轴的线偏振光。

3）当 $\theta=\pi/4$ 时，$A_o=A_e$，获得圆偏振光。

4）当 θ 为其他值时，获得椭圆偏振光。

【实验仪器】

分光计、偏振器（两个）、汞灯、$\lambda/4$ 波片。

【实验内容】

1. 起偏、检偏及自然光和线偏振光的鉴别

1）以汞灯为光源，粗调好望远镜和平行光管，使狭缝发出的光经望远镜后产生又细又亮的竖线。

2）将 P_1 作为检偏器套在平行光管上，转动 P_1 一周，从望远镜中观察并描述光强的变化情况。

3）固定 P_1 作为起偏器，在望远镜前套上 P_2 作为检偏器，转动 P_2 一周，观察并描述光强的变化情况。与步骤 2）所得的结果比较，并做出解释。

4）根据以上观察结果，总结应如何区别自然光和线偏振光。

2. 观察圆偏振光和椭圆偏振光

1）以单色平行光垂直照射于一组相互正交的偏振片（P_1、P_2）上，在 P_1、P_2 间插入一块 $\lambda/4$ 波片 C。观察并对比 $\lambda/4$ 波片插入前后，透过 P_2 的光强变化。

2）保持正交偏振片 P_1 和 P_2 的取向不变，转动插入其间的 $\lambda/4$ 波片 C，使通过 P_2 消光。此时，C 的光轴与 P_1（或 P_2）偏振轴平行，C 与其夹角规定为 $\theta=0°$。转动 C，使 θ 由 0°转至 360°，观测并描述夹角改变时透过 P_2 的光强变化情况，记录在表 2.16-1 中，并做出解释。

3）保持 P_1 和 P_2 正交，转动 $\lambda/4$ 波片，使其光轴与0°线的夹角依次为0°、30°、45°、60°、90°等值。在取上述每一个角度时都将检偏器 P_2 转动一周（从0°到360°），观察并描述从 P_2 透出的光强变化情形，记录在表2.16-2中，然后做出解释。

表2.16-1　转动 $\lambda/4$ 波片时，透过 P_2 的光强情况

$\theta/(°)$	0	45	90	135	180	225	270	315	360
光强情况									

表2.16-2　P_2 转动一周时，透射光强的变化规律

$\lambda/4$ 波片转角 /(°)	P_2 转一周透射光强的变化规律	P_2 转一周出现消光的次数	入射 P_2 光的偏振态
0			
30			
45			
60			
90			

【注意事项】

1. 实验中不能用手触摸各光学元件的表面，实验完毕后按规定位置把它们放置好。
2. 实验结束后要及时关闭汞灯电源。

【思考题】

1. 在下列情况下，理想起偏器和理想检偏器两个偏振轴之间的夹角是多少？

1）透射光光强是入射自然光的1/3。

2）透射光光强是最大透射光的1/3。

2. 如果在相互正交的偏振片 P_1 和 P_2 中间插进一块 $\lambda/2$ 波片，使其光轴和起偏器的偏振轴平行，透过检偏器 P_2 的光斑是亮的还是暗的？为什么？将检偏器 P_2 转动90°后，光斑的亮暗是否变化？为什么？

3. 假如有自然光、圆偏振光、自然光与圆偏振光的混合光等三种光，请你设计一个实验方案将它们判别出来。

4. 如何设计一个实验装置，用来区别椭圆偏振光和部分偏振光？

第 3 章　综合性实验

综合性实验是指实验内容涉及相关的综合知识，或者运用综合的实验方法、实验手段，对学生的知识、能力、素质进行综合培养的实验。综合性实验是在基础性实验的基础上的提高，主要目的是让学生开阔眼界，激发求知热情，培养探索精神。综合性实验教学是培养学生实践能力和创新意识的重要环节。

在综合性实验的选题上，首先，我们注重实验题目与工程技术紧密结合，具有实用性。例如，“用动态悬挂法测定工程材料的弹性模量”实验采用的动态测量方法符合国家的测量标准。“超声波测试原理及应用”实验在超声探伤等方面应用广泛。其次，把具有时代特色的“传感器”作为综合性实验题目。传感器技术是现代信息技术的基础，已广泛应用于现代科技的各个领域，当代的大学生对这一领域应有所了解。

在综合性实验教学中采用启发、引导、探究式的教学方法，要求学生在进入实验室前，根据实验教材和教师提供的参考资料进行预习。进入实验室后，教师根据实验目的和要求，有针对性地对学生进行提问，或者与学生就相关的问题进行充分讨论。学生搞清楚了相关问题后，再开始实验。在实验操作中，教师应努力使学生保持一种自由开放的心态，鼓励学生标新立异，勇于尝试，保护学生创新思维的萌芽。

实验 17　用动态悬挂法测定工程材料的弹性模量

弹性模量（又称杨氏模量）是固体材料的重要物理参量。用静态拉伸的方法可以测量弹性模量，这是最基本的测量方法。本实验学习另一种测量弹性模量的方法，即将棒状样品用细线悬挂起来，用声学的方法测出它做弯曲振动时的共振频率，由此得到其弹性模量。与静态拉伸法相区别，本方法称为动态悬挂法，又称动力学方法，是国家标准推荐的一种测弹性模量的方法。

【网络资源】

本实验教学资源见学习通“用动态悬挂法测定工程材料的弹性模量”实验，有实验仪器介绍视频、铜和不锈钢基频共振频率的测量视频、实验数据处理方法等。

【实验目的】

1. 学习一种更实用的测量弹性模量的方法。
2. 学习用实验方法研究与修正系统误差。

【实验原理】

物体在弹性限度内，在长度方向单位横截面面积所受的力 F/S 称为应力，物体在长度方向产生的相对形变 $\Delta l/l$ 称为应变，由胡克定律可以知道，这二者是成正比的，即

$$\frac{F}{S}=E\frac{\Delta l}{l}$$

其比例系数 E 称为弹性模量，它表征材料本身的性质，仅与材料的物质结构、化学结构及其加工制作方法相关。E 越大的材料，要使它发生一定的相对形变所需要的单位横截面面积上的作用力就越大。弹性模量标志了材料的刚性，本书的附录 D 中列出了部分材料的弹性模量值。

本实验的原理如图 3. 17-1 所示。一根细长棒（长度比横向尺寸大很多）的横振动（又称弯曲振动）满足动力学方程（方程的建立参看本实验附录）

$$\frac{\partial^2\eta}{\partial t^2}+\frac{EI}{\rho S}\frac{\partial^4\eta}{\partial x^4}=0 \tag{3. 17-1}$$

式中，η 为棒上距左端 x 处截面的 z 方向位移；E 为该棒的弹性模量；ρ 为材料密度；S 为棒的横截面面积；I 为某一截面的惯性矩 $\left(I=\iint\limits_S z^2\mathrm{d}S\right)$。棒的轴线沿 x 方向。

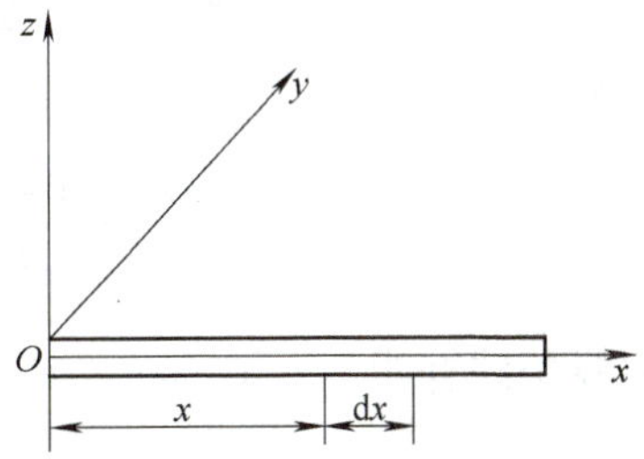

图 3. 17-1　细长棒的弯曲振动

用分离变量法求解该方程，令

$$\eta(x,\ t)=X(x)T(t)$$

代入式(3. 17-1)，得

$$\frac{1}{X}\frac{\mathrm{d}^4X}{\mathrm{d}x^4}=-\frac{\rho S}{EI}\frac{1}{T}\frac{\mathrm{d}^2T}{\mathrm{d}t^2}$$

等式两边分别是两个独立变量 x 和 t 的函数，只有在两边都等于同一个任意常数时才有可能成立，设都等于 K^4，于是得

$$\frac{\mathrm{d}^4X}{\mathrm{d}x^4}-K^4=0$$

$$\frac{\mathrm{d}^2T}{\mathrm{d}t^2}+\frac{K^4EI}{\rho S}T=0$$

设棒中每点都做简谐振动，则此两方程的通解分别为

$$X(x)=B_1\cosh Kx+B_2\sinh Kx+B_3\cos Kx+B_4\sin Kx$$

$$T(t)=A\cos(\omega t+\varphi)$$

于是，横振动方程式(3. 17-1)的通解为

$$X(x,t)=(B_1\cosh Kx+B_2\sinh Kx+B_3\cos Kx+B_4\sin Kx)A\cos(\omega t+\varphi) \tag{3. 17-2}$$

其中

$$\omega = \left(\frac{K^4 EI}{\rho S}\right)^{\frac{1}{2}} \tag{3.17-3}$$

称为频率公式，它对任意形状截面的试样、不同的边界条件都是成立的。我们只要根据特定的边界条件定出常数 K，代入特定截面的惯性矩 I，就可以得到具体条件下的关系式。

对于用细线悬挂起来的棒，若悬线在棒上做横振动的节点，即图 3.17-2a 中 J，J_1 点附近，并且棒的两端均处于自由状态，那么在两端面上，横向作用力 F 与弯矩均为零。因为横向作用力

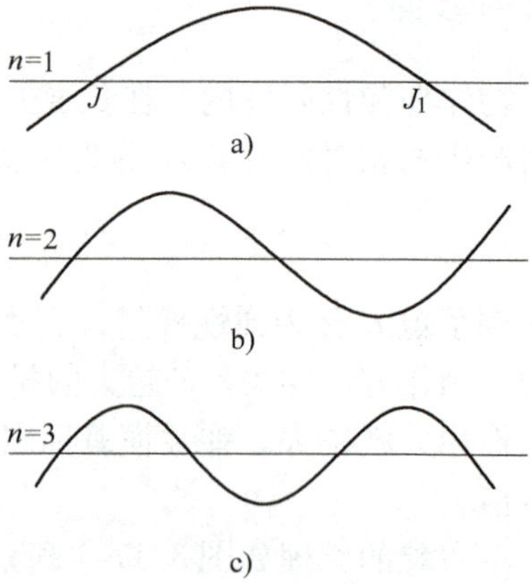

图 3.17-2　两端自由的棒弯曲振动前三阶振幅分布

$$F = \frac{\partial M}{\partial x} = -EI\frac{\partial^3 \eta}{\partial x^3}$$

弯矩

$$M = -EI\frac{\partial^2 \eta}{\partial x^2}$$

则边界条件有四个，即

$$\left.\frac{d^3 X}{dx^3}\right|_{x=0} = 0,\quad \left.\frac{d^3 X}{dx^3}\right|_{x=l} = 0$$

$$\left.\frac{d^2 X}{dx^2}\right|_{x=0} = 0,\quad \left.\frac{d^2 X}{dx^2}\right|_{x=l} = 0$$

l 为棒长。将通解代入边界条件中得

$$\cos Kl \cosh Kl = 1 \tag{3.17-4}$$

用数值解法可求得满足式（3.17-4）的一系列根 $K_n l$，其值为 $K_n l = 0$，4.730，7.853，10.996，14.137，…

其中，$K_0 l = 0$ 的根对应于静止状态。因此将 $K_1 l = 4.730$ 记作第一个根，对应的振动频率称为基振频率，此时棒的振幅分布如图 3.17-2a 所示，$K_2 l$，$K_3 l$ 对应的振形依次如图 3.17-2b、图 3.17-2c 所示。从图 3.17-2a 可以看出，试样在做基频振动时，存在两个节点，根据计算，它们的位置分别距端面在 $0.224l$ 和 $0.776l$ 处。对应于 $n=2$ 的振动，其振动频率约为基频的 2.5～2.8 倍，节点位置在 $0.132l$，$0.500l$，$0.868l$ 处。

将第一个 $K = 4.730/l$ 的值代入式（3.17-3），得到棒做基频振动的固有频率

$$\omega = \left(\frac{4.730^4 EI}{\rho l^4 S}\right)^{\frac{1}{2}}$$

解出弹性模量

$$E = 1.9978\times10^{-3}\frac{\rho l^4 S}{I}\omega^2 = 7.8870\times10^{-2}\frac{l^3 m}{I}f^2 \tag{3.17-5a}$$

式中，m 为棒的质量，$m = \rho l S$；f 为圆棒的基振频率。对于直径为 d 的圆棒，惯性矩 I 为

$$I = \iint_S z^2 \mathrm{d}S = \frac{\pi d^4}{64}$$

代入式（3.17-5a），得

$$E = 1.6067 \frac{l^3 m}{d^4} f^2 \tag{3.17-5b}$$

这就是本实验用的计算公式。

在实际测量时，由于不能满足 $d \ll l$，此时式（3.17-5b）应乘上一修正系数 T_1，即

$$E = 1.6067 \frac{l^3 m}{d^4} f^2 T_1 \tag{3.17-6}$$

T_1 可根据不同的径长比（d/l，又称泊松比）查表 3.17-1 得到。实验中使用的样品是黄铜圆杆和不锈钢圆杆，直径 d 约为 6.000mm，长度 l 约为 150.00mm，此时查表得 $T_1 = 1.008$。

表 3.17-1　不同径长比的修正系数

径长比 d/l	0.01	0.02	0.03	0.04	0.05	0.06
修正系数 T_1	1.001	1.002	1.005	1.008	1.014	1.019

实验时一般可取径长比为 0.03～0.04 的试样，径长比过小，反而会因试样易于变形而使实验结果误差变大。

【实验仪器】

信号发生器（包含图 3.17-3 中的频率计、信号发生器和放大器三部分）、弹性模量测试台（主要有激振器和拾振器）、GDS－1102B 数字示波器、游标卡尺和千分尺、电子天平、被测样品（黄铜棒和不锈钢棒各一）。

图 3.17-3 为本实验所用的实验装置示意图。由信号发生器输出的等幅正弦波信号加在换能器 I（又称激振器）上。通过换能器 I 把电信号转变成机械振动，再由悬线把机械振动传给试样，使试样做受迫横振动。试样另一端的悬线把试样的机械振动传给换能器 II（又称拾振器），这时机械振动又转变成电信号。该信号经放大器放大后送到示波器显示出来。

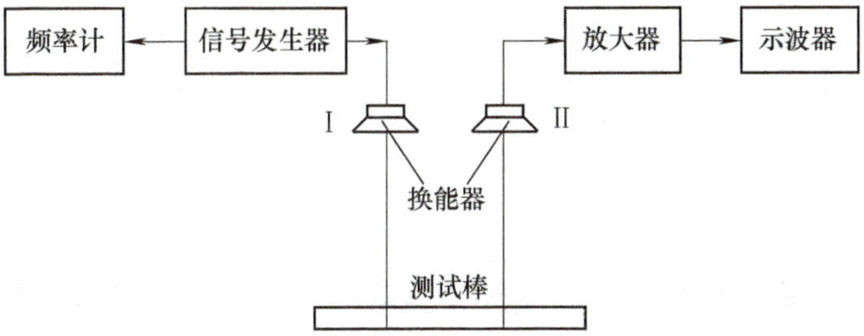

图 3.17-3　实验装置示意图

I—激振器　II—拾振器

当信号发生器的频率不等于试样的共振频率时，试样不发生共振，示波器上几乎没有信号波形或波形很小。当信号发生器的频率等于试样的共振频率时，试样发生共振。这时示波器上的波形突然增大，读出的频率就是试样在室温下的共振频率。根据式（3.17-6）即可计算出室温下的弹性模量。部分材料的弹性模量参考值请参见本书的附录D。

下面对实验装置中的几个部分分别做简要说明。

1. 信号发生器

本实验用的是函数信号发生器，它能输出正弦波、方波、三角波、脉冲波等各种信号，输出信号幅度可调，频率分若干挡，每挡内均可连续调节。该仪器同时还带有数字频率测量装置，既可测量该仪器输出信号的频率，又可测量外接信号的频率。

2. 激振器

激振器为电磁式，内部原理如图3.17-4所示。膜片与永久磁铁端面间有一小间隙，当线圈中通过交变电流时，永久磁铁对膜片的吸引力上叠加了一交变成分，使膜片产生振动。加永久磁铁的目的是使膜片的振动频率与线圈中电信号的频率一致，否则将出现倍频现象。

3. 拾振器

拾振器采用弯曲振动的压电换能器，结构及原理如图3.17-5所示。压电陶瓷圆片1通常用锆钛酸铅做成，在陶瓷圆片的上下表面各镀上极薄的银电极2，经过一定处理（如高电压极化）后，就具有了压电效应，即在片上加压力时，片表面出现电荷，电荷的多少、正负随力的大小、方向改变而改变。压电陶瓷用胶粘在圆形薄铜片3上，该铜片四周固定，铜片中心固定悬线4。当挂在悬线上的样品发生振动时，通过悬线，引起铜片中心部位上下振动，因其边缘固定，故铜片是在做鼓膜形弯曲振动。压电陶瓷受到交变应力作用，因此，电极上出现交变电压。

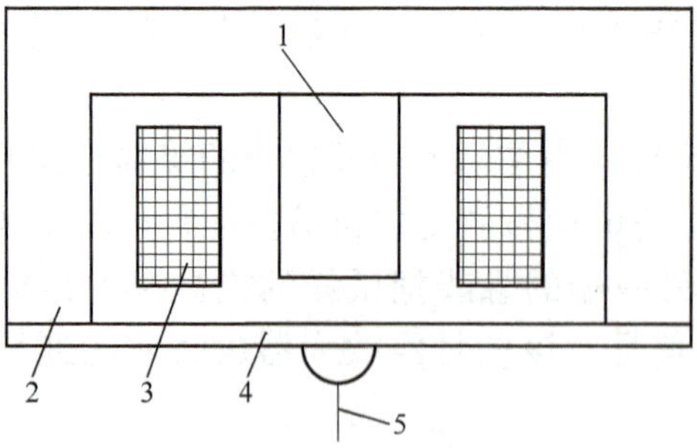

图3.17-4　激振器
1—永久磁铁　2—杯形铁心　3—线圈
4—膜片　5—悬线

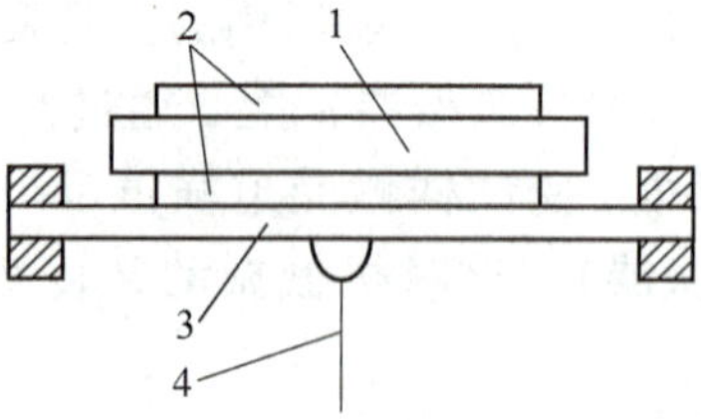

图3.17-5　拾振器
1—压电陶瓷圆片　2—银电极
3—圆形薄铜片　4—悬线

4. 示波器

本实验用的数字示波器的使用方法参看“实验11　模拟示波器的使用”“实验12 数字示波器的基本操作”。

5. 游标卡尺和千分尺

使用方法参看“实验1　物体密度的测量”。

【实验内容】

1. 连接线路，阅读信号发生器及示波器的有关资料，学习调节和使用方法（只限于本实验用到的部分）。

2. 测量被测样品——黄铜棒和不锈钢棒的长度、直径（在不同部位测 3 次，取平均值）及质量（测 1 次），将数据填入表 3.17-2 中。

表　3.17-2

次　　数	试样					
	长度/mm		直径/mm		质量/g	
	铜	不锈钢	铜	不锈钢	铜	不锈钢
1						
2						
3						
平均值						

3. 根据本书附录 D 中给出的铜和钢的弹性模量的参考值，估算铜和不锈钢这两种材料的共振频率值，以便寻找共振点。

4. 测样品的弯曲振动基频频率。理论上，样品做基频共振时，悬点应置于节点处，即悬点应置于距棒的两端面分别为 $0.224l$ 和 $0.776l$ 处。但是，在这种情况下，棒的振动无法被激发。欲激发棒的振动，悬点必须离开节点位置，这样，又与理论条件不一致，故实验上采用下述方法测棒的弯曲振动基频频率。

设试样端面至吊扎点的距离为 x，在基频节点处正负 50mm 左右的范围内同时改变两悬线位置，即改变 x 值，每隔 5～10mm（本实验取 7.5mm）测一次共振频率，将实验数据记录到表 3.17-3 中。

表　3.17-3

x/mm	7.5	15.0	22.5	30.0	37.5	45.0	52.5
x/l							
$f_{钢}$/Hz							
$f_{铜}$/Hz							

5. 以 x/l 为横坐标，共振频率 f 为纵坐标，在坐标纸上画 $f-x/l$ 曲线。由曲线确定悬线在节点（$x=0.224l$）位置的基频共振频率。

6. 计算黄铜和不锈钢的弹性模量。

【注意事项】

1. 对悬线千万不要用力拉，否则会损坏膜片或换能器，甚至会将悬线从膜片上拉掉下来。悬挂样品和移动悬线位置时，对悬线都不要给予冲击力，应轻放轻动。

2. 给激振器加正弦信号，幅度限制在 3～5V 范围内（峰-峰值）。

3. 在寻找共振点时，因为真正的共振峰的峰宽十分尖锐，调节信号发生器频率时要极其缓慢，到共振频率附近时一般应该用频率微调旋钮调节。调节时还要注意判断假共振信号。激振器、拾振器及整个系统都有自己的共振频率，拾振器的输出会伴随有许多次极大值。当样品棒达到共振时，用手指或手背去触摸样品时会有麻酥感，而且手一碰样品，输出信号会马上小下来，而虚假共振峰的峰宽却很大。在共振时注意观察发射和接收信号之间的相位关系。

4. 分辨真假共振峰的另一种方法：可以在实验前先用理论公式估算出共振频率的大致范围，然后进行细致的测量。这对于分辨真假共振峰也十分有效。

【本实验附录】　棒弯曲振动动力学方程的推导

如图3.17-6a所示，一个均匀细棒，其轴线在 x 方向，图中表示的是棒弯曲变形后的瞬间。取棒中 x 处的一小段 $\mathrm{d}x$，这一小段的两端弯曲变形不相等，因此两端所受力矩也不相等，设分别为 M 及 $M+\mathrm{d}M$。同时，在两端截面上，受小段外相邻薄层所给予的切应力 $\boldsymbol{F}$ 和 $\boldsymbol{F}+\mathrm{d}\boldsymbol{F}$ 的作用。

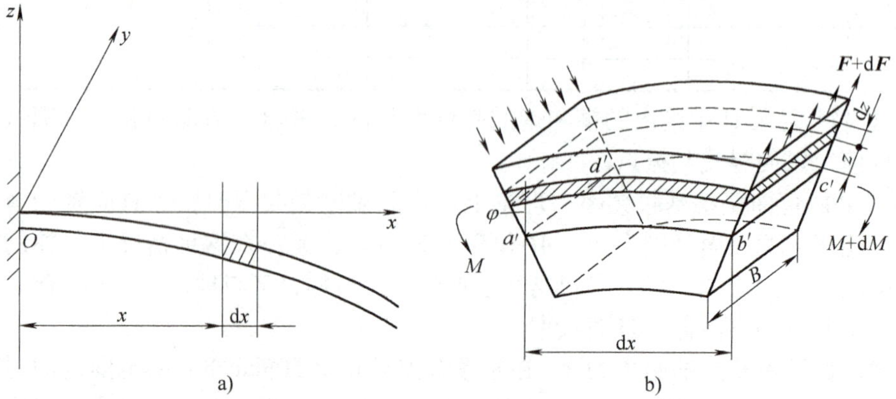

图3.17-6　棒的弯曲变形

如图3.17-6b所示，$\mathrm{d}x$ 小段发生形变前，$a'b'c'd'$ 面处在 xOy 平面内，并和 z 轴垂直。弯曲变形后，可以认为 $a'b'c'd'$ 只改变了形状（变弯了），而大小未变，因此称为中和面。与中和面平行的那些面，除了有弯曲变形外，其长度也发生了形变，中和面上面的面介质伸长，以下的面介质被压缩，即缩短。又设棒发生弯曲形变时，棒中各个截面的形状不变，只是绕 y 轴发生转动，转角以 φ 表示。

为了求弯曲力矩和形变位移之间的关系，再从 $\mathrm{d}x$ 左端切出一小薄层 Δx，如图3.17-7a所示。考察 Δx 中任意一平行于中和面并距离此面为 z、厚度为 $\mathrm{d}z$ 的薄层，其宽度仍为 B，如图3.17-6b所示，此薄层的截面面积 $\mathrm{d}S=B\mathrm{d}z$。根据胡克定律，作用在薄层左端之面积 $\mathrm{d}S$ 上的拉伸形变应力为

$$F_1=E\frac{z\Delta\varphi}{\Delta x}$$

式中，E 为棒材料的弹性模量；$z\Delta\varphi$ 厚度为 $\mathrm{d}z$ 的这一长条薄层的伸长量；$\Delta\varphi$ 为 Δx 两端面的转角之和；Δx 为薄条原长。作用在 $\mathrm{d}S$ 上的总力为

$$F_1\mathrm{d}S=E\frac{z\Delta\varphi}{\Delta x}\mathrm{d}S$$

此力对于以在 O 点处的中心线为轴（平行于 y 轴）的力矩为

$$dM = F_1 dSz = E\frac{\Delta\varphi}{\Delta x}z^2 dS$$

对 Δx 左端整个面进行积分，求得作用在这个面上的弯曲力矩为

$$M = E\frac{\Delta\varphi}{\Delta x}\iint z^2 dS = E\frac{\Delta\varphi}{\Delta x}I \tag{3.17-7}$$

式中，$I = \iint z^2 dS$ 为截面的惯性矩。

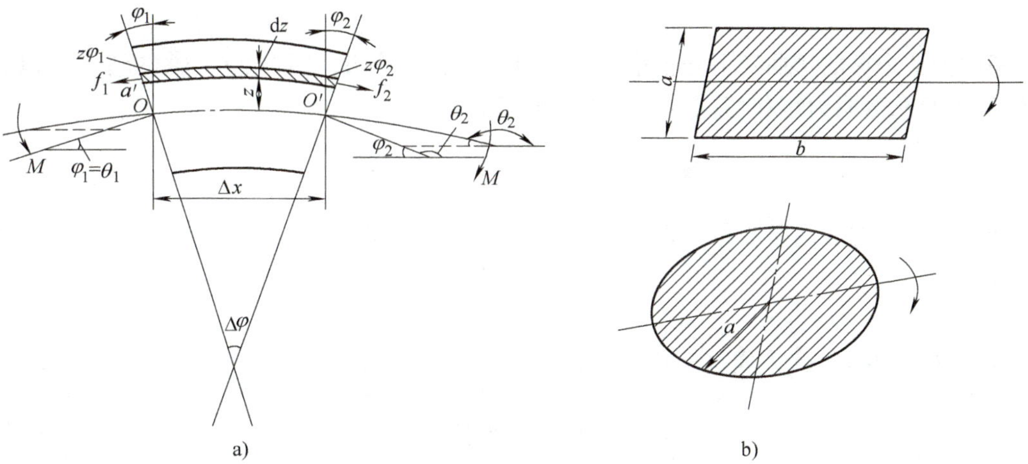

图 3.17-7　弯曲力矩的分析

对宽为 b、高为 a 的矩形截面，如图 3.17-7b 所示，有

$$I = b\int_{-\frac{a}{2}}^{\frac{a}{2}} z^2 dz = \frac{ba^3}{12}$$

对半径为 a 的圆形截面，如图 3.17-7b 和图 3.17-8 所示，有

$$I = \int_{-a}^{a} 2yz^2 dz = 2\int_{-a}^{a} z^2\sqrt{a^2 - z^2}dz = \frac{\pi a^4}{4}$$

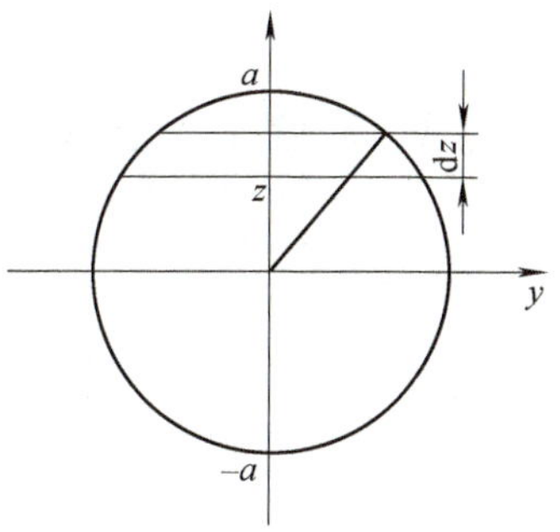

图 3.17-8　圆形截面

$\Delta\varphi$ 是 Δx 小薄层左右两端面的转角之和。左端面的转角 φ_1 决定于 OO'线在 x 处的切线倾角 θ_1，因振动很小，倾角也很小，于是

$$\varphi_1 = \theta_1 \approx \tan\theta_1 = \left(\frac{\partial\eta}{\partial x}\right)\Bigg|_x$$

式中，η 为 O 点在 z 方向的位移。同理，Δx 的右端面转角为

$$\varphi_2 = \pi - \theta_2 \approx \tan(\pi - \theta_2) = -\tan\theta_2 = \left(\frac{\partial\eta}{\partial x}\right)\Bigg|_{x+\Delta x}$$

$$\Delta\varphi=\varphi_1+\varphi_2=\left(\frac{\partial\eta}{\partial x}\right)\bigg|_x-\left(\frac{\partial\eta}{\partial x}\right)\bigg|_{x+\Delta x}=-\frac{\partial}{\partial x}\left(\frac{\partial\eta}{\partial x}\right)\bigg|\Delta x=-\frac{\partial^2\eta}{\partial x^2}\Delta x$$

所以

$$\frac{\Delta\varphi}{\Delta x}=-\frac{\partial^2\eta}{\partial x^2}$$

代入式（3.17-7）得

$$M=-EI\frac{\partial^2\eta}{\partial x^2} \tag{3.17-8}$$

考虑到整个棒的弯曲变形均很小，因此可以认为整个 dx 小段绕 Oy 轴的转动可以忽略。则 dx 所受的总弯曲力矩和切应力产生的力矩相平衡，即

$$(M+\mathrm{d}M)-M=[(F+\mathrm{d}F)+F]\frac{\mathrm{d}x}{2}$$

展开上式，忽略高阶小量，得 $\mathrm{d}M=F\mathrm{d}x$。当 dx 极小时，

$$F=\frac{\partial M}{\partial x} \tag{3.17-9}$$

将式（3.17-8）代入式（3.17-9）得

$$F=-EI\frac{\partial^3\eta}{\partial x^3} \tag{3.17-10}$$

切应力也是坐标 x 的函数，dx 两端的切应力并不相等，因此作用在 dx 小段上的净切应力为

$$\mathrm{d}F=\left(\frac{\partial F}{\partial x}\right)\mathrm{d}x=-EI\left(\frac{\partial^4\eta}{\partial x^4}\right)\mathrm{d}x \tag{3.17-11}$$

此力是产生加速度的力，用牛顿第二定律可得

$$\mathrm{d}F=\rho S\mathrm{d}x\left(\frac{\partial^2\eta}{\partial t^2}\right)$$

将式（3.17-11）代入可得

$$\rho S\mathrm{d}x\left(\frac{\partial^2\eta}{\partial t^2}\right)=-EI\left(\frac{\partial^4\eta}{\partial x^4}\right)\mathrm{d}x$$

$$\frac{\partial^2\eta}{\partial t^2}+\frac{EI}{\rho S}\frac{\partial^4\eta}{\partial x^4}=0 \tag{3.17-12}$$

或

$$\frac{\partial^2\eta}{\partial t^2}+\alpha^2\frac{\partial^4\eta}{\partial x^4}=0$$

式中，$\alpha=\sqrt{\dfrac{EI}{\rho S}}$。

式（3.17-12）即为细长棒弯曲振动的动力学方程。

实验 18　*RLC* 电路的暂态过程

电阻、电容和电感是最常见、最基本，也是使用最广泛的电子元件。电阻、电容、电感与晶体管、集成电路等电子元件组合，可以构成不同电路，实现多种功能。所有的电子仪器设备、通信器材、家用电器等，其电路无一不是从最基本的 R、L、C 组合开始，直到实现复杂的功能。因此，有必要对电阻、电容、电感的最基本的组合方式进行研究，以便了解它们在不同电路中所具有的基本的物理特性。R、L、C 元件的不同组合，可以构成 RC、RL 和 RLC 电路。这些不同的电路在接通或断开直流电源的瞬间（相当于给电路施加近似的阶跃电压），由于电路中电容上的电压不会瞬间突变并且电感上的电流也不会瞬间突变，这样，电路从一个稳定状态变到另一个稳定状态时，中间要经历一个变化过程，这个变化过程称为暂态过程。利用暂态过程的规律可以测量 R、L、C 元件的量值，也可以产生脉冲信号（如锯齿波、微分脉冲信号等）。

【网络资源】

本实验教学资源见学习通“*RLC* 电路的暂态过程”实验，有实验仪器介绍视频、观测 *RC* 电路暂态过程视频、观测 *RL* 电路暂态过程视频、观测 *RLC* 电路暂态过程视频、实验原理、实验数据处理方法等。

【实验目的】

1. 研究 *RC*、*RL* 和 *RLC* 电路的暂态过程，学习掌握各电路中各种物理量的变化规律及波形。

2. 学习数字示波器及信号发生器的使用方法。通过实验，加深理解 R、L、C 各元件在不同电路中的性能及其在暂态过程中的作用，同时加深理解时间常数的概念。

【实验原理】

1. *RC* 电路

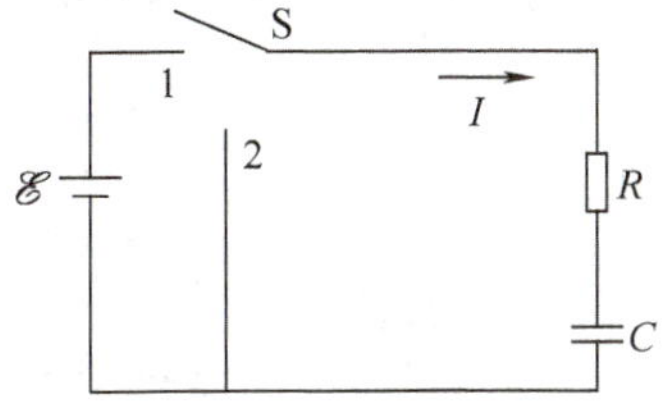

图 3.18-1　*RC* 电路

在由电阻 R 及电容 C 组成的直流串联电路中，暂态过程即是电容器的充放电过程（见图 3.18-1）。

当开关 S 打向位置 1 时，电源对电容器 C 充电，直到其两端电压等于电源电动势 $\mathscr{E}$。在充电过程中回路方程为

$$\frac{\mathrm{d}U_C}{\mathrm{d}t}+\frac{1}{RC}U_C=\frac{\mathscr{E}}{RC} \tag{3.18-1}$$

考虑到初始条件 $t=0$ 时，$U_C=0$，从而得到方程的解

$$\begin{aligned} U_C &= \mathscr{E}(1-\mathrm{e}^{-t/RC}) \\ U_R &= \mathscr{E}\mathrm{e}^{-t/RC} \\ i &= \frac{\mathscr{E}}{R}\mathrm{e}^{-t/RC} \end{aligned} \tag{3.18-2}$$

式中，$RC=\tau$，具有时间量纲，称为电路的时间常数，它决定了以指数规律充电、放电的快慢。τ 越大，充、放电越慢，暂态过程持续的时间越长。为了求得时间常数，人们往往测量 RC 电路的半衰期 $T_{1/2}$，它与 τ 的关系为

$$T_{1/2}=\tau\ln 2 \tag{3.18-3}$$

如果测出半衰期，从式（3.18-3）即可求出时间常数 $\tau=T_{1/2}/0.693$。

当把开关打向位置 2 时，电容 C 通过电阻 R 放电，回路方程为

$$\frac{\mathrm{d}U_C}{\mathrm{d}t}+\frac{1}{RC}U_C=0 \tag{3.18-4}$$

结合初始条件 $t=0$ 时，$U_C=\mathscr{E}$，得到方程的解

$$\begin{aligned} U_C &= \mathscr{E}\mathrm{e}^{-t/\tau} \\ U_R &= -\mathscr{E}\mathrm{e}^{-t/\tau} \\ i &= -\frac{\mathscr{E}}{R}\mathrm{e}^{-t/\tau} \end{aligned} \tag{3.18-5}$$

从上面的分析可知，在暂态过程中，各物理量均按指数规律变化，变化的快慢由时间常数 τ 来量度。放电过程中 U_R 前面的负号表示放电电流与充电电流方向相反。充放电曲线如图 3.18-2 所示。

2. *RL* 电路

在由电阻 R 及电感 L 组成的直流串联电路中（见图 3.18-3），暂态过程是电路中电流增长和衰减的过程。当开关 S 打到位置 1 时，电路两端电压从 0 突变为 $\mathscr{E}$，但由于电感 L 的自感作用，回路中的电流不会瞬间突变，而是逐渐增加到最大值（应包括电阻及电感 L 的损耗电阻 R_L），回路方程为

$$L\frac{\mathrm{d}i}{\mathrm{d}t}+iR=\mathscr{E} \tag{3.18-6}$$

考虑到初始条件 $t=0$ 时，$i=0$，可得方程的解为

$$\begin{aligned} i &= \frac{\mathscr{E}}{R}\left(1-\mathrm{e}^{-tR/L}\right) \\ U_L &= \mathscr{E}\mathrm{e}^{-tR/L} \end{aligned} \tag{3.18-7}$$

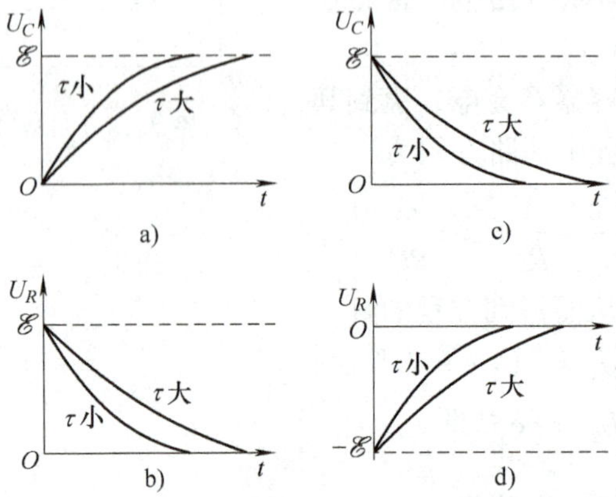

图 3.18-2　*RC* 电路的充放电曲线

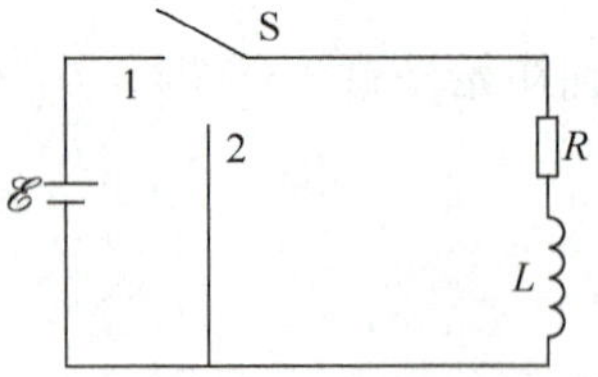

图 3.18-3　*RL* 电路

$$U_R = \mathscr{E}(1 - e^{-tR/L})$$

可见，回路电流 i 经过一指数增长过程，逐渐达到稳定值 $\mathscr{E}/R$。i 增长的快慢由时间常数 $\tau = L/R$ 决定（见图 3.18-4a、b）。τ 与半衰期的关系与式（3.18-3）相同。

当开关 S 打到位置 2 时，回路电流从 $i = \mathscr{E}/R$ 逐渐消失为 0，电路方程为

$$L\frac{di}{dt} + iR = 0 \tag{3.18-8}$$

由初始条件 $t = 0$，$i = \mathscr{E}/R$，可以得到方程的解为

$$i = \frac{\mathscr{E}}{R}e^{-t/\tau}$$

$$U_L = -\mathscr{E}e^{-t/\tau} \tag{3.18-9}$$

$$U_R = \mathscr{E}e^{-t/\tau}$$

可见，将电源断开后，物理量 i、U 也按指数规律变化，变化的快慢用同一时间常数 $\tau = L/R$ 来表征，见图 3.18-4c、d。同 RC 电路一样，τ 越大，RL 电路的暂态过程越长。

3. RLC 电路

由电阻 R、电感 L、电容 C 串联组成的电路如图 3.18-5 所示。电阻是耗散性元件，将使电能单向转化为热能。可以想象，电阻的主要作用就是把阻尼项引入到方程的解中。

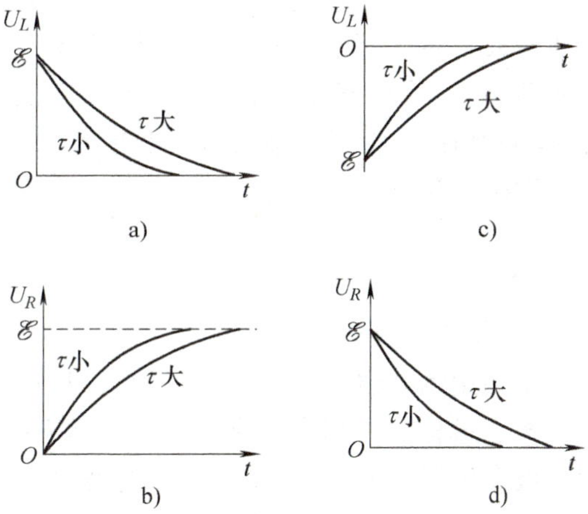

图 3.18-4　RL 电路对阶跃的响应

充电过程：当把开关 S 打向位置 1 时，电源对电容器充电，电容上的电压随时间变化。回路方程为

$$L\frac{di}{dt} + iR + \frac{Q}{C} = \mathscr{E} \tag{3.18-10}$$

对上式求微分得

$$LC\frac{d^2i}{dt^2} + RC\frac{di}{dt} + i = 0 \tag{3.18-11}$$

放电过程：当电容器被充电到 $\mathscr{E}$ 时，把开关 S 打到位置 2，则电容器在闭合的 RLC 回路中放电，由于电感 L 的作用，电路中电流将发生周期性的变化，此时回路方程为

$$L\frac{di}{dt} + iR + \frac{Q}{C} = 0 \tag{3.18-12}$$

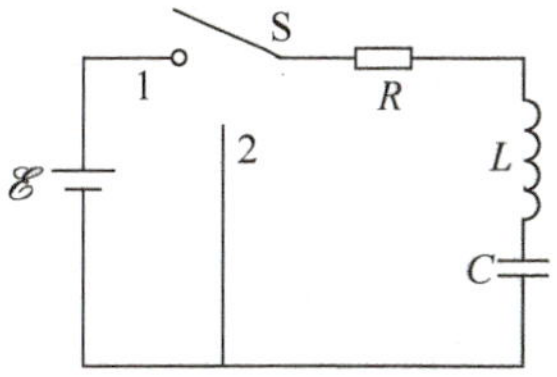

图 3.18-5　RLC 串联电路

令

$$\lambda = \frac{R}{2}\sqrt{\frac{C}{L}}$$

式中，λ 称为电路的阻尼系数。

1）阻尼较小时，$\lambda < 1$，即 $R^2 < 4L/C$。在图 3.18-6 中，曲线 a 为阻尼较小时放电过程

U_C 随时间的变化规律，这种情况称为阻尼振荡状态。

2）临界阻尼状态，$\lambda=1$，即 $R^2=4L/C$。在图 3.18-6 中，曲线 b 为临界阻尼放电过程中 U_C 随 t 的变化规律。

3）过阻尼状态，$\lambda>1$，即 $R^2>4L/C$。此时，此电路的各物理量也不再具有周期性变化的规律，而是缓慢地趋向恒值，且变化率比临界阻尼时的变化率要小，图 3.18-6 中的曲线 c 为过阻尼状态放电过程中 U_C 随 t 的变化规律。

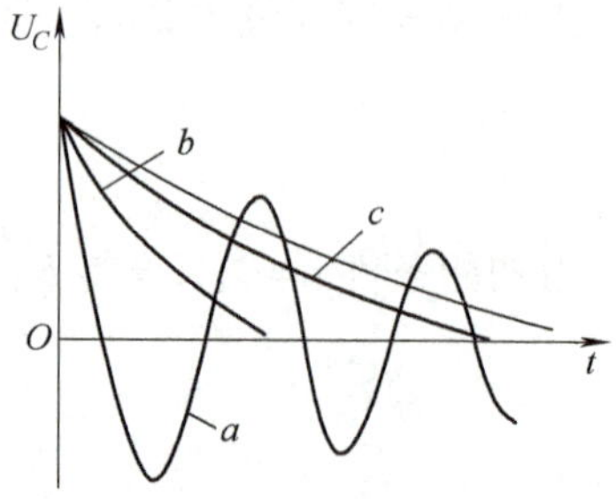

图 3.18-6　电路对阶跃电路的响应（充放电过程）

【实验仪器】

DH4503－2 型 *RLC* 电路实验仪、GDS－1102B 型数字双踪示波器。

DH4503－2 型 *RLC* 电路实验仪是学习研究基础元件 *R*、*L*、*C* 工作原理及所组成的一阶电路、二阶电路对阶跃波响应（暂态响应）、正弦波响应（稳态响应）过程而开发的专用设备。

该实验仪采用开放式实验设计，与示波器相配套可以开展 *RC*、*RL*、*RLC* 暂态特性实验，*RC*、*RL*、*RLC* 稳态特性实验（幅频特性、相频特性），*RLC* 串联、并联电路的测量与分析（选频特性），电感量、电容量的测量，交流信号的整流、滤波实验等；教师可根据教学需要和学时情况，安排成设计性实验或者综合性实验。实验时由学生自己动手搭建，增加动手能力和感性认识。

【实验内容】

1. 观测 *RC* 电路的暂态过程

为了能用示波器观测到稳定的暂态过程波形，应选择合适的 *R*、*L*、*C* 值，使所观察的每一个暂态过程的时间常数要适当小（本实验选取 $C=0.1\mu F$，$L=0.1H$，$R=1000\Omega$）。同时用方波发生器代替图 3.18-1 所示电路中的直流电源和开关，用以产生阶跃电压。方波的波形如图 3.18-7 所示，其周期为 T。$t=0$ 时，相当于电源接通，电容器充电。$t=T/2$ 时，相当于断开电源，电容通过电阻 R_1 和方波发生器的内阻 R_i 放电。对于每一个完整的方波周期，电容器都要进行一次充、放电过程。如此反复不断地进行充放电，就可以很方便地在示波器上观察电容 C（或电阻 R）上周期性变化的充放电曲线（见图 3.18-8）。

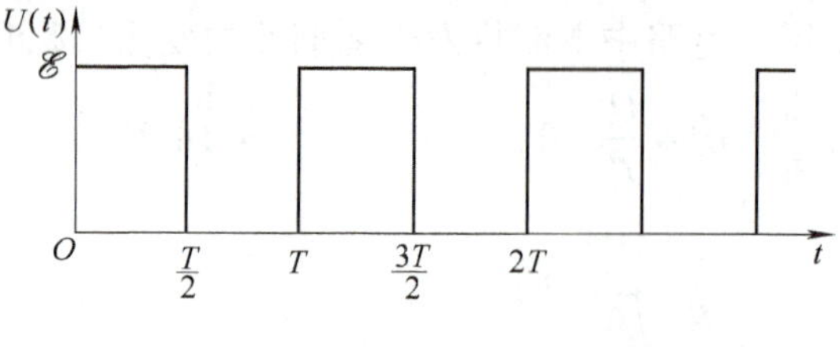

图 3.18-7　周期为 T 的方波波形

1）按图 3.18-9 所示的线路进行接线，D 点为公共接地端。固定方波发生器的输出频率

$f=500\text{Hz}$，信号峰-峰值取 $U_{P-P}=2\text{V}$。将方波信号接入示波器 CH1 输入端，观察并记录方波波形。

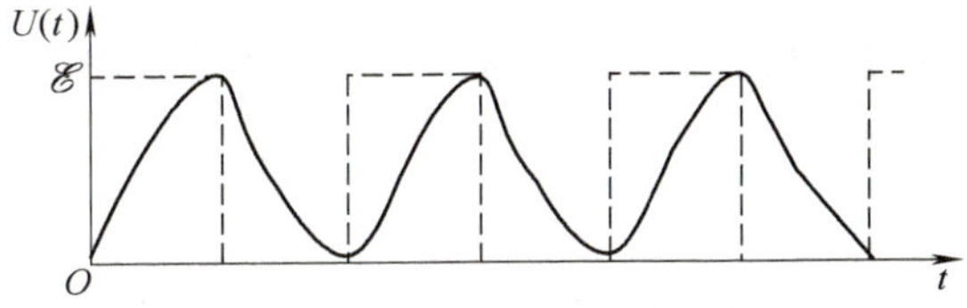

图 3.18-8　在方波信号作用下 RC 电路的暂态过程

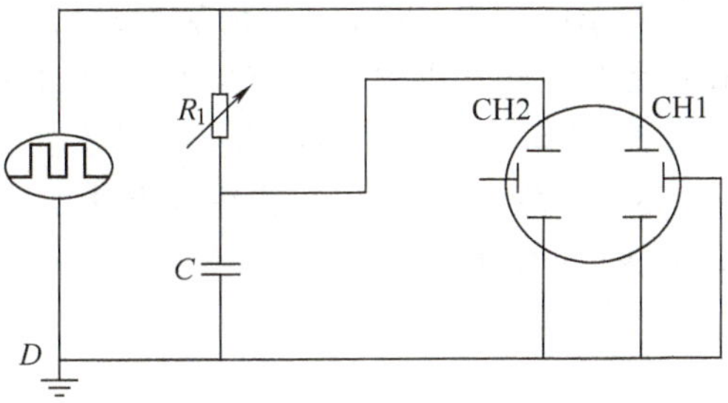

图 3.18-9　观测 RC 电路暂态过程的实验装置

2）观察 U_C 的波形。U_C 接到示波器 CH2 输入端，改变 R_1 的阻值，使得 τ 分别为 $\tau=RC \ll T/2$、$\tau<T/2$、$\tau \geqslant T/2$，观察并记录这三种情况下 U_C 的波形，并分别解释 U_C 的变化规律（这里应注意 $R=R_1+R_i$）。

3）测量时间常数 τ。先以信号发生器为标准信号来校准数字示波器的 X 时基轴，测量每种情况下的 τ 值，并与定义式 $\tau=RC$ 进行比较。同时由 τ 可求出电容 C 值（R 已知），由此给出测量电容的一种方法。

4）观察 U_R 的波形。关掉信号发生器的电源，交换电阻和电容的位置后打开信号发生器的电源。R_1 的取值范围同 2），观察并记录在 $\tau=RC \ll T/2$、$\tau<T/2$、$\tau \geqslant T/2$ 三种情况下 U_R 的波形并分析其变化规律。

2. 观测 RL 电路的暂态过程

按照图 3.18-10 所示连接电路，观察 U_R、U_L 在电流增长和衰减过程中的曲线。解释所观察到的图形。测出时间常数 τ 并与理论公式进行比较。若 R 已知，则由 τ 可求出电感 L 值，由此给出测量电感的一种方法。

3. 观测 RLC 电路的暂态过程

电路连接如图 3.18-11 所示，用示波器观察 U_C 在充放电过程中的变化规律。

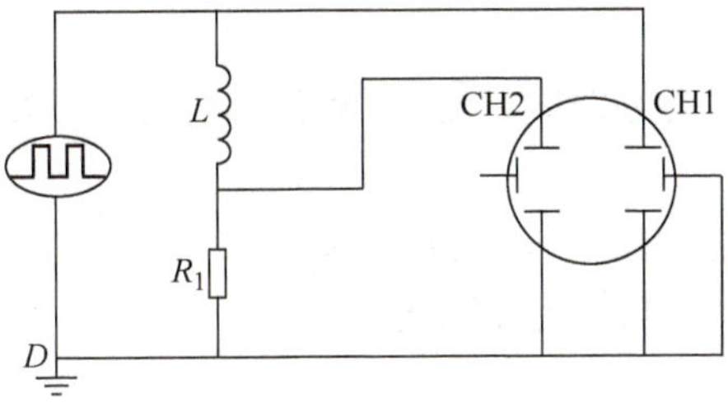

图 3.18-10　观测 RL 电路暂态过程的实验装置

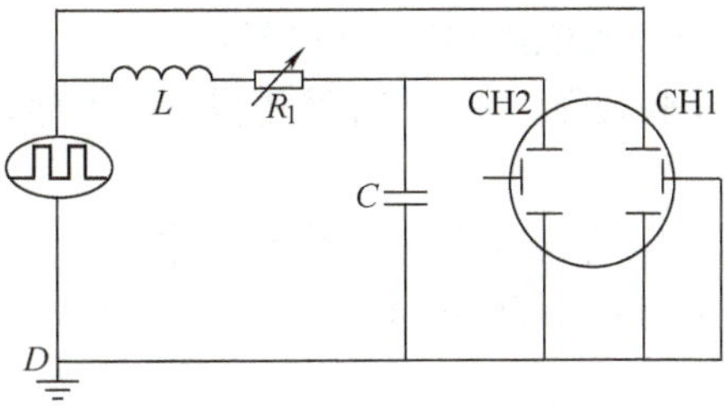

图 3.18-11　观测 RLC 电路暂态过程的实验装置

为了清楚地观察到 RLC 阻尼振荡的全过程，需要适当调节方波发生器的频率。固定 $C=0.1\mu\text{F}$，$L=0.1\text{H}$，计算三种不同阻尼状态下所对应的电阻范围。调节 R_1 的大小，观察不同阻尼状态下的波形，记下每一状态下的 R_1 值，并与理论值比较。

【思考题】

1. RC、RL、RLC 电路的暂态过程各有什么特点？为什么具有暂态过程的电路均有 L 或 C 的元件？纯电阻 R 电路能有暂态过程吗？

2. 时间常数 τ 的物理意义是什么？怎样测量？

3. 在 RC 电路中，固定方波频率 f 而改变 R_1 的阻值，为什么会有各种不同的波形？若固定 R_1 而改变方波频率 f，会得到类似的波形吗？为什么？

实验19 热敏电阻特性研究

热敏电阻是一种电阻值随其电阻体的温度变化呈显著变化的热敏感电阻。它多由金属氧化物半导体材料制成，也有由单晶半导体、玻璃和塑料制成的。由于热敏电阻具有体积小、结构简单、灵敏度高、稳定性好、易于实现远距离测量和控制等优点，所以广泛应用于测温、控温、温度补偿、报警等领域。热敏电阻分为负温度系数（NTC）热敏电阻、正温度系数（PTC）热敏电阻和开关型热敏电阻，前两者电阻率随温度的变化一般是指数规律。

【网络资源】

本实验教学资源见学习通“热敏电阻特性研究”实验，有实验仪器介绍视频、仪器组装视频、仪器参数预设视频、测量过程视频、实验原理、实验数据处理方法等。

【实验目的】

1. 巩固和复习用电桥测量电阻的方法。
2. 学习如何用电桥测量热敏电阻的温度特性。
3. 了解电桥在非电量电测中的应用。

【实验原理】

1. 热敏电阻温度特性原理

实验表明，在一定温度范围内，半导体的电阻率 ρ 与热力学温度 T（单位K）之间的关系为

$$\rho = A_1 e^{B/T} \tag{3.19-1}$$

式中，A_1 与 B 对于同一种半导体材料为常量，其数值与材料的物理性质有关。

对于截面均匀的热敏电阻，其电阻值 R_T 可以根据电阻定律写为

$$R_T = \rho \frac{l}{S} = A_1 e^{B/T} \frac{l}{S} = A e^{B/T} \tag{3.19-2}$$

式中，l 为热敏电阻长度；S 为热敏电阻的横截面面积，$A = A_1 \dfrac{l}{S}$。

对某一特定电阻而言，A 与 B 均为常数，可以用实验方法测定。为了便于处理数据，将式（3.19-2）两边取自然对数，则有

$$\ln R_T = B\frac{1}{T} + \ln A \tag{3.19-3}$$

式（3.19-3）表明，$\ln R_T$ 与 $1/T$ 呈线性关系，在实验中只要测得各个温度 T 以及对应的电阻 R_T 的值，以 $1/T$ 为横坐标，$\ln R_T$ 为纵坐标作图，则得到的曲线为直线，其斜率为 B，截距为 $\ln A$。

热敏电阻温度系数 α 的定义式为

$$\alpha = \frac{1}{R_T}\frac{\mathrm{d}R_T}{\mathrm{d}T} = -\frac{B}{T^2} \tag{3.19-4}$$

α 不仅与材料常数有关，还与温度有关，低温段比高温段更灵敏。

2. 直流电桥电路原理

惠斯通电桥线路如图 3.19-1 所示，四个电阻 R_1、R_2、R_3 和 R_x 连接成一个四边形，称为电桥的四臂。四边形的一条对角线 CD 接有检流计 G，称为“桥”；四边形的另一条对角线 AB 接电源 E。电阻 R_b 为保护电阻，S_2 为保护开关。当开关 S 和 S_1 合上、S_2 断开时，电桥线路中各支路均有电流通过。当 C、D 两点之间的电位不相等时，桥路中通过检流计 G 的电流 I_g 不等于零，检流计 G 的指针发生偏转。当 C、D 两点之间的电位相等时，桥路中通过检流计 G 的电流 I_g 等于零，检流计 G 的指针指零，此时电桥处于平衡状态。当电桥平衡时有

$$\begin{cases} I_1R_1 = I_2R_2 \\ I_1R_x = I_2R_3 \end{cases} \Rightarrow R_x = \frac{R_1}{R_2}R_3 = K_rR_3 \tag{3.19-5}$$

式中，K_r 为倍率；R_3 为比较电阻；R_x 为待测电阻，在热敏电阻测量电路中用 R_T 表示。

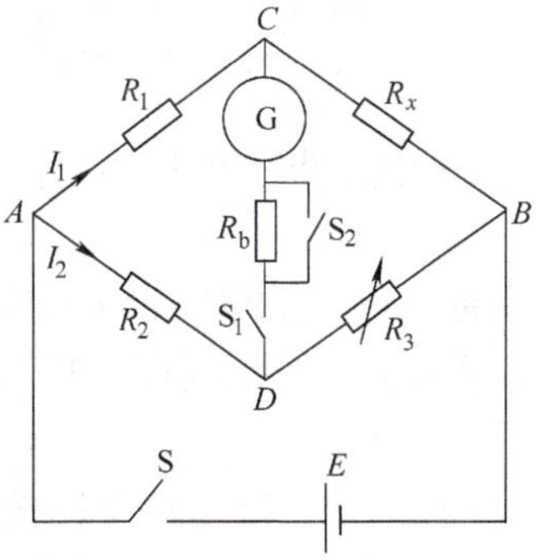

图 3.19-1　惠斯通电桥电路图

【实验仪器】

FB203A 型半导体热敏电阻特性研究实验仪（见图 3.19-2）（电源、检流、控温、测温）1 台，FB203A 型半导体热敏电阻特性研究实验仪（自组惠斯通电桥电阻箱）1 台，正温度系数（PTC）热敏电阻 1 副，负温度系数（NTC）热敏电阻 1 副，专用连接线若干。

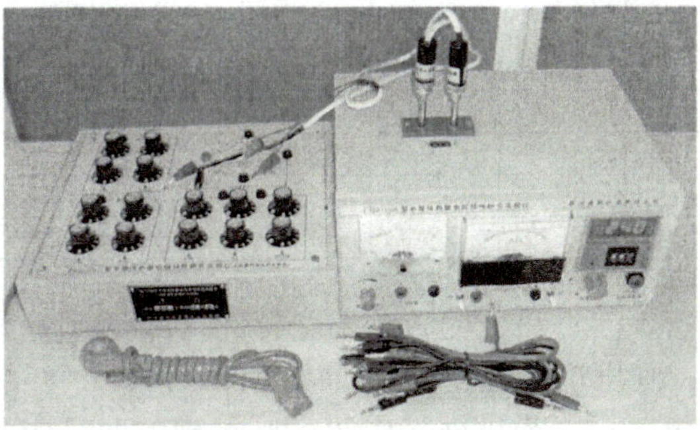
图 3.19-2　实验仪器装置

【实验内容】

1. 组装仪器

1）利用实验装置提供的元器件，按照图 3.19-1 自行组装惠斯通电桥。

2）把两个传感器同时插入加热井中，测量时把选中的热敏电阻的引线接到电桥中的 R_x 两端。

2. 预设参数

1）根据不同的温度值，估计负温度系数（NTC）热敏电阻和正温度系数（PTC）热敏电阻的阻值范围（见表 3.19-1），选择合适的倍率 $K_r = R_1/R_2$（记录此值），并把比较电阻 R_3 预先调节到适当的阻值，防止开机测量时通过热敏电阻和检流计的电流过大。

表 3.19-1　热敏电阻的阻值范围

	30℃	90℃
正温度系数（PTC）热敏电阻	356Ω	1113Ω
负温度系数（NTC）热敏电阻	2599Ω	376Ω

2）把惠斯通电桥的工作电压调节到 2～3V 范围。

3. 加热控制

使用电子式温度指示调节仪，设置加热井的温度 t（最高 99.9℃），“加热选择Ⅰ”为 16V 慢加热，“加热选择Ⅱ”为 24V 快加热，风扇可对加热井散热降温。

4. 测量

1）先把检流计 G 电路的保护开关 S_2 断开，S_1 合上，合上电源开关 S，调节比较电阻 R_3 进行粗调，待电桥平衡后，再把保护开关 S_2 合上，仔细调节比较电阻 R_3，使检流计 G 的指针指零，记录比较电阻 R_3 的阻值。

2）测量正温度系数（PTC）热敏电阻的温度特性，从 30℃到 90℃，每隔 5℃测一个数据，记录在表 3.19-2 内，画出温度特性 R_T-t 曲线和 $\ln R_T$-$1/T$ 曲线，求出 R_T 的表达式（即 A、B 值，以 $1/T$ 为横坐标，$\ln R_T$ 为纵坐标作图，则得到的曲线应为直线，其斜率为 B，截距为 $\ln A$）。

表 3.19-2　（PTC）数据记录

室温________℃　　K_r =______

序号	1	2	3	4	5	6	7	8	9	…
t/℃										…
T/K										…
$1/T$										…
R_3										…
$R_x = R_T$										…
$\ln R_T$										…

3）测量负温度系数（NTC）热敏电阻的温度特性，从 30℃到 90℃，每隔 5℃测一个数据，记录在表 3.19-3 内，画出温度特性 R_T-t 曲线和 $\ln R_T$-$1/T$ 曲线，求出 R_T 的表达式（即 A、B 值，以 $1/T$ 为横坐标，$\ln R_T$ 为纵坐标作图，则得到的曲线应为直线，其斜率为 B，截距为 $\ln A$）。

表 3.19-3　(NTC) 数据记录

室温______℃　　K_r =______

序号	1	2	3	4	5	6	7	8	9	…
t/℃										…
T/K										…
$1/T$										…
R_3										…
$R_x = R_T$										…
$\ln R_T$										…

【注意事项】

1. 电桥的工作电压一般不要超过 3V，否则通过热敏电阻和检流计的电流过大，可能损坏热敏电阻或检流计。

2. 在使用电桥时，应避免将 R_1、R_2、R_3 同时调到零值附近测量，这样可能会出现较大的工作电流，损坏热敏电阻或检流计，测量精度也会下降。

3. 热敏电阻作为测量温度的敏感元件，必须要求它的电阻值只随环境温度而变化，与通过的电流无关。因此，流经热敏电阻的电流一般选取其伏安特性曲线的线性部分的五分之一；同时流过的电流越小越好。

4. 测量时，密切注视检流计 G，若指针迅速偏转，说明通过 G 的电流很大，应迅速断开 S_1，以免烧坏检流计。

5. 注意热力学温度 T 与摄氏温度 t 的关系。

【思考题】

1. 为什么用电桥测电阻一般比伏安法测量的准确度高？

2. 在测量半导体热敏电阻时，当桥路达到平衡后，撤去电源，对电路会有什么影响？(电流计是否偏转) 为什么？

3. NTC 半导体热敏电阻与普通电阻比较，具有什么特点？

4. 如何减小温度不稳定对测量的影响？

5. 半导体热敏电阻具有怎样的温度特性？

6. 利用半导体热敏电阻的温度特性，能否制作一只温度计？

7. 本实验要求用作图法处理数据，请考虑一下用哪一个量作为横轴的自变量？哪一个量作为纵轴的因变量？得到的曲线是什么形状？

实验 20　声速的测定

声速是描述声波在介质中传播特性的基本物理量，它与介质的性质及状态有关。因此，测定声速可以了解被测介质的某些性质、状态及其变化。

【网络资源】

本实验教学资源见学习通“声速的测定”实验，有实验仪器介绍视频、谐振频率调节过程视频、共振干涉法测量声速操作过程视频、相位比较法测声速操作过程视频等。

【实验目的】

1. 学习测量空气中声速的两种方法：共振干涉法和相位比较法。
2. 加深对驻波和振动合成理论的理解。
3. 进一步熟悉示波器的使用。

【实验原理】

声波是在弹性介质中传播的机械波。根据频率范围的不同，可以把声波分为可闻声波、超声波和次声波。可闻声波是人耳能够感觉到的声波，频率范围为20～20000Hz，超声波频率在20000Hz以上，次声波频率在20Hz以下。由于超声波具有波长短、易于定向发射等优点，因此，在超声波段测声速是比较方便的。

通常可利用压电陶瓷换能器来进行超声波的发射和接收。在测出波长 λ 和频率 f 后，由下式计算声速

$$v=f\lambda \tag{3.20-1}$$

式中，f 根据压电陶瓷换能器谐振频率由实验仪直接读出；λ 则由共振干涉法或相位比较法测得。

1. 压电陶瓷换能器原理

压电陶瓷换能器的核心结构是压电晶片。压电晶片是由一种多晶结构的压电材料（如石英、锆钛酸铅陶瓷等）做成的，被加工成平面状，并在正反两面分别镀上银层作为电极。如图3.20-1所示，在应力作用下两极产生异号电荷，两极间产生电位差，称为正压电效应；而在压电晶片两端间加上外加电压时又能产生应变，称为逆压电效应。利用上述压电效应可实现声能与电能的相互转换：压电陶瓷换能器可以把电能转换为声能作为声波发生器，也可把声能转换为电能作为声波接收器。

电信号 $\xrightarrow[\text{压电换能器 }S_1]{\text{压电陶瓷}}$ 声信号 $\xrightarrow{\text{空气}}$ 声信号 $\xrightarrow[\text{压电换能器 }S_2]{\text{压电陶瓷}}$ 电信号

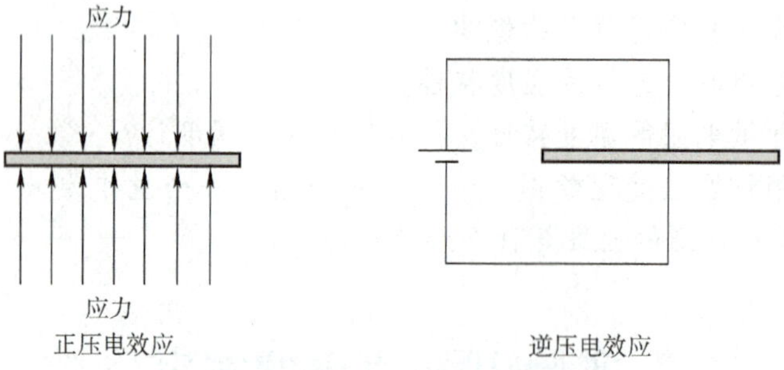

图3.20-1 换能器效应图

本实验利用压电陶瓷换能器产生纵波。图3.20-2为换能器的结构简图。

2. 共振干涉法（驻波法）原理

由声源发出的声波经前方平面反射后，入射波和反射波叠加，当两平面平行时，在它们

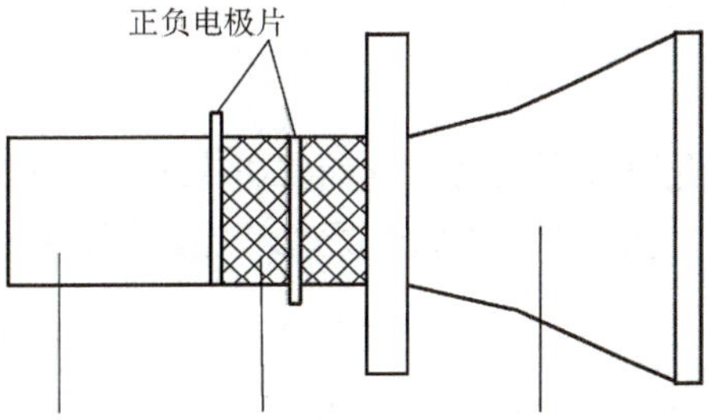

图 3.20-2　换能器的结构简图

之间形成驻波（standing wave）。

设两列波频率、振动方向和振幅相同，在 x 轴上传播方向相反，其波动方程为

$$\left.\begin{aligned}\text{发射波}\quad y_1 &= A\cos\left(\omega t - \frac{2\pi}{\lambda}x\right)\\ \text{反射波}\quad y_2 &= A\cos\left(\omega t + \frac{2\pi}{\lambda}x + \pi\right)\end{aligned}\right\} \tag{3.20-2}$$

叠加后合成波为

$$\begin{aligned} y &= y_1 + y_2 = A\cos\left(\omega t - \frac{2\pi}{\lambda}x\right) + A\cos\left(\omega t + \frac{2\pi}{\lambda}x + \pi\right)\\ &= 2A\sin\left(\frac{2\pi}{\lambda}x\right)\sin\omega t \end{aligned} \tag{3.20-3}$$

式（3.20-3）表明，两波合成后介质各点都在做同频率的简谐振动，而各点的振幅 $2A\sin\left(\frac{2\pi}{\lambda}x\right)$ 是位置 x 的正弦函数，对应于 $\left|\sin\frac{2\pi}{\lambda}x\right| = 1$ 的各点振幅最大；对应于 $\left|\sin\frac{2\pi}{\lambda}x\right| = 0$ 的点静止不动，振幅最小。

根据正弦函数的特性可知，当相位

$$\frac{2\pi}{\lambda}x = \pm n\pi \qquad (n = 0,\ 1,\ 2,\ \cdots)$$

时，$x = \pm n\dfrac{\lambda}{2}$ 处为振幅极小位置；

当

$$\frac{2\pi}{\lambda}x = \pm(2n+1)\ \frac{\pi}{2} \qquad (n = 0,\ 1,\ 2,\ \cdots)$$

时，$x = \pm(2n+1)\dfrac{\lambda}{4}$ 处为振幅极大位置。

可见，相邻两振幅极大（或振幅极小）间的距离为 $\lambda/2$。因此，只要测得相邻两振幅极大（或振幅极小）的位置 x_1、x_2，就可算出波长 λ。

设从发射源发出的一定频率的平面声波经过空气传播，到达接收器，如果发射面与接收面严格平行，则入射波在接收面上垂直反射，此入射波与反射波满足相干条件在相干区形成驻波。改变接收器与发射源之间的距离 l，当 l 为半波长的整数倍，即

$$l = k\frac{\lambda}{2} \qquad (k = 1, 2, 3, \cdots) \tag{3.20-4}$$

时，在空气中出现稳定的驻波共振状态。此时，接收面处的振动位移为波节，而在接收面上的声压为波腹，接收器转换成的电信号也达到极大。对于某一特定波长的声波，可以有一系列的 l 值满足式（3.20-4），我们把这些 l 记作 l_i。在移动接收端的过程中，相邻两次达到共振（接收端电信号达到极大）所对应的接收端之间的距离变化 Δl，即为半波长，即

$$\Delta l = l_{i+1} - l_i = \frac{\lambda}{2} \tag{3.20-5}$$

由此可以求得 λ，继而求出声速 v。

实验中为了减小误差，测量接收端电信号连续出现振幅极值 n 次所对应的接收面之间的距离

$$\Delta l_n = l_{i+n} - l_i = n\frac{\lambda}{2} \tag{3.20-6}$$

此时声速的计算公式为

$$v = \frac{2f\Delta l_n}{n} \tag{3.20-7}$$

3. 相位比较法原理

声源发声后，在其周围形成声场。声场介质中任一点的振动相位是随时间而变化的，但它与声源振动的相位差 $\Delta\varphi$ 不随时间变化。设声源（压电换能器 S_1）位于 x_1 处，接收器（压电换能器 S_2）位于 x_2 处。声源 x_1 处的振动方程为

$$y_1 = A\cos\left(\omega t - \frac{2\pi}{\lambda}x_1\right) \tag{3.20-8}$$

位于 x_2 处接收面的振动方程为

$$y_2 = A\cos\left(\omega t - \frac{2\pi}{\lambda}x_2\right) \tag{3.20-9}$$

它们是两个同频率的正弦波，两处振动相位差为

$$\Delta\varphi = \frac{2\pi}{\lambda}(x_2 - x_1) \tag{3.20-10}$$

声源位置 x_1 固定，另一位置点 x_2 的振动与声源振动的相位差随 x_2 的改变呈周期性变化。当（$x_2 - x_1$）改变一个波长时，相位差正好改变 2π。

将压电换能器 S_1 的电信号和压电换能器 S_2 的电信号（同频率、正弦波）分别输入到示波器的两个通道做垂直叠加，即一个信号使示波器光点在水平方向振动，另一个信号使其在垂直方向振动，合成后在示波器荧光屏上就会显示出李萨如图形。S_1 上的信号直接输入示波器 CH1 端，而 S_2 接收到的信号是由空气传播过来的，所以，S_2 输入到 CH2 端的信号总比 CH1 的要晚，它们之间存在一个相位差。当 S_2 移动时，随超声波传播距离的变化，两波之间的相位差发生改变，CH1 和 CH2 接收到的信号叠加而产生的李萨如图形随相位差的改变而变化。图 3.20-3 示出了相位差变化时图形的变化情况，通过准确测量相位变化一个周期时 S_2 移动的距离，即可得出对应的波长。

发射波通过空气到达接收器，在同一时刻，发射面处的声波与接收面处的声波相位不同，其相位差 $\Delta\varphi$ 可以利用示波器的李萨如图形进行测量。设发射器和接收器之间的距离为 l，则 $\Delta\varphi$ 的计算公式为

$$\Delta\varphi = 2\pi\frac{l}{\lambda} \tag{3.20-11}$$

由此，当相位差变化 $\Delta\varphi = 2\pi$ 时，$\Delta l = \lambda$。

从李萨如图形可以判断 $\Delta\varphi$ 变化的多少，在移动接收端的同时，观察李萨如图形的变化，当李萨如图形从斜率为正（或斜率为负）的直线再次变为斜率为正（或斜率为负）的

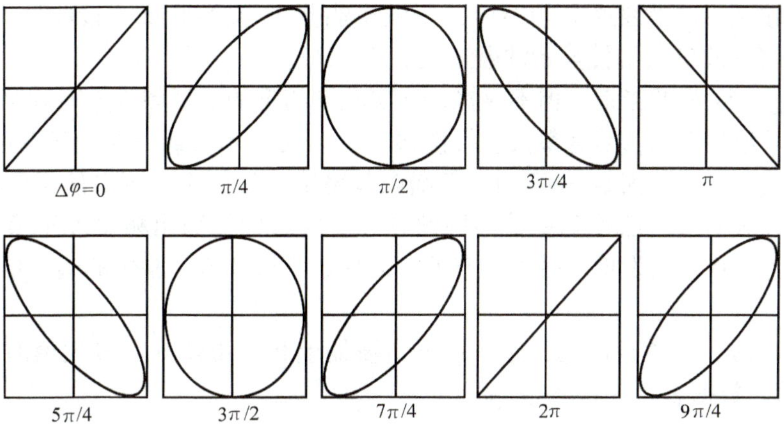

图 3.20-3　李萨如图形

直线时，$\Delta\varphi=2\pi$，接收端移动了 $\Delta l=\lambda$，由此可以求出 λ。

实验中，测量李萨如图形成正斜率（或负斜率）直线 n 次所对应的接收器之间的距离

$$\Delta l_n = l_{i+n} - l_i = n\lambda \tag{3.20-12}$$

此时声速的计算公式为

$$v = \frac{f\Delta l_n}{n} \tag{3.20-13}$$

4. 气体中的声速

声波在气体中的传播速度与气体的温度、相对湿度有关，温度为 t 时气体中的声速

$$v = v_0\sqrt{1+\frac{t}{T_0}} \tag{3.20-14}$$

式中，v_0 为气体在 0℃时的声速。对于空气介质，$v_0=331.45\text{m/s}$，$T_0=273.15\text{K}$（0℃时热力学温度值）。

上式是在空气不含水蒸气的情况下得出的。若考虑到空气中总含有一些水蒸气，对式（3.20-14）修正，则在温度为 t，相对湿度为 r 的空气中声速为

$$v = v_0\sqrt{\left(1+\frac{t}{T_0}\right)\left(1+0.3192\frac{rp_s}{p}\right)} \tag{3.20-15}$$

式中，p_s 为室温时空气中水的饱和蒸汽压，可从空气中水的饱和蒸汽压和温度的关系表（见附录 F）中查出；p 为标准大气压，取 $p=1.013\times10^5\text{Pa}$；$r$ 为相对湿度，可从湿度计上读出。

【实验仪器】

DH－DPL 声速综合实验仪、GOS－630FC 型模拟示波器。

【实验内容】

1. 调整系统的谐振频率

1）按图 3.20-4 接线。压电换能器 S_1 接实验仪“发射器—换能器”端，实验仪“发射

器—波形”端接至示波器通道1（CH1）；压电换能器 S_2 接实验仪“接收器—换能器”端，实验仪“接收器—波形”端接至示波器通道2（CH2）。

2）先将 S_1、S_2 彼此接近，但不靠拢，在实验室给定的谐振频率 f_0 附近调整实验仪输出信号频率，使示波器上的信号为最大。缓慢移动 S_2，可在示波器上看到正弦波振幅的变化，移动至首次振幅极大处，固定 S_2 不动，仔细调节输出信号频率，再次使示波器上的电压信号达到极大值，表明系统已达到最佳的驻波状态。此时信号输出频率等于换能器的谐振频率，在该频率上，换能器发射较强的超声波。此后，不再调节实验仪的输出信号频率。

2. 共振干涉法测声速

继续缓慢移动 S_2，由近而远，逐个记下示波器上相继出现6个极大值时 S_2 的位置 l_1，l_2，…，l_6，填入数据表，计算声速 $v_{测}$。

3. 相位比较法测声速

按图3.20-4接线。将示波器扫描时间调至“X－Y”档，示波器显示由CH1和CH2的信号合成的李萨如图形。将 S_2 移至 S_1 附近，S_2 和 S_1 接近而不靠拢。再由近而远，缓慢移动 S_2，并同时观察示波器上李萨如图形的变化，逐个记下李萨如图形为直线（斜率为正或斜率为负）时 S_2 的位置 l_1，l_2，…，l_6，填入数据表，计算声速 $v_{测}$。

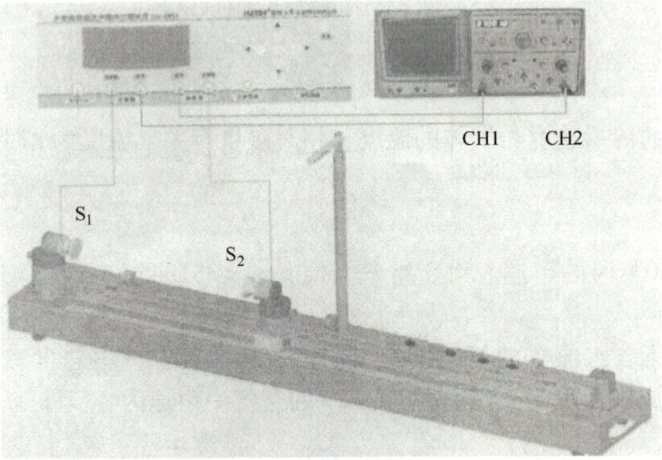

图3.20-4　线路连接示意图

4. 计算声速的理论值 v

测量室温 t 和相对湿度 r，用式（3.20-15）计算出声速的理论值 v。

共振干涉法和相位比较法都用表3.20-1的格式记录并处理数据。

表3.20-1　________法声速测量数据表

谐振频率 f = ________ kHz　室温 t = ____℃　p_s = ______ 10^5 Pa　r = ______

位　置	l_1	l_4	l_2	l_5	l_3	l_6
l_i/mm						
$\Delta l = l_{i+3} - l_i$						
Δl 平均值						

对应两种声速测量方法分别进行如下数据处理：

① $\lambda =$

② 声速测量值 $v_{测} =$

③ 声速理论值 $v =$

④ 计算声速测量值与理论值比较的相对误差 $E = \dfrac{|v_{测} - v|}{v} \times 100\% =$

【注意事项】

1. 当驻波系统偏离共振状态时，驻波的形状不稳定，而且声波波腹的振幅比最大值要小得多。因此，在实验开始时，应仔细调节系统的谐振频率，使系统达到最佳的驻波共振状态。

2. 声速测定仪接收端的移动是通过由丝杠、螺母构成的传动机构实现的，实验过程中要注意避免回程误差。

3. 由于声波在传播过程中有能量损失，因而随着接收端面 S_2 逐渐远离发射端面 S_1 时，驻波的振幅也是逐渐衰减的，但并不改变波腹、波节的位置，因而不影响对波长的测量。只是注意每次移动 S_2 时，一定要移到各个幅度为相对最大处，停止移动后再读数。

4. 使用示波器时，亮度不能调得太大，以免损坏荧光屏。

【思考题】

1. 分析实验中的误差来源，比较两种测量方法的准确程度。
2. 是否可以利用此方法测定超声波在其他介质中的传播速度？
3. 产生驻波的条件是什么？

实验 21　超声波测试原理及应用

超声波测试是把超声波作为一种信息载体，目前它已在海洋探查与开发、无损检测与评价、医学诊断等领域发挥着不可取代的独特作用。例如，在海洋应用中，超声波可以用来探测鱼群或冰山、潜艇导航或传送信息、地形地貌测绘和地质勘探等。在无损检测中，利用超声波检验固体材料内部的缺陷、材料尺寸测量、物理参数测量等。在医学中，可以利用超声波进行人体内部器官的组织结构扫描（B 超诊断）和血流速度的测量（彩超诊断）等。

本实验通过对试块尺寸的测量和人工反射体定位，了解超声波在测试方面应用的特点和在检验与探测方面的应用。

【网络资源】

本实验教学资源见学习通“超声波测试原理及应用”实验，有实验原理、预习要求、实验仪器与线路连接视频、观察超声波在试块中传播与反射信号视频、实验内容与数据处理方法等。

【实验目的】

1. 观察超声波的反射回波，测量超声波的频率。
2. 测量试块中纵波和横波的传播速度。
3. 利用直探头探测缺陷深度。

【实验原理】

1. 脉冲超声波的产生及其特点

当给压电晶片两极施加一个电压短脉冲时，由于逆压电效应，晶片将发生弹性形变而产生弹性振荡，振荡频率与晶片中的声速和晶片厚度有关，适当选择晶片的厚度可以得到超声频率范围的弹性波，即超声波。在晶片的振动过程中，由于能量的减少，其振幅也逐渐减小，因此它发射出的是一个超声波波包，通常称为**脉冲波**，如图 3. 21-1 所示。超声波在材料内部传播时，与被检对象相互作用发生散射，散射波被同一压电换能器接收，由于正压电效应，振荡的晶片在两极产生振荡的电压，电压被放大后可以用示波器显示。

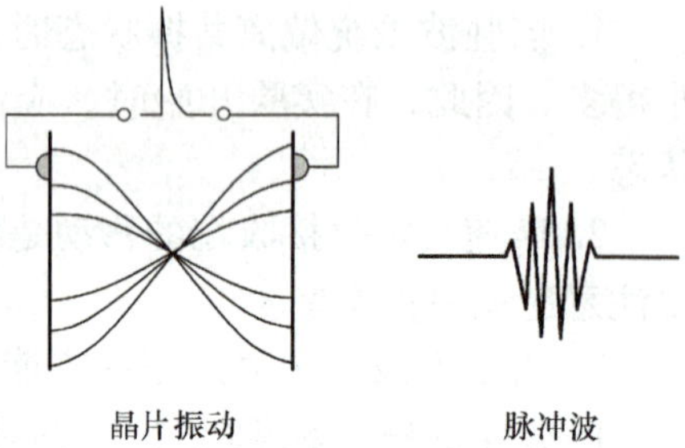

图 3. 21-1　脉冲波的产生

图 3. 21-2 所示为脉冲超声波在试块中传播时示波器接收到的超声波信号波形。图中最左边波形为始波波形，后边依次为试块底面第一次回波 B_1，第二次回波 B_2 等。设接收回波 B_1 的时刻为 t_1（最高峰对应的时刻），接收回波 B_2 的时刻为 t_2，则超声波在试块中传播到底面的时间为

$$t = \frac{t_2 - t_1}{2} \tag{3.21-1}$$

如果试块材质均匀，超声波传播速度 v 一定，则超声波在试块中的传播距离为

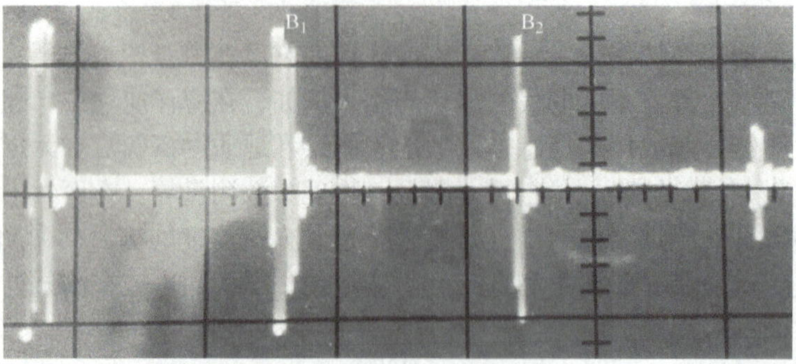

图 3. 21-2　脉冲超声波在试块中传播时示波器接收的信号波形

$$x = vt \tag{3.21-2}$$

2. 超声波波型及换能器种类

如果晶片内部质点的振动方向垂直于晶片平面，那么晶片向外发射的就是超声纵波。超

声波在介质中传播可以有不同的波型，它取决于介质可以承受何种作用力以及如何对介质激发超声波。通常有如下三种：

纵波波型：当介质中质点振动方向与超声波的传播方向一致时，此超声波为纵波波型。任何固体介质当其体积发生交替变化时均能产生纵波。

横波波型：当介质中质点的振动方向与超声波的传播方向相垂直时，此种超声波为横波波型。由于固体介质除了能承受体积变形外，还能承受切变变形，因此，当其有剪切力交替作用于固体介质时均能产生横波。横波只能在固体介质中传播。

表面波波型：它是沿着固体表面传播的具有纵波和横波的双重性质的波。表面波可以看成是由平行于表面的纵波和垂直于表面的横波合成，振动质点的轨迹为一椭圆，在距表面1/4波长深处振幅最强，随着深度的增加很快衰减，实际上离表面一个波长以上的地方，质点振动的振幅已经很微弱了。

在实际应用中，我们经常把超声波换能器称为超声波探头。实验中常用的超声波探头有**直探头**和**斜探头**两种，其结构如图 3. 21-3 所示。探头通过保护膜或斜楔向外发射超声波；吸收背衬的作用是吸收晶片向背面发射的声波，以减少杂波；匹配电感的作用是调整脉冲波波形。

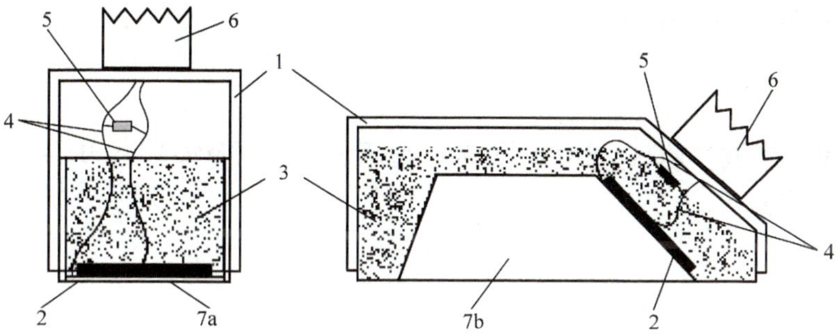

a) 直探头　　b) 斜探头

图 3. 21-3　直探头和斜探头的基本结构

1—外壳　2—晶片　3—吸收背衬　4—电极接线　5—匹配电感　6—接插头　7a—保护膜　7b—斜楔

一般情况下，采用直探头产生纵波，斜探头产生横波或表面波。对于斜探头，晶片受激发产生超声波后，声波首先在探头内部传播一段时间后，才到达试块的表面，我们称这段时间为探头的**延迟**。对于直探头，一般延迟较小，在测量精度要求不高的情况下，可以忽略不计。

3. 超声波的反射、折射与波型转换

在斜探头中，从晶片产生的超声波为纵波，它通过斜楔使超声波折射到试块内部，同时可以使纵波转换为横波。实际上，当超声波在两种固体界面上发生折射和反射时，纵波可以折射和反射为横波，横波也可以折射和反射为纵波。超声波的这种现象称为波型转换，其图解如图 3. 21-4 所示。

当超声波以入射角 α 按纵波声速或按横波声速 c 传播到介质分界面后，在界面上的反射、折射和波型转换满足如下**斯特令定律**：

反射：$$\frac{\sin\alpha}{c}=\frac{\sin\alpha_L}{c_{1L}}=\frac{\sin\alpha_S}{c_{1S}} \tag{3.21-3}$$

折射：$$\frac{\sin\alpha}{c}=\frac{\sin\beta_L}{c_{2L}}=\frac{\sin\beta_S}{c_{2S}} \tag{3.21-4}$$

式中，α_L 和 α_S 分别是纵波反射角和横波反射角；β_L 和 β_S 分别是纵波折射角和横波折射角；c_{1L} 和 c_{1S} 分别是第一种介质的纵波声速和横波声速；c_{2L} 和 c_{2S} 分别是第二种介质的纵波声速和横波声速。

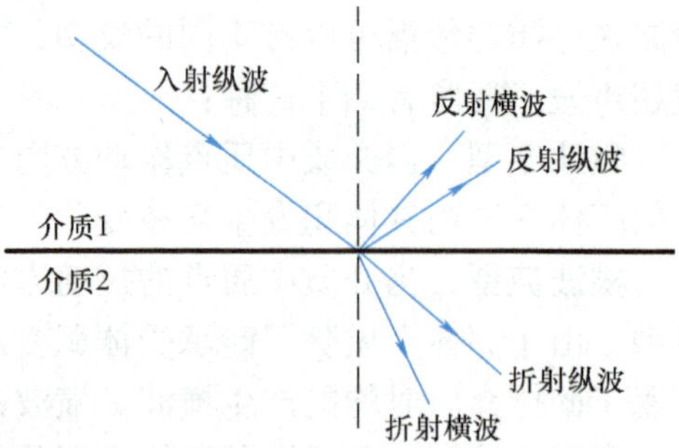

图 3.21-4　超声波的反射、折射和波型转换

在斜探头中，有机玻璃探头芯的声速 c 小于试块中横波声速 c_S，而横波声速 c_S 又小于纵波声速 c_L。因此，根据式（3.21-4），当 α 大于

$$\alpha_1=\arcsin\left(\frac{c}{c_L}\right) \tag{3.21-5}$$

时，试块中只有折射横波；而 α 大于

$$\alpha_2=\arcsin\left(\frac{c}{c_S}\right) \tag{3.21-6}$$

时，试块中既无纵波折射，又无横波折射。我们称 α_1 为有机玻璃入射到两种介质界面上的第一临界角，α_2 称为第二临界角。

【实验仪器】

JDUT－2 型超声波实验仪、GOS－630FC 型示波器（20MHz）、CSK－IC 型铝试块、钢板尺、耦合剂（水）等。

【实验内容】

1. 测超声波频率

1）参照图 3.21-5 连接 JDUT－2 型超声波实验仪和示波器：超声波实验仪“发射/接收”接直探头，并把探头放在试块的正面，探头与试块用水耦合；实验仪的“射频”输出与示波器“Y 输入 CH1”通道相连，“触发”与示波器“TRIG IN”外触发输入相连，示波器采用外触发方式，通过调节超声波实验仪衰减器的上下 +/－键，数值置于 70～90dB，“X 扫描”CAL 置关，适当调节示波器的扫描电压范围与时间范围，使示波器上看到的波形如图 3.21-2 所示。

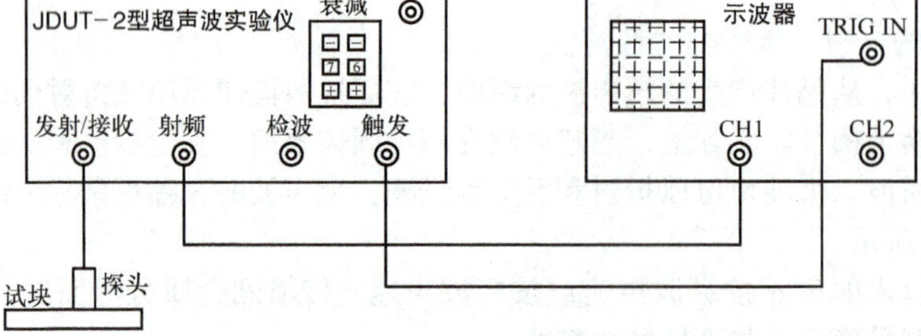

图 3.21-5　超声波实验仪和示波器连接示意图

2）以B1为例，调节扫描扩展使B1展宽10倍，如图3.21-6所示。读取相邻的两个（或几个）最高峰间的格数，读取扫描时间因数，填于表3.21-1中，计算超声波周期和频率值。

表3.21-1　超声波频率的测量

次数	相邻波峰间距/DIV	扫描时间因数/（μs/DIV）	周期/s	频率/Hz
1				
2				

2. 测量试块中纵波和横波的声速

图3.21-7是试块的示意图。前面的A孔距探测面的距离为10mm，B孔距底面的距离为20mm，底面上的C孔深度为20mm，背面的D孔距探测面和底面的距离均为30mm，其他孔距略。$R_1=30\text{mm}$，$R_2=60\text{mm}$，$L=60\text{mm}$。

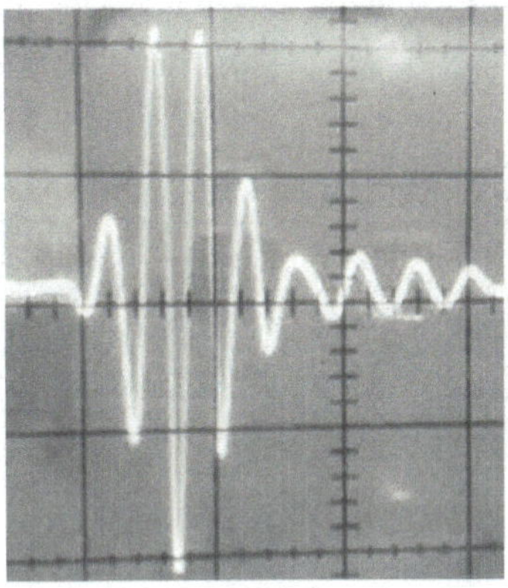

图3.21-6　测量超声波频率波形图

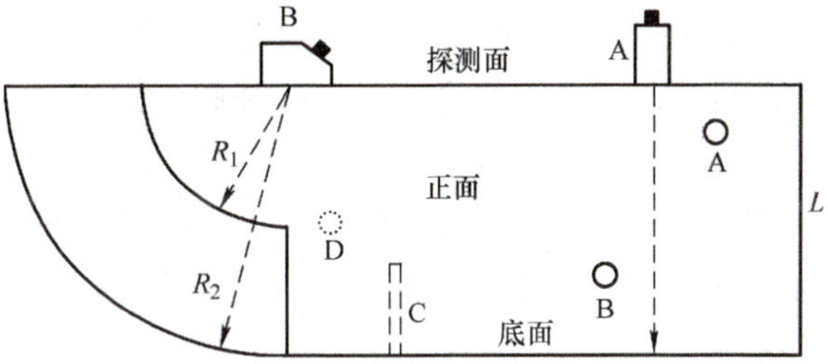

图3.21-7　测量试块中纵波和横波的声速

（1）用直探头测量试块中纵波的声速　把直探头置于探测面的A位置，如图3.21-7所示。调节示波器，显示试块底面的二次回波，如图3.21-2所示。测量回波B_1和B_2的时间差t_2-t_1，填于表3.21-2中，利用式

$$c=\frac{2L}{t_2-t_1} \tag{3.21-7}$$

计算纵波的声速。

表3.21-2　纵波速度的测量

次数	B_1和B_2波峰间距/DIV	扫描时间因数/（μs/DIV）	时间差t_2-t_1/s	厚度L/m
1				
2				

（2）用斜探头测量试块中横波的声速　把斜探头置于探测面的B位置，调节示波器，显示R_1和R_2圆弧边界反射回波，移动探头，使两个回波同时达到最大值，然后测量回波的时间差t_2-t_1，填于表3.21-3中，利用式（3.21-6）计算横波的声速，这时$L=R_2-R_1$。

表3.21-3　横波速度的测量

次数	回波波峰间距/DIV	扫描时间因数/(μs/DIV)	时间差t_2-t_1/s	半径R_1/m	半径R_2/m
1					
2					

3. 用直探头探测缺陷深度

在超声波探测中，可以利用直探头来探测较厚工件内部缺陷的位置。把直探头放置于B孔正上方的探测面附近，前后左右微动位置，观察其波形，如图3.21-8所示。

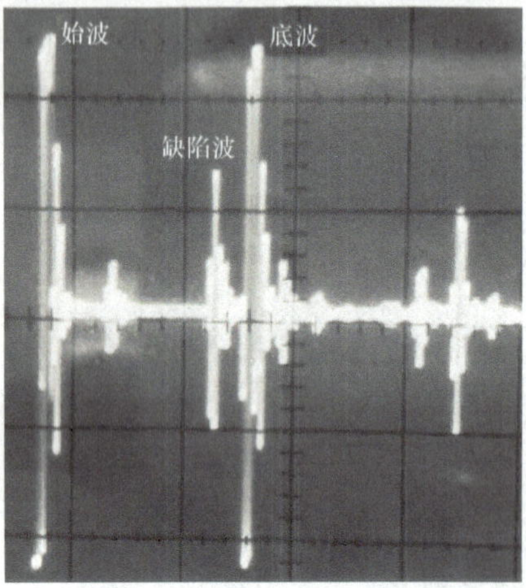

图3.21-8　直探头探测缺陷深度

对底面回波和缺陷波对应时间（深度）的测量，可以采用绝对测量方法，也可以采用相对测量方法。利用绝对测量方法时，必须首先测量（或已知）被测材料的声速。利用相对测量方法时，必须有该试块的厚度值或某处缺陷的厚度。

方法一：绝对测量法

绝对测量法是通过直接测量反射回波时间，根据声速计算出缺陷的深度（测量数据填于表3.21-4中）。

第一步：按实验内容2，测量纵波的声速；

第二步：找到B孔的最大回波；

第三步：测量底波与缺陷回波的时间；

第四步：计算缺陷深度。

表3.21-4　用绝对测量法测量缺陷的深度

次数	纵波声速 m/s	底波与缺陷波间距/DIV	扫描时间因数/(μs/DIV)	时间差t_2-t_1/s
1				
2				

方法二：相对测量法

相对测量法是先利用已知深度的反射回波进行深度标定，然后根据正比例关系计算缺陷深度（测量数据填于表 3.21-5 中）。

第一步：利用试块底面的二次回波进行深度标定；

第二步：找到 B 孔的最大回波；

第三步：从示波器上直接读出回波的刻度，根据正比例关系换算出回波对应的深度。

表 3.21-5　用相对测量法测量缺陷深度

次数	两次底面回波间距 /DIV	底波与缺陷波间距 /DIV	试块厚度 L /mm	缺陷深度 /mm
1				
2				

【注意事项】

1. 超声仪的发射接口向外发射 400V 的高压脉冲，因此它只能与探头相连，而不能与超声仪的射频、检波触发，也不能与示波器的 CH1、CH2、TRIG IN 相连，否则会损坏仪器！

2. 实验完毕，应将耦合剂擦干净。

【思考题】

1. 在波形展宽 10 倍的情况下，如何计算超声波的周期?

2. 采用绝对测量法和相对测量法探测缺陷深度，为什么要先找到缺陷的最大回波?

实验 22　铁磁材料的磁滞回线和基本磁化曲线

随着航空航天、精密仪器仪表、信息通信等高科技产业的发展，如何制备高性能的铁磁材料成为人们关注的热点。铁磁材料（铁、钴、镍、铁镍合金等）的磁性有两个特点：其一是在外磁场作用下能被强烈磁化，故介质的磁导率 μ 很高，而且磁导率随磁化场磁场强度的变化而变化；另一特征是磁滞，即磁化场作用停止后，铁磁质仍保留部分磁化状态，因而它的磁化规律很复杂。要具体了解某种铁磁材料的磁性，就必须测出它的磁化曲线和磁滞回线。

【实验目的】

1. 认识铁磁物质的磁化规律，比较两种典型的铁磁物质的动态磁化特性。

2. 测定样品的基本磁化曲线，作 B-H 曲线。

3. 测定样品的 H_c、B_r、B_m 和［$B_m \cdot H_m$］等参数。

4. 测绘样品的磁滞回线，估算其磁滞损耗。

【实验原理】

铁磁物质的特征是在外磁场作用下能被强烈磁化，且磁化场停止后，铁磁物质仍保留磁化状态，图3.22-1所示为铁磁物质的磁感应强度 B 与磁场强度 H 之间的关系曲线。

图3.22-1中的原点 O 表示磁化之前铁磁物质处于磁中性状态，当磁场 H 从零开始增加时，B 也随 H 迅速增长，当 H 增至 H_m 时，B 到达饱和值 B_m，Oa 称为起始磁化曲线。当磁场从 H_m 逐渐减小至零时，磁感应强度 B 沿曲线 ab 下降，可见 B 的变化滞后于 H 的变化，这种现象称为磁滞，磁滞的明显特征是当 $H=0$ 时 B 不为零，而保留剩磁 B_r。当磁场反向从0逐渐变至 $-H_c$ 时，磁感应强度 B 消失，H_c 称为矫顽力，它的大小反映铁磁材料保持剩磁状态的能力，线段 bc 称为退磁曲线。

图3.22-1还表明，当磁场按 $0\to H_m\to 0\to -H_m\to 0$ 次序变化时，相应的磁感应强度 B 则沿闭合曲线 $abcdefa$ 变化，这条闭合曲线称为磁滞回线。在此过程中要消耗额外的能量，并以热的形式从铁磁材料中释放，这种损耗称为磁滞损耗。可以证明，磁滞损耗与磁滞回线所围面积成正比。

应该说明，初始态为 $H=B=0$ 的铁磁材料，在交变磁场强度由弱到强依次进行磁化时，可以得到面积由小到大向外扩张的一簇磁滞回线，如图3.22-2所示。这些磁滞回线右上角顶点的连线称为铁磁材料的基本磁化曲线，由此可近似确定其磁导率 $\mu=B/H$。

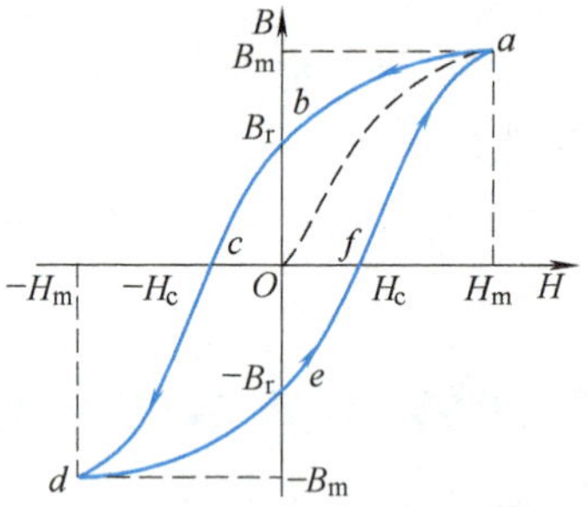

图3.22-1　铁磁质起始磁化曲线和磁滞回线

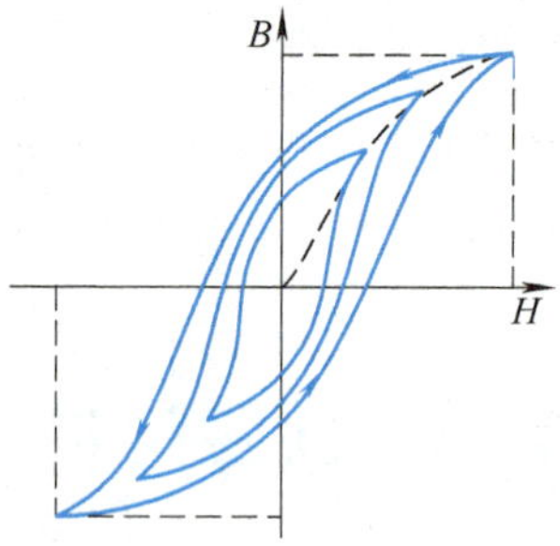

图3.22-2　同一铁磁材料的一簇磁滞回线

【实验仪器】

智能磁滞回线组合仪，分为实验仪和测试仪两部分：

1. 实验仪

实验仪上有电路板，按所给电路图连接电路板上各元件后可进行实验，用此仪器配合示波器，即可观察铁磁性材料的基本磁化曲线和磁滞回线。

样品1和样品2为尺寸相同而磁性不同的两只EI型铁心。

2. 测试仪

测试仪与实验仪配合使用，能测定铁磁材料在反复磁化过程中的 H 和 B 值，并能给出其剩磁、矫顽力、磁滞损耗等多种参数。

测试仪面板如图 3.22-3 所示，下面对测试仪使用说明做介绍。

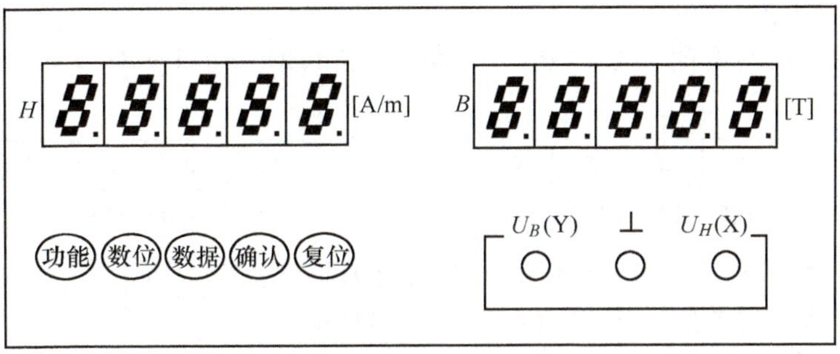

图 3.22-3　测试仪面板

（1）参数

L	待测样品平均磁路长度	$L=60\text{mm}$
S	待测样品横截面积	$S=80\text{mm}^2$
N	待测样品励磁绕组匝数	$N=50$
n	待测样品磁感应强度 B 的测量绕组匝数	$n=150$
R_1	励磁电流 i_H 取样电阻	阻值 0.5 ~ 5Ω
R_2	积分电阻	阻值 10k
C_2	积分电容	容量 20μF
U_{HC}	正比于 H 的有效值电压,供调试用	电压范围(0 ~ 1V)
U_{BC}	正比于 B 的有效值电压,供调试用	电压范围(0 ~ 1V)

（2）瞬时值 H 和 B 的计算公式

$$H=\frac{NU_H}{LR_1},\quad B=\frac{U_BR_2C_2}{nS}$$

（3）测试仪按键功能

1）“功能”键：用于选取不同的功能，每按一次键，将在数码显示器上显示出相应的功能。

2）“确认”键：当选定某一功能后，按一下此键，即可进入此功能的执行程序。

3）“数位”键：在选定某一位数码管为数据输入位后，连续按动此键，使小数点右移至所选定的数据输入位处，此时小数点呈闪动状。

4）“数据”键：连续按动此键，可在有小数点闪动的数码管输入相应的数字。

5）“复位”键（RESET）：开机后，显示器将依次巡回显示 P…8…P…8…的信号，表明测试系统已准备就绪。在测试过程中，当由于外来的干扰而出现死机现象时，应按此键，使仪器进行或恢复正常工作。

（4）测试仪操作步骤

1）所测样品的 N 与 L 值：按“复位”键后，当LED显示P…8…P…8…时，按功能键，显示器将显示：

H	N.	0	0	5	0
		千匝	百匝	十匝	个匝

B	L.	0	6	0.	0
		百毫米	十毫米	个毫米	分毫米

这里显示的 $N=50$ 匝、$L=60\text{mm}$ 为仪器事先的设定值。

2）所测样品的 n 与 S 值：按“功能”键，将显示：

H	n.	0	1	5	0
		千匝	百匝	十匝	个匝

B	S.	0	8	0.	0
		百毫米^2	十毫米^2	个毫米^2	分毫米^2

这里 $n=150$ 匝、$S=80\text{mm}$ 为仪器事先的设定值。

3）电阻 R_1 值和 H 与 B 值的倍数代号：按“功能”键，将显示：

H	r	1.	2.	5	0
			1Ω	0.1Ω	0.01Ω

B	H.	3	B.	3	
	H 与 B 值的倍数代号				

这里显示的 $R_1=2.5\Omega$、H 与 B 值的倍数代号为仪器事先的设定值。

注：H 与 B 值的倍数是指其显示值需乘上的倍数。

	倍数代号	倍数及单位		倍数代号	倍数及单位
H 值倍数	1	$\times 10\text{A/m}$	B 值倍数	1	$\times 10^{-1}\text{T}$
	2	$\times 10^2\text{A/m}$		2	$\times 1\text{T}$
	3	$\times 10^3\text{A/m}$		3	$\times 10\text{T}$
	4	$\times 10^4\text{A/m}$		4	$\times 10^2\text{T}$
	5	$\times 10^5\text{A/m}$		5	$\times 10^3\text{T}$

4）电阻 R_2、电容 C_2 值：按“功能”键，将显示：

H	r	2.	1	0.	0
			10k	1k	0.1k

B	C	2.	2	0.	0
			10μF	1μF	0.1μF

这里显示的 $R_2=10\text{k}\Omega$、$C_2=20\mu\text{F}$ 为仪器事先的设定值。

5）定标参数显示（仅作调试用）：按“功能”键，将显示：

H		U.	H	C	

B		U.	B	C	

按“确认”键，将显示 U_{HC} 和 U_{BC} 电压值。

6）显示每周期采样的总点数和测试信号的频率：按“功能”键，将显示：

H		n.			

B		F.			

按“确认”键，将显示出每周期采样的总点数 n 和测试信号的频率 f。

7）数据采样：按“功能”键，将显示：

H		H.		B.		*B*	t	e	s	t	

按“确认”键后，仪器将按步骤6）所确定的点数对磁滞回线进行自动采样，显示器显示为

H	·	·	·	·	·	*B*	·	·	·	·	·

若测试系统正常，稍等片刻后，显示器将显示“GOOD”，即可进入下一步程序操作。如果显示器显示“BAD”，表明系统有误，按“功能”键，重新进行数据采样。

8）显示磁滞回线采样点 H 与 B 的值：连续按两次“功能”键，将显示：

H	H.	S	H	O	W.	*B*	B.	S	H	O	W.

每按二次“确认”键，将显示曲线上一点的 H 与 B 值（第一次显示采样点的序号，第二次显示该点的 H 与 B 值），采样总点数参照步骤6），H 与 B 值的倍数参照步骤3）。

9）显示磁滞回线的矫顽力 H_c 剩磁 B_r：按“功能”键，将显示：

H		H	c.			*B*		B	r.		

按“确认”键，将按步骤3）所确定的倍数显示出 H_c 与 B_r 之值。

10）显示样品的磁滞损耗：按“功能”键，将显示：

H			A.	=		*B*		H.	B.		

按“确认”键，将按步骤3）所确定的单位显示样品磁滞回线的面积。

11）显示 H 与 B 的最大值 H_m 与 B_m：

H	Hm.					*B*	Bm.				

注：“Hm”“Bm”在测试仪上显示为“Hn”“Bn”。

按“确认”键，将按步骤3）所确定的倍数显示出 H_m 与 B_m 值。

【实验内容】

1. 电路连接：选样品1按实验仪上所给的电路图连接线路，并令 $R_1=2.5\Omega$，“U 选择”置于0位。U_H 和 U_E（即 U_1 和 U_2）分别接示波器的“X 输入”和“Y 输入”，插孔“⊥”为公共端。

2. 样品退磁：开启实验仪电源，即顺时针方向转动“U 选择”旋钮，令 U 从0增至3V，然后将 U 从最大值降为0，其目的是消除剩磁，如图3.22-4所示。

3. 观察磁滞回线：开启示波器电源，令光点位于坐标网格中心，令 $U=2.2\text{V}$，使显示屏上出现图形大小合适的磁滞回线。若图形顶部出现编织状的小环，如图3.22-5所示，这时可降低励磁电压 U 予以消除。

4. 观察基本磁化曲线，从 $U=0$ 开始，逐档提高励磁电压，将在显示屏上得到面积由小

到大、一个套一个的一簇磁滞回线。这些磁滞回线右上角顶点的连线就是样品的基本磁化曲线，借助长余辉示波器，便可观察到该曲线的轨迹。

5. 测绘 $\mu-H$ 曲线：依次测定 $U=0.5\text{V}$，1.0V，…，3.0V 时的10组 H_m 和 B_m 值，作 $\mu-H$ 曲线。

6. 令 $U=3.0\text{V}$，$R=2.5\Omega$，测定样品1的 H_c，B_r，$[B_m \cdot H_m]$ 和 B_m 等参数。

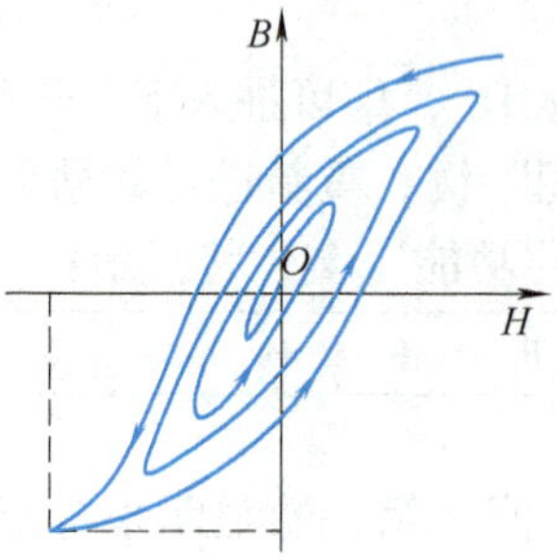

图3.22-4　退磁示意图

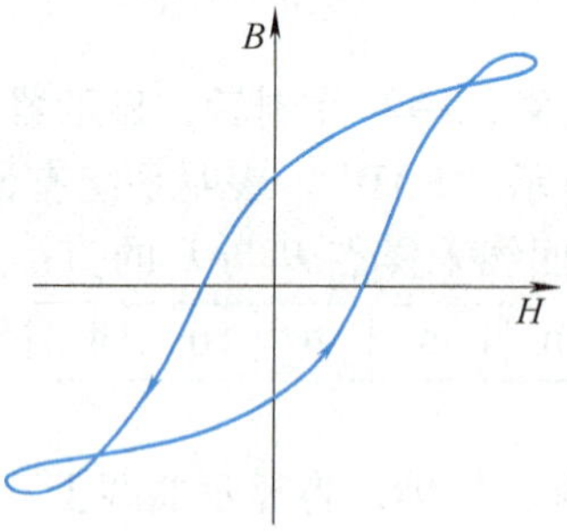

图3.22-5　U 和 B 的相位差等因素引起的畸变

7. 取步骤6中的 H 和其相应的 B 值，用坐标纸绘制 $B-H$ 曲线（如何取数，取多少组数据，自行考虑），并估算曲线所围的面积。

实验记录用表为表3.22-1和表3.22-2。

表3.22-1　基本磁化曲线与 $\mu-H$ 曲线

U/V	$H/(\times 10^4\text{A/m})$	$B/(\times 10^2\text{T})$	$\mu=B/H/(\text{H/m})$
0.5			
1.0			
1.2			
1.5			
1.8			
2.0			
2.2			
2.5			
2.8			
3.0			

表 3.22-2　$B-H$ 曲线

H_c = ________，B_r = ________，[BH] = ________，B_m = ________

	$H/(10^4 A/m)$	$B/(10^2 T)$		$H/(10^4 A/m)$	$B/(10^2 T)$
1			15		
2			16		
3			17		
4			18		
5			19		
6			20		
7			21		
8			22		
9			23		
10			24		
11			25		
12			26		
13			27		
14			28		

【思考题】

1. 实验中引起误差的主要原因是什么？
2. 为什么要消磁？如何消磁？
3. 磁滞回线有哪些主要性能参数？

实验 23　迈克耳孙干涉仪的调节与使用

迈克耳孙干涉仪是由美国物理学家迈克耳孙和莫雷合作设计制造的精密光学仪器，但实验中得到否定性的结果。这一结果动摇了经典物理学基础，为狭义相对论的建立提供了实验依据。迈克耳孙和莫雷实验为我们充分展示了实事求是的科学精神，体现″实践是检验真理的唯一标准″的唯物主义思想。用迈克耳孙干涉仪可以高精度地测量微小长度、光的波长、透明体的折射率、光源的相干长度等。后人利用该仪器原理研制出多种专用干涉仪，这些干涉仪在近代物理和近代计量技术中被广泛应用。迈克耳孙因在“精密光学仪器和用这些仪器进行光谱学的基本量度”研究中的卓著成绩，获得 1907 年度诺贝尔物理学奖，他也是美国历史上第一位获得诺贝尔物理学奖的自然科学家。

【网络资源】

本实验教学资源见学习通“迈克耳孙干涉仪的调节与使用”实验。

【实验目的】

1. 了解迈克耳孙干涉仪的光学结构及干涉原理。

2. 掌握迈克耳孙干涉仪的调节和使用方法。

3. 学习用迈克耳孙干涉仪测量单色光波长的方法。

【实验原理】

1. 迈克耳孙干涉仪的结构与光路

（1）结构　图3.23-1是迈克耳孙干涉仪的结构简图。

反射镜M_1随着精密丝杆转动可沿导轨前后移动，称为移动反射镜；反射镜M_2固定在仪器架上，称为固定反射镜；M_1与M_2的镜架背面各有三个调节螺钉3，可调节镜面的倾斜度；与M_2镜架连接的有垂直方向和水平方向两个拉簧螺钉5和6，利用拉簧的弹性可以比较精细地调节M_2镜面的方位。确定M_1位置的是三处读数装置，即导轨侧面的毫米刻度尺和两个调节手轮上的百分度盘。粗调手轮8的百分度盘其最小刻度是0.01mm，9为读数窗口；微调手轮7的百分度盘其最小刻度是0.0001mm，可估读到0.00001mm，因此，这种干涉仪的测量精度可达到10^{-5} mm。

（2）光路　迈克耳孙干涉仪光路如图3.23-2所示。从扩展光源S的某点发出的光被平面玻璃板G_1（称为分光板）的半反射镜面A（镀有一层银膜）分成互相垂直的两部分光束1和2，光束1经过平面镜M_1反射，再透过A向E方向传播；光束2经平面镜M_2反射，再经A反射向E方向传播。这两束光互相平行，在E处成像于透镜焦平面上或进入观测者的眼睛。G_2称为补偿板，如果没有G_2的存在，经过M_1镜反射的光束1在G_1中通过3次，而经过M_2镜反射的光束2在G_1中仅通过1次。为了弥补这一光程差，把一块材料和厚度与G_1完全相同的平面平行玻璃板G_2以与G_1严格平行的位置加到光束2的光路上，起弥补光束2光程的作用。这样再计算光束1和光束2的光程差时，只需考虑二者在空气中的几何路程差，无须计算它们在分光板中的光程。

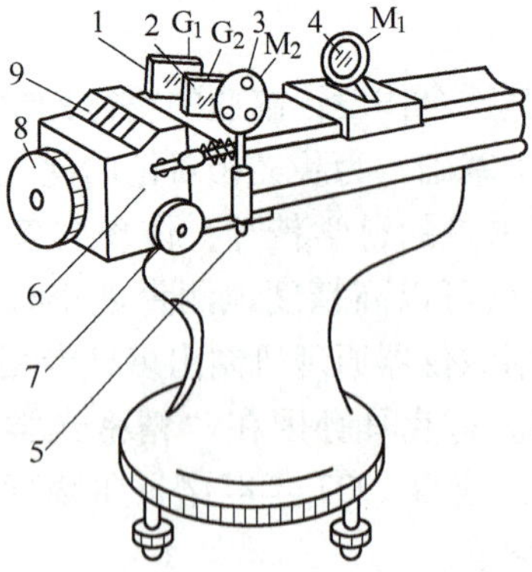

图3.23-1　迈克耳孙干涉仪结构简图

1—分光板　2—补偿板　3—调节螺钉　4—反射镜

5、6—拉簧螺钉　7—微调手轮　8—粗调手轮　9—读数窗口

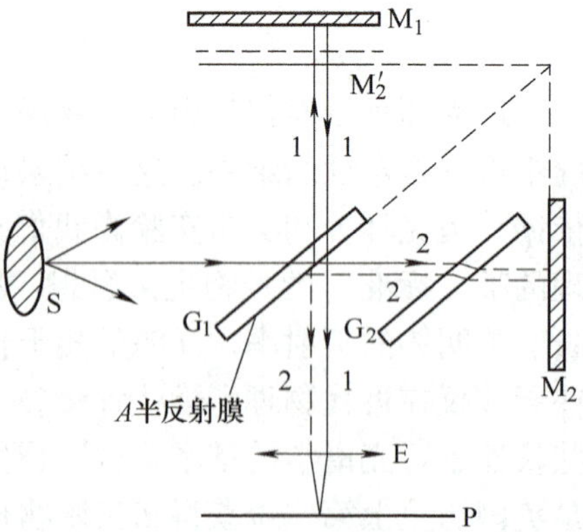

图3.23-2　迈克耳孙干涉仪光路图

观测者在E处向G_1看，不仅能看到M_1镜，还能看到被G_1反射的M_2的虚像M_2'，光束2就好像是从M_2'反射而来的。显然，光线经过M_2反射到达E点的光程与经过M_2'反射到达E点的光程严格相等，故在P处观察到的干涉现象可以认为是由于M_1和M_2'之间的空气薄

膜产生的。

迈克耳孙干涉仪的优点之一就是它的光路布置得非常巧妙。两束光一束走东西，一束走南北，互不干扰，便于布置其他光学部件来进行特殊实验。

2. 等倾干涉图样的形成和单色光波长的测量

当 M_1 和 M_2'平行时（即 M_1 与 M_2 垂直时），入射角为 i 的光线经 M_1 和 M_2 反射形成的光束 1 和 2 互相平行，在无穷远处相交。若在 E 处放置一凸透镜（或直接用眼睛观看）光屏 P，则两束光汇聚在焦平面上而形成干涉图像。

如图 3.23-3 所示，这两束光的光程差为

$$\Delta = AB + BC - AD = \frac{d}{\cos i} + \frac{d}{\cos i} - AC \cdot \sin i = \frac{2d}{\cos i} - 2d\tan i \cdot \sin i$$

所以

$$\Delta = 2d\cos i \tag{3.23-1}$$

当 M_1 和 M_2'的距离 d 一定时，所有入射角相同的光束都具有相同的光程差，干涉情况完全相同。由光源 S 发出的相同倾角的光线将汇聚于焦平面以光轴为中心的圆周上，从而形成等倾干涉条纹。由于光源发出各种倾角的发散光，因而在焦平面上形成明暗相间的同心圆环。第 n 级明环的形成条件是

$$\Delta = 2d\cos i = n\lambda \tag{3.23-2}$$

当 d 一定时，i 越小，$\cos i$ 越大，n 就越大，干涉的级数就越高。

干涉条纹的圆心处是平行于透镜光轴的光的汇聚点，$i=0$。由式（3.23-2）可知，其干涉条纹具有最高的级数，由圆心向外逐次降低。

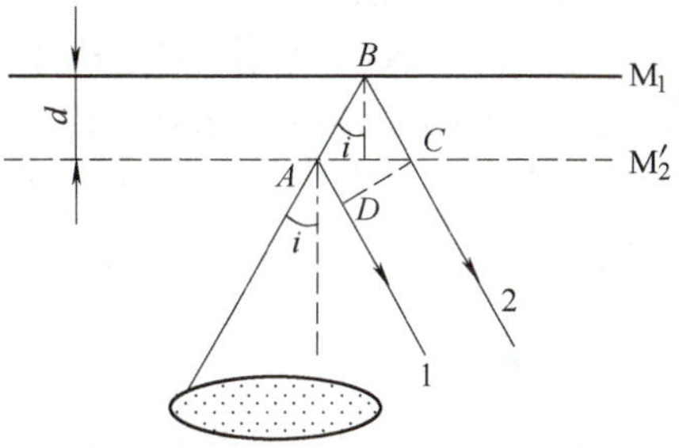

图 3.23-3　等倾干涉光路图

移动 M_1 的位置，使 d 逐渐增大，对于 n 级亮环而言，$\cos i$ 应逐渐减小，对应的 i 变大，即该亮环的半径将逐渐变大。连续增大 d，观察者将看到干涉环一个接一个地由中心“冒”出来；反过来，使 d 逐渐减小时，便会观察到干涉环一个接一个地向中心“缩”进去。对于圆心处的条纹来说，由于 $i=0$，由式（3.23-2）有

$$d = \frac{n\lambda}{2} \tag{3.23-3}$$

该式表明，每“缩”或“冒”出一个干涉环，对应于 M_1 被移近或移远的距离为半个波长。若观察到 Δn 个干涉环变化，则 M_1 与 M_2'的距离 d 变化了 Δd，由式（3.23-3）有

$$\Delta d = \frac{\Delta n\lambda}{2}$$

或

$$\lambda = \frac{2\Delta d}{\Delta n} \tag{3.23-4}$$

由此关系式可知，只要测出 M_1 移动的距离 Δd，并数出“缩”进或“冒”出的干涉环数目 Δn，便可算出单色光的波长 λ。

3. 等厚干涉条纹的形成

如果 M_1 与 M_2 和反射面 A 距离大致相等但不精确垂直，而是存在一个很小的夹角 θ，那么 M_1 与 M_2' 之间便形成劈形空气膜，可用眼睛观察到定域在劈形膜附近的等厚干涉条纹。

如图 3.23-4 所示，由扩展光源 S 发出的不同的两条光线 1 和 2，经 M_1 和 M_2' 反射后在 M_1 附近相交，其光程差为

$$\Delta = 2d\cos i = 2d\left(1 - 2\sin^2 \frac{i}{2}\right) \approx 2d\left(1 - \frac{i^2}{2}\right) = 2d - di^2 \tag{3.23-5}$$

可见，当 M_1 和 M_2' 的夹角一定时，在不同厚度处，相干光的光程差也不相同。而在同一厚度的各点，干涉条件完全一样，从而形成等厚干涉条纹。

当 M_1 与 M_2' 相交时，在交线上 $d=0$，所以 $\Delta=0$，但光线 1 在 A 面反射时有半波损失，使两条相干光出现了半个波长的光程差，故在交线上出现了暗条纹，称为中央条纹。在交线两侧是两个劈尖干涉，当 i 很小时，di^2 可以忽略，光程差 $\Delta=2d$，使干涉条纹近似成为平行于中央条纹的直线形。离交线越远处，di^2 影响增大，条纹发生弯曲，并指向中央条纹，离交线越远，条纹越弯曲。

由于干涉条纹的明暗程度取决于光程差 Δ 与光源波长的关系，当用白光做光源时，各波长的光产生的干涉条纹相互重叠；只有中央（零级）条纹两侧看到几条彩色平直条纹。

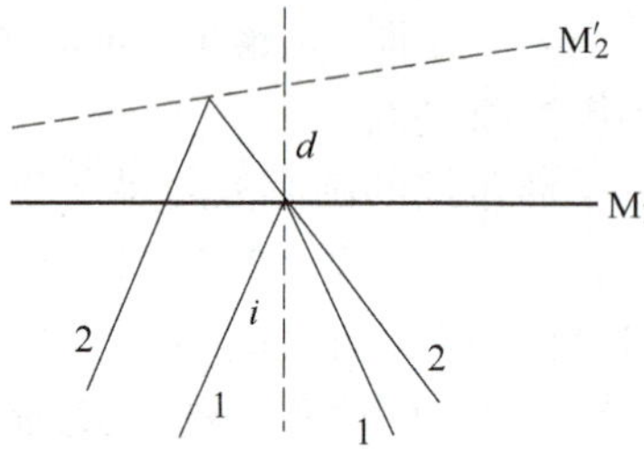

图 3.23-4　等厚干涉光路图

【实验仪器】

迈克耳孙干涉仪、多束光纤 He-Ne 激光器等。

【实验内容】

1. 调节迈克耳孙干涉仪，观察等倾干涉条纹

调节干涉仪底座的三个螺钉，使干涉仪的导轨大致水平；调节粗调手轮，使 M_1、M_2 至分光板镀膜面的距离大致相等，并使移动镜大致移至导轨 33mm 刻度附近；调节拉簧螺钉 5、6，使其拉簧松紧适中。然后，调节激光管，使其发射的激光束从分光板 G_1 中央穿过，并垂直射向反射镜 M_2，此时应能看到有一束光沿原路退回。

透过分光板可以看到由 M_1，M_2 反射过来的两排光点。调节 M_1，M_2 背面的三个螺钉，使两排光点靠近并使中间两个最亮的光点重合。这时 M_1 与 M_2 大致垂直（M_1 与 M_2' 大致平行）。装上观察屏，能从屏上看到一组弧形干涉条纹。仔细调节拉簧螺钉，当 M_1 与 M_2' 严格平行时，弧形条纹变成圆形条纹。

转动微调手轮使 M_1 前后移动，可看到干涉条纹的“冒出”或“缩进”。当 M_1 位置改

变时，仔细观察干涉条纹的粗细和疏密，以及与 d 的关系。

2. 测量 He-Ne 激光器发出的激光波长

1）测量前先按以下方法校准手轮刻度的零位。先以逆时针方向转动微调手轮，使读数准线对准零刻度线；再以逆时针方向转动粗调手轮，使读数准线对准某条刻度线。

当然，也可以都以顺时针转动手轮来校准零位。但应注意：测量过程中的手轮转向应与校准过程中的转向一致。

2）按校零方向转动微调手轮（改变 d 值），可以看到一个一个干涉环从环心"冒出"（或"缩进"）。当干涉环中心最亮时，记下活动镜 M_1 的位置 d，然后，继续沿同一方向慢慢转动微调手轮，每当"冒出"（或"缩进"）50 个干涉环时记下 M_1 的位置 d_i，连续测量 450 个干涉环，把数据记录在表 3.23-1 中，用逐差法进行数据处理。

表 3.23-1　测量数据表　（单位：mm）

N	$d_i(i=0,1,\cdots,4)$	N	$d_i(i=5,6,\cdots,9)$	Δd	λ
0		250			
50		300			
100		350			
150		400			
200		450			

3. 数据处理

1）算出测量值的平均值 $\overline{\lambda}$，

$$\lambda_i=\frac{2\Delta d}{250},\quad \overline{\lambda}=\frac{\sum\lambda_i}{5}$$

2）估算测量值的不确定度 U_λ，

$$U_\lambda=t\,S_{\overline{\lambda}}=t\sqrt{\frac{\sum(\lambda_i-\overline{\lambda})^2}{n(n-1)}}$$

式中，$n=5$，查表 1.3-1，可得修正因子 $t=2.78$。

3）测量结果表达形式为

$$\lambda=\overline{\lambda}\pm U_\lambda$$

$$U_r=\frac{U_\lambda}{\overline{\lambda}}\times100\%$$

【注意事项】

1. 迈克耳孙干涉仪是精密光学仪器，绝对不能用手触摸玻璃的反光面。
2. 调节 M_1，M_2 背面的螺钉及 M_2 的拉簧微调时均应缓慢旋转。
3. 不要用眼睛直接观看激光器发出的激光，以免损伤眼睛。
4. 在测量过程中要避免回程误差。
5. 测量中不要随意走动和大声喧哗，以免引起震动进而影响实验。

【思考题】

1. 根据迈克耳孙干涉仪的光路，说明各光学元件的作用。
2. 结合实验调节中观察到的现象，总结迈克耳孙干涉仪调节的要点。
3. 怎样用迈克耳孙干涉仪测量微小长度？若 He-Ne 激光器发出的激光波长 $\lambda=632.8\mathrm{nm}$，实验中数出“冒”出的圆环数 $\Delta n=100$，求 Δd。

实验 24　利用超声光栅测声速

当超声波（纵波）在介质中传播时，其声压使介质产生弹性应力或应变，导致介质密度的空间分布产生疏密相间的周期性变化，从而使介质折射率也相应地做周期性变化。此时，若有平行光垂直于超声波传播方向通过这种疏密相间的（透明）介质，就会像通过光栅一样发生衍射。

利用超声光栅可以测量超声波在介质中的传播速度。这种方法具有设备简单、操作方便、测量精度高等优点，已开始应用于生产和科学研究中。通过学习物理实验的研究方法和技术手段，培养学生的思维能力，形成科学的世界观。

【网络资源】

本实验教学资源见学习通“利用超声光栅测声速”实验，有实验设备简介视频、实验原理视频、利用超声光栅测声速视频、预习要求等。

【实验目的】

1. 了解超声光栅的产生原理。
2. 学习测量液体中声速的另一种方法。

【实验原理】

1. 超声光栅的形成

如图 3.24-1 所示，在透明液体中，一束超声波沿 OY 方向传播，另一束平行光垂直于超声波传播方向沿 OX 方向入射到液体中。当光波从液体中射出时，就会产生衍射现象。

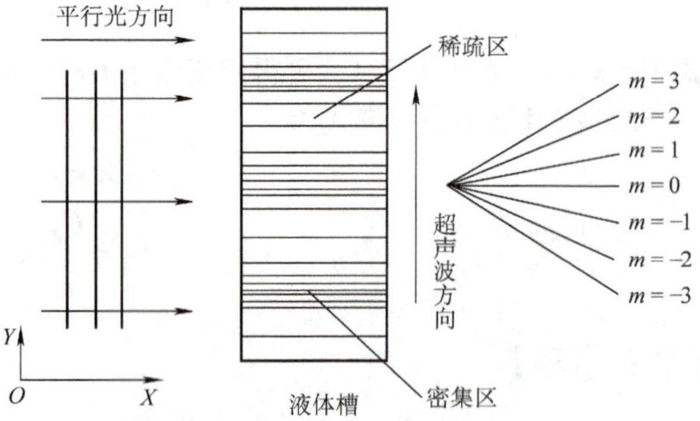

图 3.24-1　超声光栅衍射示意图

实验中让超声波被一个平面反射，在一定条件下，入射波与反射波叠加形成超声频率的纵向振动驻波。由于驻波的振幅可以达到单一入射波的两倍，从而加剧了液体的疏密变化程度，使衍射效果更明显。

图 3.24-2 所示为超声波通过装有透明液体的长方形槽时，液体疏密分布和折射率 n 的

变化情况。某时刻 t，纵驻波节点 2（4）两边的质点都涌向这个节点，使节点 2（4）附近成为质点密集区，而相邻的节点 1（3，5）附近为质点稀疏区。半个周期（$t+T/2$）后，节点 2（4）附近的质点又向两边散开，由密集区变为稀疏区，而相邻的节点 1（3，5）附近变为密集区。

在这种驻波中，稀疏区液体折射率小，而密集区液体折射率大。在距离 A 等于超声波波长 $\lambda_{超}$ 的两点，液体的密度相同，折射率也相等。

当波长为 λ 的平行光沿垂直于超声波传播方向通过疏密相间的液体时，经透镜聚焦出现衍射条纹。这种现象与平行光通过透射光栅的情形相似。因为超声波的波长很短，只要液体槽的宽度（τ）能够维持平面波，槽中的液体就相当于一个衍射光栅，平行光就会像通过光栅那样发生衍射。

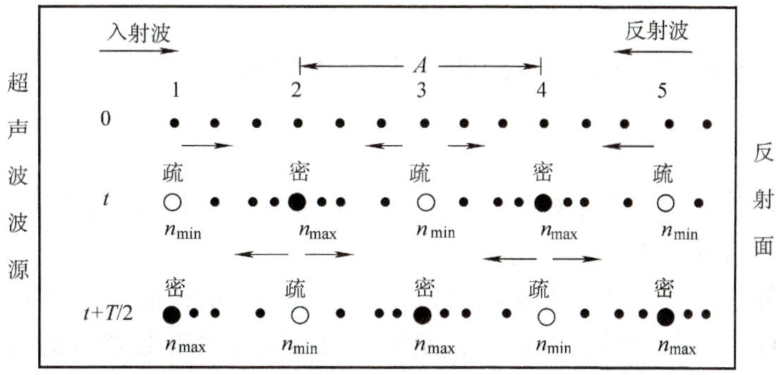

图 3.24-2　液体疏密分布和折射率 n 的变化情况

这种载有超声的透明液体称为超声光栅，光栅常数等于超声波波长 $\lambda_{超}$。

2. 超声光栅的衍射原理

当满足声光喇曼-奈斯衍射条件 $2\pi\lambda\tau/A^2 << 1$ 时，这种衍射与平面光栅衍射相似，满足如下光栅方程：

$$A\sin\varphi_k = k\lambda \tag{3.24-1}$$

式中，k 为衍射级次；φ_k 为零级与 k 级间夹角。

3. 用超声光栅衍射测量声速的原理

超声光栅衍射光路如图 3.24-3 所示。在调好的分光计上，由单色光源、可调狭缝 S 和平行光管中的会聚透镜 L_1 组成平行光系统。让光束垂直通过装有锆钛酸铅陶瓷片（简称 PZT 晶片）的透明液体槽，在槽的另一侧，用自准直望远镜中的物镜 L_2 和测微目镜组成测微望远系统。若振荡器使 PZT 晶片发生超声振动，形成稳定的驻波，则从测微目镜即可观察到衍射光谱。

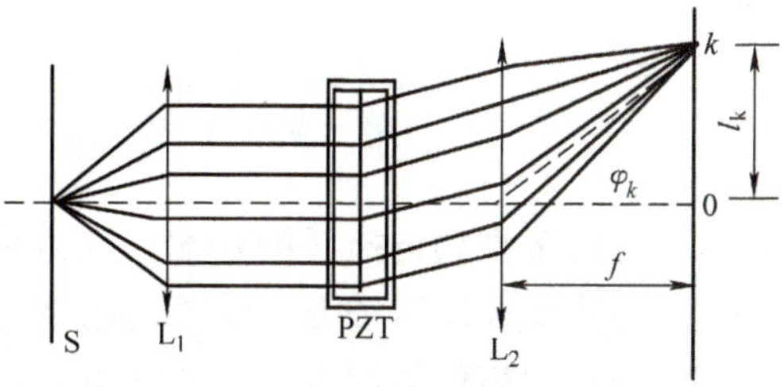

图 3.24-3　超声光栅仪衍射光路图

从图 3.24-3 可以看出，当 φ_k 很小时，有

$$\sin\varphi_k \approx \tan\varphi_k = \frac{l_k}{f} \tag{3.24-2}$$

式中，l_k 为衍射光谱零级至 k 级的距离；f 为透镜焦距。由式（3.24-1）和式（3.24-2）得

超声波的波长

$$A=\frac{k\lambda}{\sin\varphi_k}=\frac{k\lambda f}{l_k} \tag{3.24-3}$$

由式（3.24-3）得同一单色光衍射条纹间距，为

$$\Delta l_k=\frac{\lambda f}{A}$$

设 ν 为振荡器和锆钛酸铅陶瓷片的共振频率，则超声波在液体中的传播速度为

$$u=A\nu=\frac{\lambda f\nu}{\Delta l_k} \tag{3.24-4}$$

【实验仪器】

超声信号源、分光计、液体槽、测微目镜、锆钛酸铅陶瓷片。

【实验内容】

1. 按分光计调节要求，调节好分光计。注意看清分划板刻线和狭缝像。

2. 采用低压汞灯作为光源。

3. 将待测液体注入液体槽，液面高度以液体槽侧面的液体高度刻线为准。

4. 将液体槽座卡在分光计载物台上，使槽座边的缺口对准载物台侧面锁紧螺钉的位置，并将锁紧螺钉锁紧。

5. 如图 3.24-4 所示，将液体槽平稳地放在液体槽座中。放置时，转动载物台使液体槽两侧表面基本垂直于望远镜和平行光管的光轴。

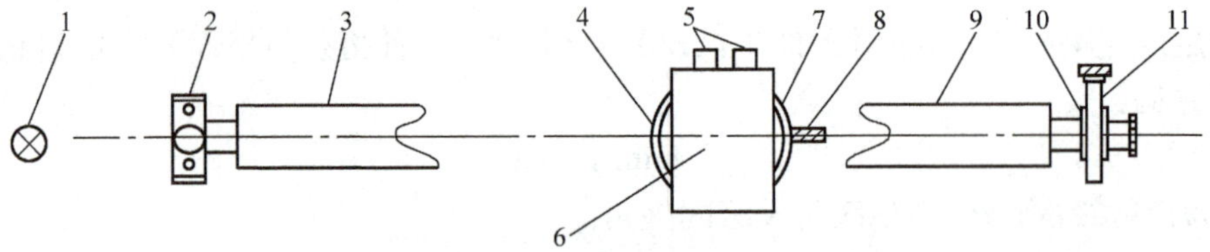

图 3.24-4　实验装置示意图

1—单色光泽　2—狭缝　3—平行光管　4—载物台　5—接线柱　6—液体槽　7—液体槽座　8—锁紧螺钉　9—望远镜光管　10—接筒　11—测微目镜

6. 将两条高频连接线的一端插入液体槽盖板的接线柱上，另一端插入高频信号源（其面板示意图如图 3.24-5 所示）的输出端，然后将液体槽盖板盖在液体槽上。

7. 开启超声信号源电源，从阿贝目镜观察衍射条纹。仔细调节频率微调钮 2，使电振荡频率与锆钛酸铅陶瓷片固有频率相同。此时达到共振状态，其表现是，衍射光谱的级次会显著增多且更为明亮。

8. 左右转动液体槽（可转动分光计载物台或游标盘，细微转动时，可通过调节分光计结构图 2.12-1 中螺钉 15 来实现），使射于液体槽的平行光束完全垂直于超声波。同时观察视场内的衍射光谱左右级次亮度及对称性，直到从目镜中观察到稳定而清晰的左右各 3 级衍射条纹为止。

9. 取下阿贝目镜，换上测微目镜，调节目镜至能清晰地观察到衍射条纹。利用测微目镜逐级测量各级（例如：-2，-1，0，+1，+2，+3,）光谱的位置，再用逐差法求各单色光条纹间距的平均值$\overline{\Delta l_k}$。

10. 根据公式 $u=\dfrac{\lambda f \nu}{\Delta l_k}$计算利用三种不同波长光测得的声速并求其平均值 $\bar{u}$。

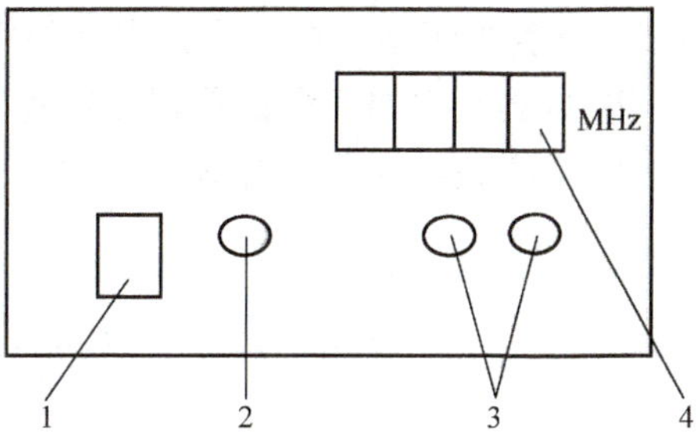

图 3.24-5　超声信号源面板示意图
1—电源开关　2—频率微调钮
3—高频信号输出端
4—频率显示窗

【数据记录与处理】

1. 记录超声信号源电振荡频率 ν，并填入表 3.24-1 中。
2. 记录超声光栅各级光谱的位置，并填入表 3.24-1 中。

表 3.24-1　超声光栅光谱线的位置分布

电振荡频率 ν =　　　MHz　（单位：mm）

级 色	-2	-1	0	1	2	3
黄						
绿						
紫						

3. 用逐差法求各单色光衍射条纹的平均间距$\overline{\Delta l_k}$，并将数据填入表 3.24-2 中。

表 3.24-2　衍射条纹的平均间距$\overline{\Delta l_k}$　（单位：mm）

级差 色	l_1-l_{-2}	l_2-l_{-1}	l_3-l_0	$\overline{\Delta l_k}$
黄				
绿				
紫				

4. 计算利用三种不同波长光测得的声速 u，并求其平均值$\bar{u}$。

已知：望远镜物镜焦距f = 170mm。汞灯紫光波长 435.8nm。绿光波长 546.1nm。黄光波长 578.0nm。

【注意事项】

1. 实验中避免震动液体槽，测量时不能触碰连接液体槽盖板和高频信号源的两条导线。
2. 陶瓷片表面与对应液体槽壁表面必须平行。为此，要将其上盖盖平，实验时微微扭动一下上盖，有时可明显改善衍射效果。
3. 实验后要及时关闭电源，超声信号源工作时间不能超过 1h。
4. 不要触摸液体槽两侧表面的通光部分，以免污染。
5. 实验后将液体倒出，以备下次再用。

【思考题】

1. 在实验时，声速仪的频率应调整到 PZT 晶片的共振频率，这样，衍射条纹才会显著增多，且更为明亮；在调节频率过程中，衍射条纹会有怎样的变化？为什么？

2. 本实验中如何保证平行光束垂直于声波方向？

3. 本实验能否用钠灯作为光源？

实验25　太阳能电池的特性与应用研究

太阳能是一种新型、清洁、“绿色”的能源，对太阳能的充分利用可以解决人类日趋增长的能源需求问题。目前，太阳能的利用主要集中在热能和光伏发电两方面。

太阳能电池（solar cells）也称为光伏电池，是将太阳辐射能直接转换成电能的器件。由这种器件封装成太阳能电池组件，再按需要将一块以上的组件组合成一定功率的太阳能电池方阵，经与储能装置、测量控制装置及直流－交流变换装置等相配套，即构成太阳能电池发电系统，也称为光伏发电系统。它具有不消耗常规能源、无转动部件、寿命长、维护简单、使用方便、功率大小可任意组合、无噪声、无污染、无枯竭危险、不受资源分布地域的限制等优点。

太阳能电池应用广泛，除用于人造卫星和航空航天领域外，在众多民用领域也有许多应用，如太阳能发电站、太阳能电话通信系统、太阳能卫星地面接收站、太阳能微波中继站、太阳能汽车、太阳能手表、太阳能计算机等。太阳能电池的研究与开发越来越受到世界各国的广泛重视。国家可持续发展需要象太阳能等绿色能源的开发利用，因此推广太阳能电池发电技术的应用值得引起大家的重视。

【网络资源】

本实验教学资源见学习通“太阳能电池的特性与应用研究”实验，有实验仪器介绍视频、暗伏安特性测量视频、开路电压短路电流与光强关系测量视频、太阳能电池输出伏安特性测量视频等。

【实验目的】

1. 了解太阳能发电系统的组成及工程应用。
2. 测量太阳能电池的暗伏安特性。
3. 测量太阳能电池的开路电压、短路电流与光强之间的关系。
4. 测量太阳能电池输出伏安特性。
5. 了解太阳能电池对储能装置两种充电方式的特性。
6. 了解太阳能发电并网中 DC－AC 逆变方式。

【实验原理】

1. 太阳能电池的原理及结构

太阳能电池利用半导体 PN 结受光照射时的光伏效应发电，太阳能电池的基本结构就是一个大面积平面 PN 结，如图 3.25-1 所示。

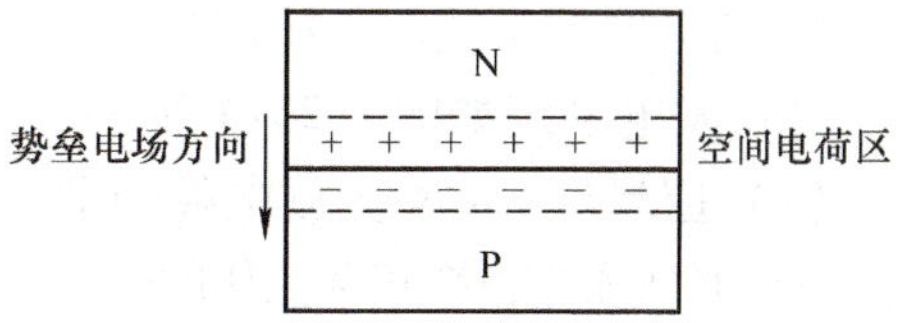

图 3.25-1　PN 结示意图

P 型半导体中有相当数量的空穴，几乎没有自由电子。N 型半导体中有相当数量的自由电子，几乎没有空穴。当两种半导体结合在一起时，N 区的电子向 P 区扩散，P 区的空穴向 N 区扩散，它们扩散的结果就使 P 区一边失去空穴，留下了带负电的杂质离子，N 区一边失去电子，留下了带正电的杂质离子。半导体中的离子不能任意移动，因此不参与导电。这些不能移动的带电粒子在 P 区和 N 区交界面附近形成了一个很薄的空间电荷区与势垒电场，就是所谓的 PN 结。在空间电荷区内，几乎没有能导电的载流子，又称为结区或耗尽区。势垒电场会使载流子向扩散的反方向做漂移运动，最终扩散与漂移达到平衡，使流过 PN 结的净电流为零。

当光照射在 PN 结时（光子能量大于半导体的禁带宽度），在 P 区、N 区和结区，光子被吸收产生电子 - 空穴对。在 P 区、N 区产生的载流子扩散到结界面处，其中扩散载流子（空穴）在势垒电场的作用下被拉向 P 区。同样，载流子（电子）也会被势垒电场迅速拉向 N 区。结区内产生的电子 - 空穴对在势垒电场的作用下分别移向 N 区和 P 区。如果外电路处于开路状态，那么这些光生电子和空穴积累在 PN 结附近，使 P 区获得附加正电荷，N 区获得附加负电荷，这样，在 PN 结上产生一个光生电动势，这一现象称为光伏效应（Photo-Voltaic Effect，PVE），若将 PN 结两端接入外电路，就可向负载输出电能。

2. 太阳能电池特性的表征参数

在一定的光照条件下，改变太阳能电池负载电阻的大小，测量其输出电压与输出电流，得到输出伏安特性，如图 3.25-2 中实线所示。

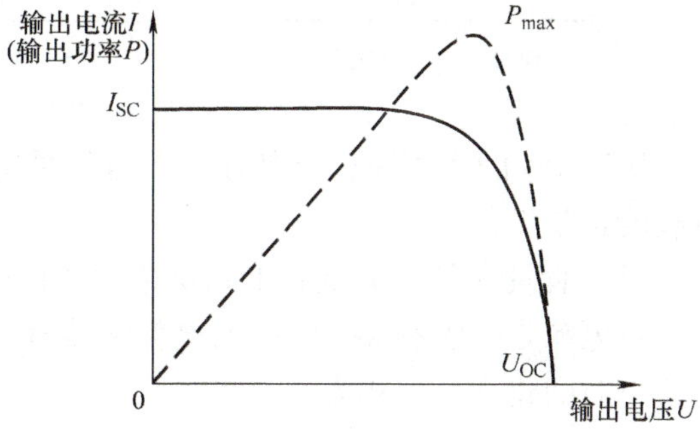

图 3.25-2　太阳能电池的输出特性

负载电阻为零时测得的最大电流 I_{SC} 称为短路电流。负载断开时测得的最大电压 U_{OC} 称为开路电压。

太阳能电池的输出功率为输出电压与输出电流的乘积。同样的电池及光照条件，负载电阻大小不一样时，输出的功率是不一样的。若以输出电压为横坐标，输出功率为纵坐标，绘出的 $U-P$ 曲线如图 3.25-2 虚线所示。

输出电压与输出电流的最大乘积值称为最大输出功率 P_{max}。

填充因子 FF 定义为

$$FF=\frac{P_{max}}{U_{OC}I_{SC}}$$

填充因子是表征太阳能电池性能优劣的重要参数，其值越大，电池的光电转换效率越高，一般的硅光电池 FF 值在 0.75 ~ 0.8。

理论分析及实验表明，在不同的光照条件下，短路电流随入射光功率近似线性增长，而开路电压在入射光功率增加时只略微增加，如图 3.25-3 所示。

3. 光伏发电系统的组成部分介绍

光伏发电系统如图 3.25-4 所示。

（1）控制器　又称充放电控制器，起着保护蓄电池及整个光伏发电系统正常工作的作用。

本系统为训练学生能力，由学生自己完成各种测量线路连接，进行充放电实验及带负载实验，没配备控制器。

（2）DC－DC　为直流电压变换电路，最基本的 DC－DC 变换电路如图 3.25-5 所示。

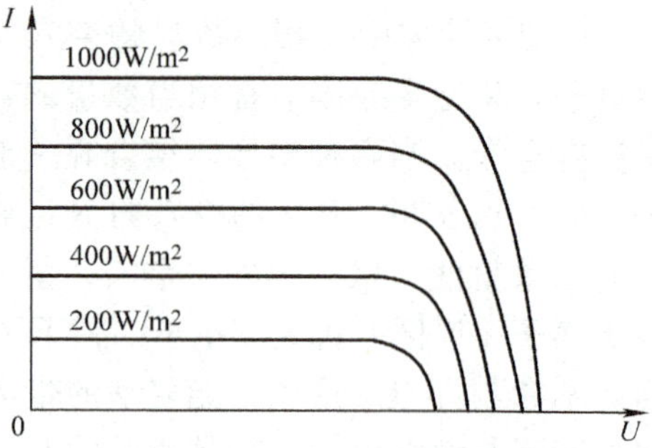

图 3.25-3　不同光照条件下的 $I-U$ 曲线

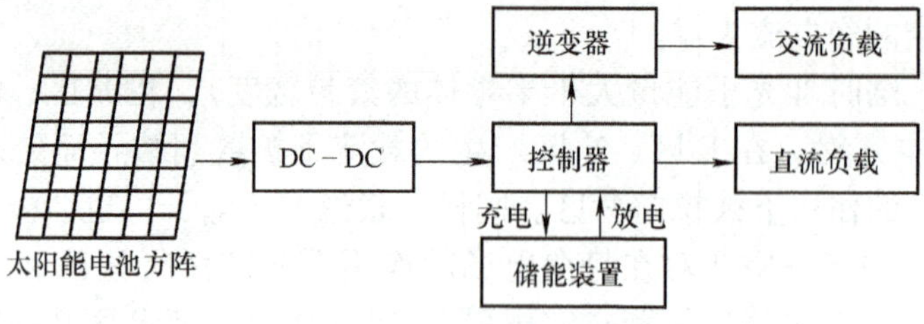

图 3.25-4　光伏发电系统

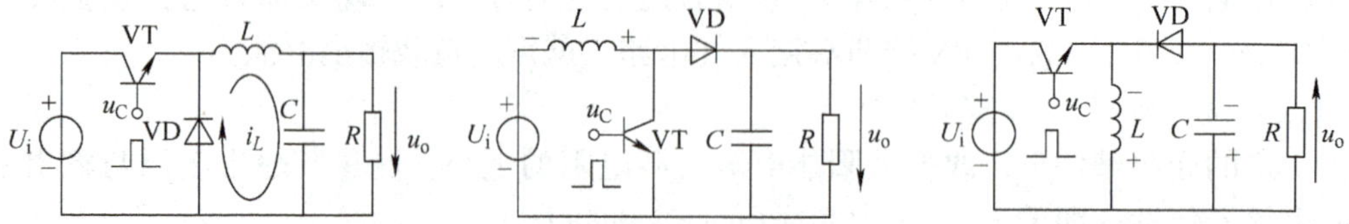

a) Buck(降压)电路　b) Boost(升压)电路　c) Buck－Boost(升降压)电路

图 3.25-5　最基本的 DC－DC 变换电路

DC－DC 的作用为：当电源电压与负载电压不匹配时，通过 DC－DC 调节负载端电压，负载能正常工作。

（3）储能装置　光伏发电系统常用的储能装置为蓄电池与超级电容器。

蓄电池是提供和存储电能的电化学装置。光伏发电系统使用的蓄电池多为铅酸蓄电池，充放电时的化学反应式为

$$\underset{\text{正极}}{PbO_2} + 2H_2SO_4 + \underset{\text{负极}}{Pb} \underset{\text{充电}}{\overset{\text{放电}}{\rightleftharpoons}} \underset{\text{正极}}{PbSO_4} + 2H_2O + \underset{\text{负极}}{PbSO_4}$$

蓄电池的放电时间一般规定为 20h。放电电流过大和过度放电（电池电压过低）会严重影响电池寿命。

蓄电池具有储能密度（单位体积存储的能量）高的优点，但有充放电时间长（一般为数小时）、充放电寿命短（约 1000 次）、功率密度低的缺点。

超级电容器通过极化电解质来储能，它由悬浮在电解质中的两个多孔电极板构成。在极板上加电，正极板吸引电解质中的负离子，负极板吸引正离子，实际上形成两个容性存储层，它所形成的双电层和传统电容器中的电介质在电场作用下产生的极化电荷相似，从而产生电容效应。由于紧密的电荷层间距比普通电容器电荷层间的距离小得多，因而具有比普通电容器更大的容量。

超级电容器的充放电过程始终是物理过程，没有化学反应，因此性能较稳定。与利用化学反应的蓄电池不同，超级电容器可以反复充放电数十万次。

超级电容具有功率密度高（可大电流充放电），充放电时间短（一般为数分钟），充放电寿命长的优点。但比蓄电池储能密度低。

（4）逆变器　逆变器是将直流电变换为交流电的电力变换装置。

逆变电路一般都需升压来满足 220V 常用交流负载的用电需求。逆变器按升压原理的不同，分为低频、高频和无变压器三种逆变器。按输出波形，逆变器分为方波逆变器、阶梯波逆变器和正弦波逆变器三种。在太阳能发电并网应用时，必须使用正弦波逆变器。

【实验仪器】

光源、太阳能电池组件、ZKY－SAC－I 太阳能电池特性测试仪。

太阳能电池实验装置如图 3.25-6 所示，由四部分组成。图 3.25-7 为测试仪面板示意图。

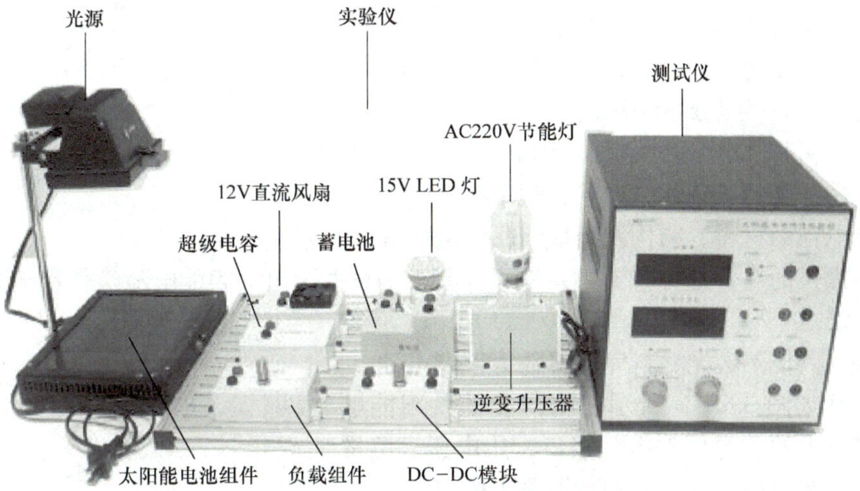

图 3.25-6　太阳能电池实验装置

各部件的基本参数如下：

太阳能电池：单晶硅太阳能电池，标称电压 12V，标称功率 4W

光源：150W 卤钨灯

负载组件：0～1kΩ，2W

直流风扇：12V，1W

LED 灯：直流 15V，0.4W

DC－DC：升降压 DC－DC，输入5～35V，输出 1.5～17V，1A

超级电容：2.35F，11V

蓄电池：12V，1.3Ah（安时）

逆变器：DC12V～AC220V，100W

交流负载：节能灯，5W

【实验内容】

实验前准备：

由于蓄电池充电时间需要约4h，实验前用测试仪上的电压表测量蓄电池电压，若电压低于11.5V，用配置的充电器给蓄电池充电，充电与使用蓄电池可同时进行，电压充至13.5V时停止充电。

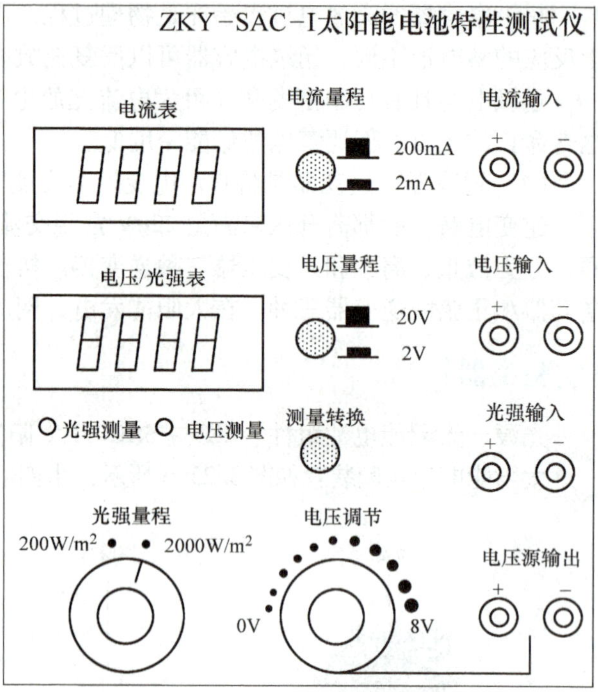

图3.25-7　测试仪面板示意图

1. 测量太阳能电池的暗伏安特性

暗伏安特性是指无光照射时，流经太阳能电池的电流与外加电压之间的关系。

太阳能电池的基本结构是一个大面积平面PN结，单个太阳能电池单元的PN结面积已远大于普通的二极管。在实际应用中，为得到所需的输出电流，通常将若干电池单元并联。为得到所需输出电压，通常将若干已并联的电池组串联。因此，它的伏安特性虽类似于普通二极管，但取决于太阳能电池的材料、结构及组成组件时的串并联关系。

本实验提供的组件是将若干单元串联。要求测试并画出太阳能电池组件在无光照时的暗伏安特性曲线。

用书籍或其他不透光材料完全罩住太阳能电池。

测试原理如图3.25-8所示。将待测的太阳能电池接到测试仪上的“电压输出”接口，用电压表测量太阳能电池两端电压，电流表测量回路中的电流。

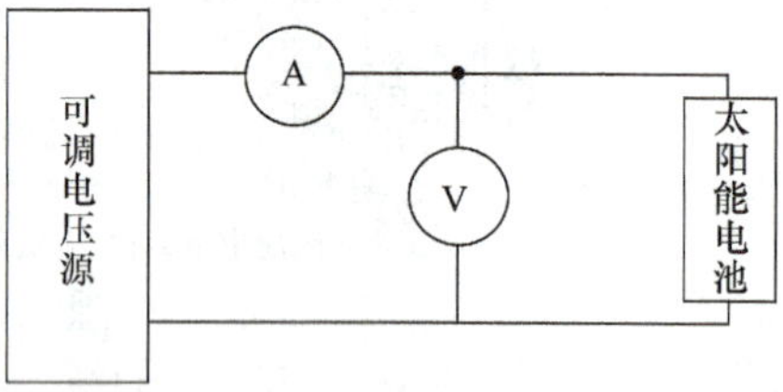

图3.25-8　暗伏安特性测量接线原理图

将电压源调到0V，然后逐渐增大输出电压，每间隔1.0V记一次电流值，记录到表3.25-1中。

将电压源调到0V，然后将“电压输出”接口的两根连线互换，即给太阳能电池加上反向的电压。逐渐增大反向电压，记录电流随电压变换的数据于表3.25-1中。

表3.25-1　太阳能电池的暗伏安特性测量

电压/V	0	1	2	3	4	5	6	7	8
电流/mA									
电压/V	0	−1	−2	−3	−4	−5	−6	−7	−8
电流/mA									

以电压为横坐标，电流为纵坐标，根据表3.25-1中数据画出太阳能电池的暗伏安特性曲线。

2. 开路电压、短路电流与光强关系的测量

移开太阳能电池上的遮光材料、旋松光源止动螺钉，调节光源高度使光源距离电池板最

远。打开光源开关，预热 10min，待光照稳定。

光探头输出线连接到太阳能电池特性测试仪的“光强输入”接口上。测试仪设置为“光强测量”。将光探头放在太阳能电池板中心位置，测量并记录该位置的光强值于表 3.25-2中，然后移开光探头。

测试仪设置为“电压表”状态。按图 3.25-9a 接线，测量并记录开路电压值于表中；按图 3.25-9b 接线，测量并记录短路电流值于表 3.25-2 中。

然后旋松光源止动螺钉，依次调节光源高度降低间隔约 1cm，重复上述实验步骤（调节光源高度时，由于光源点亮许久，请务必小心操作，避免高温烫伤）。将实验数据记入表 3.25-2 中。

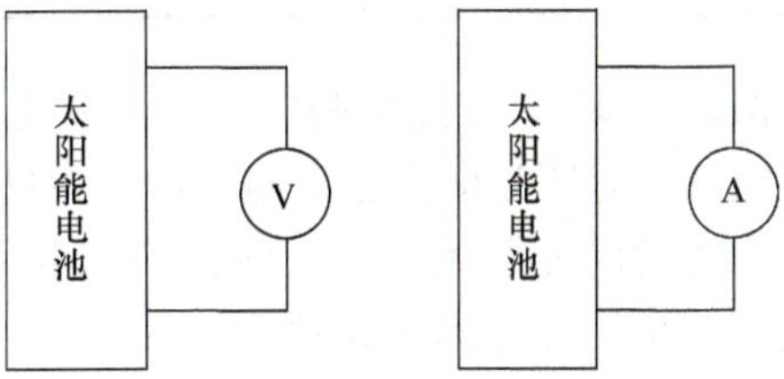

a) 测量开路电压　　b) 测量短路电流

图 3.25-9　开路电压、短路电流与光强关系测量

表 3.25-2　开路电压、短路电流与光强关系的测量

位置	1	2	3	4	5
光强/(W/m^2)					
开路电压 U_{OC}/V					
短路电流 I_{SC}/mA					

根据表 3.25-2 数据，分别画出太阳能电池的开路电压、短路电流随光强变化的关系曲线。

3. 测量太阳能电池输出伏安特性

重新调节光源高度使光源距离电池板最远，且整个实验过程中该高度不再改变。此高度的开路电压、短路电流即为上一步中位置 1 测得的值。

在光照不变的条件下，改变负载电阻的阻值，太阳能电池输出的电压电流随之改变。太阳能电池具有图 3.25-10 所示的输出伏安特性。

太阳能电池的输出功率为电压与电流的乘积，在伏安特性曲线的不同点，输出功率差异很大。在实际应用中，应使负载功率与太阳能电池匹配，以便输出最大功率，充分发挥太阳能电池的功效。

按图 3.25-11 接线，以负载组件作为太阳能电池的负载。实验时先将负载组件逆时针旋转到底，然后顺时针旋转负载组件旋钮，记录太阳能电池的输出电压 U 和电流 I，并计算输出功率 $P_O=UI$，填于表 3.25-3 中。

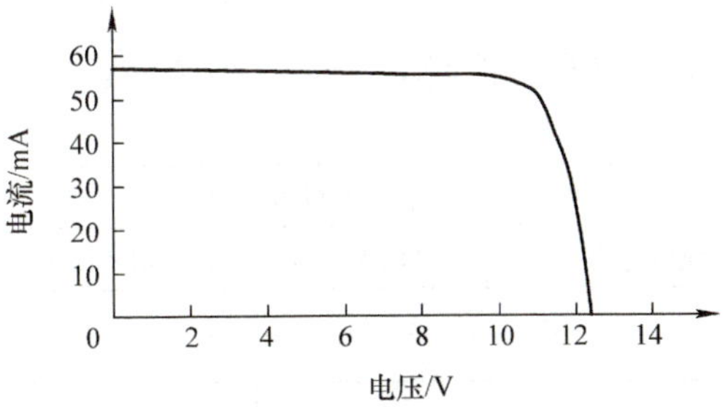

图 3.25-10　太阳能电池输出伏安特性

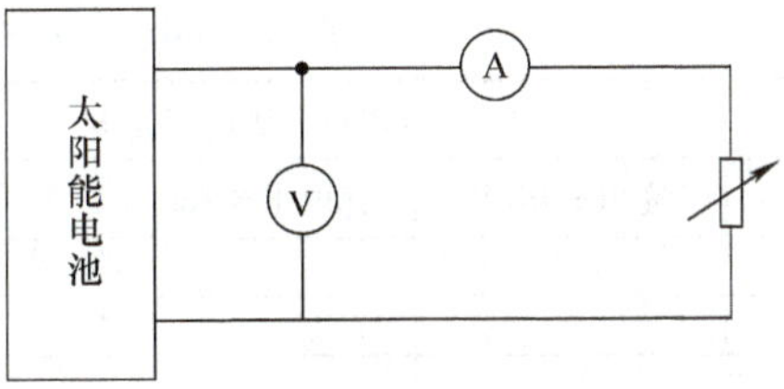

图 3.25-11　测量太阳能电池输出伏安特性接线图

表 3.25-3　太阳能电池输出伏安特性

输出电压 U/V	1	2	3	4	5	6	7	8	9	10	10.5	11	11.5	12
输出电流 I/mA														
输出功率 P_0/mW														

按表 3.25-3 数据绘制所用太阳能电池的输出伏安特性曲线。

以输出电压为横坐标，输出功率为纵坐标，作太阳能电池输出功率与输出电压关系曲线。

在实验的光照条件下，该太阳能电池最大输出功率多少？最大功率点对应的输出电压和电流是多少？填充因子是多少？

4. 太阳能电池对储能装置两种方式的充电实验

本实验对比太阳能电池直接对超级电容充电和在太阳能电池后加 DC－DC 再对超级电容充电，以此说明不同充电方式下充电特性的不同以及充电方式对超级电容充电效率的影响。

本实验所用 DC－DC 采用输入反馈控制，在工作过程中保持输入端电压基本稳定。若太阳能电池光照条件不变，并调节 DC－DC 使输入电压等于太阳能电池最大功率点对应的输出电压，即可实现在太阳能电池的最大功率输出下的恒功率充电。

理论上，采用最大功率输出下的恒功率充电，太阳能电池一直保持最大输出，充电效率应该最高。在目前系统中，由于太阳能电池输出功率不大，而DC－DC 本身有一定的功耗，致使两种方式的充电效率（以从同一低电压充至额定电压所需时间衡量）差别不大，但从测量结果可以看出充电特性的不同。

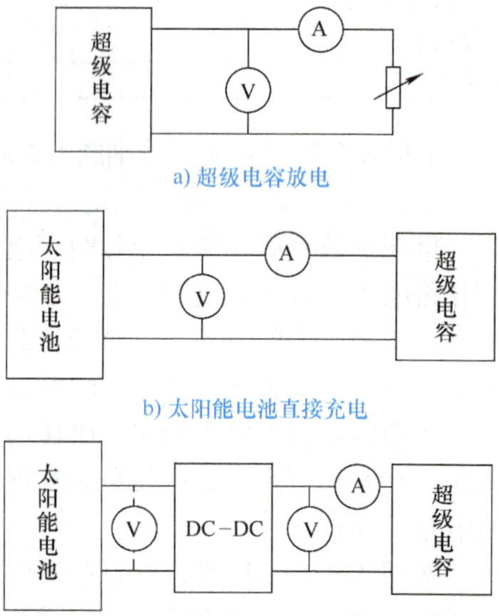

a) 超级电容放电

b) 太阳能电池直接充电

c) 加DC−DC充电

图 3.25-12　太阳能电池对储能装置两种方式充电实验

按图 3.25-12a，将负载组件接入超级电容放电，控制放电电流小于 150mA，使电容电压放至低于 1V。

按图 3.25-12b 接线，做太阳能电池直接对超级电容充电实验。充电至 11V 时停止充电。将实验数据填于表 3.25-4 中。

将超级电容再次放电后，按图 3.25-12c 接线，先将电压表接至太阳能电池端，调节DC－DC 使太阳能电池输出电压为最大功率电压（由“测量太阳能电池输出伏安特性”实验确定）。然后将电压表移至超级电容端（此时不再调节 DC－DC 旋钮），做加 DC－DC 后对超级电容的充电实验，充电至 11V 时停止充电。将实验数据填入表 3.25-4 中。

表 3.25-4　两种充电情况下超级电容的充电特性

时间/min	直接对超级电容充电			加 DC－DC 后对超级电容充电		
	充电电压/V	充电电流/mA	充电功率/mW	充电电压/V	充电电流/mA	充电功率/mW
0.0						
0.5						
1.0						
1.5						
2.0						

（续）

时间/min	直接对超级电容充电			加 DC－DC 后对超级电容充电		
	充电电压/V	充电电流/mA	充电功率/mW	充电电压/V	充电电流/mA	充电功率/mW
2.5						
3.0						
3.5						
4.0						
4.5						
5.0						
5.5						
6.0						
6.5						
7.0						
7.5						
8.0						
8.5						
9.0						

由表 3.25-4 中数据绘制两种充电情况下超级电容的 $U-t$、$I-t$、$P-t$ 曲线，了解两种方式的充电特性，根据所绘曲线加以讨论。

5. DC－AC 逆变与交流负载实验

当负载工作电压为 220V 交流时，太阳能电池输出必须经逆变器转换成交流 220V，才能供负载使用。

由于节能灯功率远大于太阳能电池的输出功率，故由太阳能电池与蓄电池并联后给节能灯供电。

按图 3.25-13 接线，节能灯点亮。用电压表测量逆变器输入端直流电压，用信号衰减器连接逆变器和示波器，测量逆变器输出端电压及波形，将实验数据记入表 3.25-5 中。按表 3.25-5 中数据画出逆变器输出波形，根据实验原理部分所述，判断该逆变器的类型。

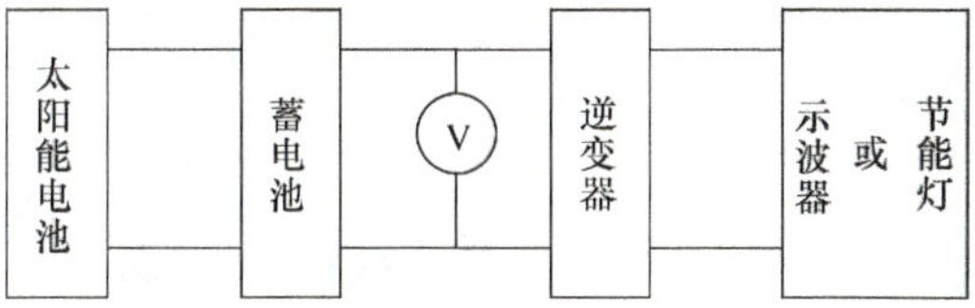

图 3.25-13　交流负载实验接线图

表 3.25-5　交流负载时太阳能电池输出与总输出

逆变器输入直流电压/V	逆变器输出交流电压/V	逆变器输出波形

【注意事项】

1. 光源正常工作时温度高，注意不要烫伤！

2. 在用测试仪测量电流电压时，注意不要超量程，否则测试仪会报警，应立即关闭电源开关。

3. 蓄电池应定期充电，每月充电 1－2 次，同时避免过度充电。

【思考题】

1. 太阳能电池的发电原理是什么？你认为影响太阳能电池转换效率的有哪些因素？
2. 光伏发电系统一般由哪些部分组成？
3. 太阳能电池可以短路吗？短路电流与光强是什么关系？

实验26　全息照相的基本技术

全息照相是记录物体表面上各点发出物光波的全部信息（即光波的频率、振幅和位相），并能再现被摄物光波的全部信息，因而能看到物体的颜色、明暗、形状和远近，得到物体的三维立体感图像。而普通照相只能记录物体发出的光强（振幅平方）信息，得到的是二维平面图像。因此，全息照相在精密计量、信息存储和处理、遥感技术和生物学等方面有着广泛的应用。

【实验目的】

1. 了解全息照相的基本原理和主要特点。
2. 学习全息照相的拍摄技术和再现方法。

【实验原理】

1. 光波的信息

任何物体表面发出的光波都可以看成是由其表面上各物点所发出元光波的总和，其表达式为

$$y = \sum_{i=1}^{n} A_i \cos\left(\omega t + \phi_i - \frac{2\pi x_i}{\lambda}\right) = A\cos\left(\omega t + \phi - \frac{2\pi x}{\lambda}\right)$$

式中，振幅 A 和相位 $\left(\omega t + \phi - \frac{2\pi x}{\lambda}\right)$ 为光波的两个主要特征，又称为信息。因此，全息照相不仅记录被摄物表面光波的振幅信息，同时也记录了相位信息，因而它具有立体感。

2. 全息照相原理

全息照相光路如图3.26-1所示，相干性极好的He-Ne激光器发出的光经分束板N后，分为光强比较适宜的两束光：一束经 M_2 反射，再经 L_2 扩束后直接投射到照相底板H上，这束光叫参考光（R）；另一束光经 M_1 反射，又经 L_1 扩束后均匀投射到物体表面上，经物体表面各点漫反射后照到底板H上，这束光叫物光（O）。这两束相干光光程近似相等，符合相干条件，故在底板H上相遇产生干涉。干涉图中亮条纹和暗条纹之间亮暗度的反差，主要取决于照射到底板上的物光和参考光这两束相干光的光强（振幅平方），而干涉条纹的疏密程度则取决于两束相干光的相位差（光程差）。全息照相就是采用干涉方法，以干涉条纹的形式记录物光波的全部信息。即使对同一参考光波，不同的物光波也产生不同的干涉

图样。

图 3.26-2 中，在全息底片上任一点（x，y）处，物光 O 和参考光 R 的光场分布为

物光：$O(x,y,t)=A_o(x,y)\cos[\omega t+\phi_o(x,y)]$；

参考光：$R(x,y,t)=A_R(x,y)\cos[\omega t+\phi_R(x,y)]$

将它们用指数函数表示：$O(x,y,t)=A_o(x,y)\mathrm{e}^{\mathrm{i}[\omega t+\phi_o(x,y)]}$

$R(x,y,t)=A_R(x,y)\mathrm{e}^{\mathrm{i}[\omega t+\phi_R(x,y)]}$

这两束相干光在底片上该点干涉叠加，其光强是它们合振幅的二次方［略去（x，y）］，即

$$
\begin{aligned}
I(x,y)=(O+R)(O+R)^*&=OO^*+O^*R+OR^*+RR^*\\
&=A_o^2+A_R^2+A_oA_R\mathrm{e}^{\mathrm{i}(\phi_o-\phi_R)}+A_oA_R\mathrm{e}^{\mathrm{i}(\phi_R-\phi_o)}\\
&=A_o^2+A_R^2+2A_oA_R\cos(\phi_o-\phi_R)
\end{aligned}
\tag{3.26-1}
$$

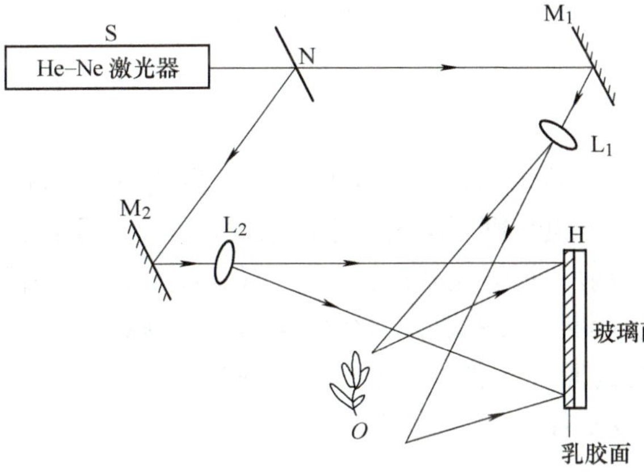

图 3.26-1　全息照相光路

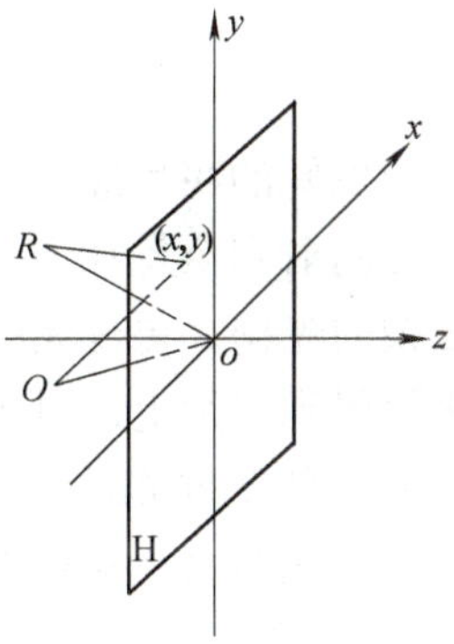

图　3.26-2

式（3.26-1）中前两项 A_o^2 和 A_R^2 反映底片上物光和参考光的光强分布，第三项 $2A_oA_R\cos$（$\phi_o-\phi_R$）反映了两相干光的振幅和相对相位关系。这样，在感光板上不仅记录了物光束的光强，而且还记录了物光束的相位信息，即记录了物光束的全面信息，故称全息照相。由图 3.26-1的光路可知，到达感光板 H 上的参考光波的振幅和相位是由光路决定的，与被摄物无关。而射到 H 上的物光波的振幅和相位却与物体表面各点的分布和漫射性质有关。感光板上记录的干涉图像就是由这些物点发出的复杂物光和参考光相互干涉的结果。

通过图 3.26-3a 我们可以理解物光和参考光在感光板 H 上的干涉情况。根据干涉条纹间距公式

$$d_i=\frac{\lambda}{\sin\theta_i}$$

可知，由同一物点发出的物光在底板 H 上不同区域与参考光的夹角 θ_i 不同，相应的干涉条纹的间距和走向也就不同。由不同物点所发出的物光在底板 H 上同一区域与参考光的夹角 θ_i 不同，其干涉纹的疏密、走向和分布等也各不相同。因此，我们不难理解感光底板 H 上

记录的全息图，它实质上是所有物点的物光与参考光形成的无数组干涉条纹的集合。

3. 全息照相的再现原理

根据前面分析可知，全息底片上记录的是一组复杂的干涉条纹，而不是物体的直观形象，所以要观察全息底片上记录的物像，必须采用一定的再现手段，如图3.26-3b所示。

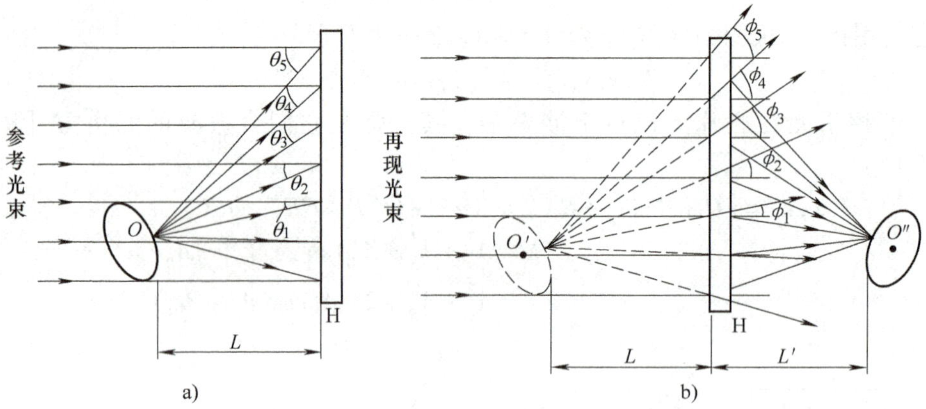

图3.26-3　全息照相记录与再现时的简单几何表示

将拍摄好的底片经显影、定影、冲洗、晾干后，用一束扩大了的激光（称为再现光），从特定方向射到全息片上，因底片上是若干组疏密不均匀的干涉条纹，每一组干涉条纹好比一幅复杂的光栅，再现光经过它会产生衍射，根据光栅衍射条件：$d_i\sin\phi_i = k\lambda$，平行的再现光垂直投射到底片上，对于某一区域的干涉条纹来说，当衍射角 $\sin\phi_i = k\lambda/d_i$、$k = +1$ 级时，衍射光是发散光，在原物点处形成真像（虚像）O'；当 $k = -1$ 级时，衍射光是会聚光，会聚点在原物点对称的位置上，形成赝像（实像）O''。

4. 全息照相特点

1）全息照片所再现出的被摄物的真像是完全逼真的三维立体像，具有显著的视差特性。

2）全息照片具有可分割性，即它一旦被弄碎（或被掩盖，或玷污了一部分），任一碎片仍能再现出完整的被摄物的像。

3）全息照片所再现的被摄物像的亮度可调。入射光越强，再现物的像就越亮。

4）同一张全息感光板可进行多次重复曝光记录。每次曝光前稍微改变底板方位（如转动一个小角度），或改变参考光的入射方向，或改变物体在空间的位置等，就可在同一底板上重叠记录并能互不干扰地再现各个不同的图像。若物体在外力作用下产生微小的位移或形变，并在变化前后重复曝光，则再现时物光波将形成反映物体形态变化特征的干涉条纹。这就是全息干涉计量的基础。

5）全息底片再现的像可放大或缩小。用不同波长的激光照射全息照片，再现的像就会发生放大或缩小。

【实验仪器】

小型全息台、He-Ne激光器、分束板、全反射镜（2个）、扩束镜（2个）、底片夹、光开关盒、支持被摄物的小平台、感光板、曝光计时器、被摄物、照相冲洗设备等。

【实验内容】

1. 通过迈克耳孙干涉条纹看振动对干涉的影响

1）按图 3.26-4 摆好各元件，调各元件同轴等高。

2）调节两反射镜 M_1、M_2，使两束反射光射到分束镜 N 上的两个点重合。重合点的两光束经透镜 E 扩束后，在屏上 P 相遇产生叠加干涉，就会看到清晰的干涉条纹。

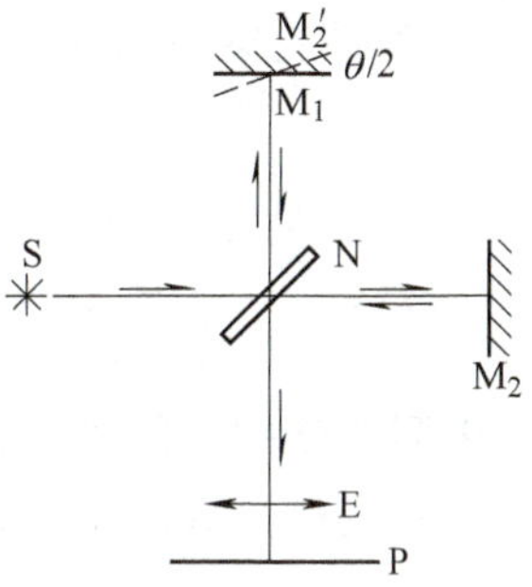

图　3.26-4

3）稍碰实验台，或同学在地上走动，或稍碰任一光学元件，观察干涉条纹的变化。

2. 全息照片的拍摄

1）按图 3.26-1 布置好光路。

2）检查物光和参考光的光程，使它们的光程差控制在几厘米之内，最好是等光程。

3）检查光的照明。挡住参考光，检查物体是否被均匀照亮。再挡住物光，观察参考光是否投射到了毛玻璃板上。使物光和参考光都均匀照射到毛玻璃板上。

4）检查参考光与物光光强的比，一般控制在 1∶1～10∶1 范围内。其方法是：分别挡住参考光和物光，观察它们投射到毛玻璃上的亮度情况。

5）检查投射到毛玻璃上的物光和参考光的夹角，一般可控制在 30°～90°范围内，但最好小于 45°，这样条纹稳定。各项检查好后，锁住所有的光学元件。因为任何一个微小的移动和振动，都会对干涉条纹产生很大影响，甚至使拍摄完全失败。

6）放好开关盒，使激光束通过开关盒的小孔。

7）将曝光计时器调到“20s”。准备好后，关闭灯光将毛玻璃片取下换上照相底板，注意底板的粗糙面（即药面）对着光的方向夹紧。

8）静止数分钟后，按下曝光器的启动按钮。曝光结束拿下底板，放到显影液中显影 4min，再用定影液定影 8min，然后用净水冲洗 10min 后晾干。

3. 全息照片的再现

1）将拍摄、冲洗好的底板放回原位置，感光面向着再现光方向，再现光束的扩束镜 L_2 的位置和方向最好与拍摄时一致，观察再现虚像。

2）用纸挡住全息片的不同部位，再观察再现虚像，看虚像是否有变化。

3）观察再现实像，用未扩束的激光直射到底片的反面上。转动适当角度，再用毛玻璃漫射屏接收再现实像。

【注意事项】

1. 不要用手触摸玻璃光学元件的反光面。

2. 曝光时，不要走动或者发出任何声响，任何微小的移动和振动都会对干涉条纹产生很大影响，甚至使拍摄失败。

3. 不要用眼睛直接观看激光。

【思考题】

1. 全息照相有什么特点？全息照相与普通照相有什么不同？
2. 为什么要求光路中物光和参考光的光程尽量相等？
3. 为什么个别光学元件安装不牢靠将导致拍摄失败？
4. 怎样观察全息照片的真像（虚像）和实像？

实验27 电阻应变式传感器灵敏度特性的研究

电阻式传感器的种类很多，应用范围也很广，可测量温度、应变、加速度等物理量，其中最常用的就是利用某些金属或半导体材料制成的电阻应变式传感器。

【实验目的】

1. 了解电阻应变式传感器的基本原理、结构、基本特性和使用方法。

2. 研究、比较电阻应变式传感器配合不同转换和测量直流电路的灵敏度特性，从而掌握电阻应变式传感器的使用方法和使用要求。

【实验原理】

1. 物理基础

电阻应变式传感器是利用物体在受力作用时其电阻值变化的原理制作的，可以用来测量力学量的大小。它是由粘贴了电阻应变敏感元件的弹性元件和变换测量电路组成的。

被测的力学量作用在具有一定形状的弹性元件上，例如悬臂梁上，使之产生形变，安放在其上的电阻应变敏感元件将该力学量引起的形变转化为自身电阻值的变化，再通过变换测量电路，将此电阻值的变化转化为电压的变化后输出。由输出电压变化量的大小可得出该被测力学量的大小。

目前，使用最多的电阻应变敏感元件是金属或半导体电阻应变片。本实验中仅介绍金属箔式电阻应变片。

设一段金属导线的长度为 L，其横截面面积为 S，直径为 D，则导线电阻为

$$R=\rho\frac{L}{S} \qquad (3.27\text{-}1)$$

式中，ρ 为金属导线的电阻率。如果沿导线轴线方向施加拉力或压力使之产生形变，其电阻值也会随之变化，这种现象称为应变电阻效应，参见图3.27-1。

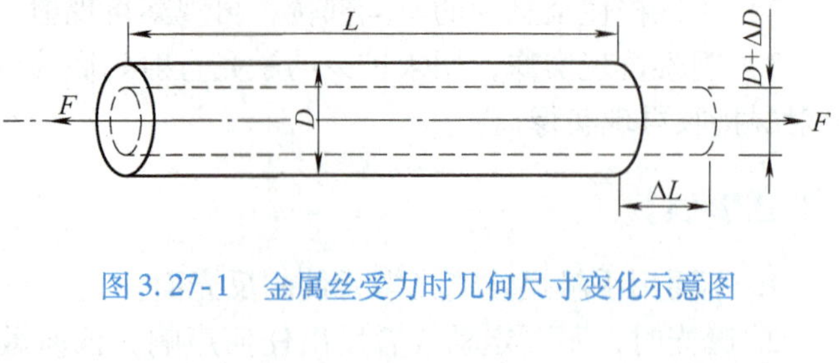

图3.27-1 金属丝受力时几何尺寸变化示意图

将式（3.27-1）两边取自然对数后，再微分可得

$$\frac{dR}{R}=\frac{dL}{L}-\frac{dS}{S}+\frac{d\rho}{\rho} \tag{3.27-2}$$

式中，dL/L 是导线长度的相对变化，可用应变量 ε 表示；dS/S 是导线横截面面积的变化，对横截面为圆形的导线，有 $dS/S=2dD/D$。

根据材料力学，在导线单向受力时，有 $dD/D=-\nu dL/L$，ν 是材料的泊松比。将这些关系代入式（3.27-2），可得

$$\frac{dR}{R}=(1+2\nu)\frac{dL}{L}+\frac{d\rho}{\rho}=\left[(1+2\nu)+\frac{d\rho}{\rho\varepsilon}\right]\varepsilon=k_0\varepsilon \tag{3.27-3}$$

其中

$$k_0=(1+2\nu)+\frac{d\rho}{\rho\varepsilon} \tag{3.27-4}$$

式中，k_0 称为电阻应变敏感材料的灵敏系数，表示单位应变量可产生或转换的电阻值的相对变化量，是由材料性质决定的。

对一般金属材料，在弹性范围内的泊松比 ν 通常在 0.25 ~ 0.4 之间，因此，$(1+2\nu)$ 在 1.5 ~ 1.8 之间。而材料的电阻率也稍有变化，一般金属材料制作的应变敏感元件的灵敏系数 k_0 值约为 2，而对半导体材料制成的电阻应变敏感元件来说，其灵敏系数要比金属材料制作的敏感元件大数十倍。

2. 金属材料电阻应变式敏感元件的结构

电阻应变片是目前常用的电阻应变敏感元件，其结构如图 3.27-2 所示，它由敏感栅、基底、盖层、引线和粘结剂等组成。

敏感栅是用厚度为 0.003 ~ 0.010mm 的金属箔制成栅状或用金属丝制作，也可以根据传感器的不同要求制成特定的形状、尺寸和所需的电阻值。因应变片的性质直接影响敏感元件的性能指标，故它的制造工艺（大部分是手工工艺）比较精细且有严格的要求，封装固化后的应变片可作为成品的敏感元件使用。

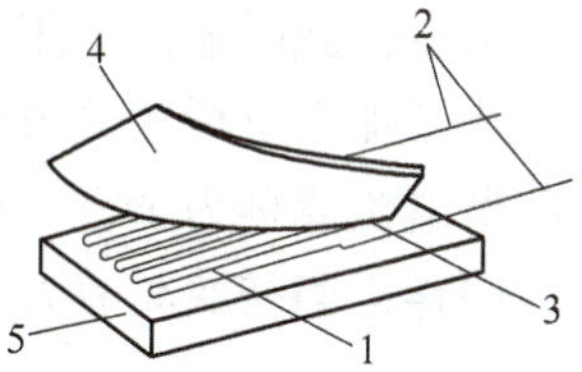

图 3.27-2 应变片的结构示意图
1—敏感栅 2—引线 3—粘结剂 4—盖层 5—基底

3. 电阻应变式传感器的转换电路

应变片将应变量 ε 转换成电阻相对变化 dR/R，为了测量 dR/R，通常采用各种电桥电路。根据使用电源的不同，分为直流电桥和交流电桥，我们讨论直流电桥情况，其基本电路如图 3.27-3a所示。

根据电路理论计算，有电流 I 与电压 U 之间的关系为

$$I=\frac{(R_1R_3-R_2R_4)U}{R_1(R_1+R_2)(R_3+R_4)+R_1R_2(R_3+R_4)+R_3R_4(R_1+R_2)} \tag{3.27-5}$$

当 $I=0$ 时，称电桥平衡，其条件为

$$R_1R_3=R_2R_4 \text{ 或 } \frac{R_1}{R_2}=\frac{R_4}{R_3} \tag{3.27-6}$$

上述平衡条件可表述为电桥相对两臂电阻的乘积相等，或相邻两臂的电阻比值相等。

电阻应变片工作时，通常其电阻变化是很小的，电桥相应的输出电压也很小。要使检测或记录仪器工作，还必须用放大电路将电桥输出电压进行放大。

对不同的转换电路，电桥的输出电压与 $\Delta R/R$ 有不同的关系。

在四臂电桥中，如果只有 R_1 为工作应变片，由于应变而产生相应的电阻变化为 ΔR_1，而 R_2、R_3 及 R_4 为固定电阻，我们称此电桥为单臂电桥，电路如图 3.27-3b 所示。

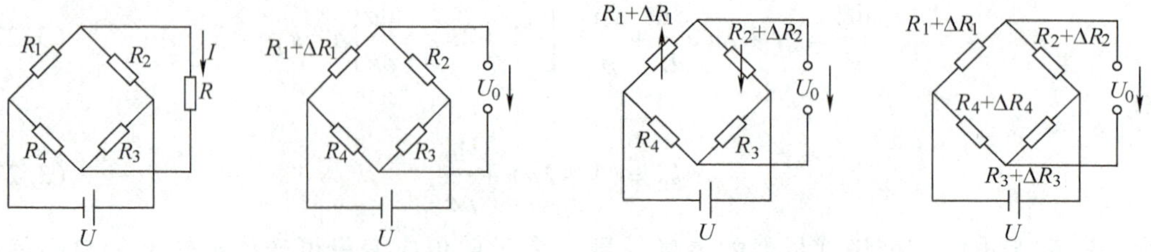

a) 电桥电路　b) 单臂电桥　c) 半桥电路　d) 全桥电路

图 3.27-3　电桥电路

在初始状态下，电桥处于平衡状态，电桥输出电压 $U_0=0$。

取 $R_1=R_2$、$R_3=R_4$，当有 ΔR_1 变化时，电桥输出电压 U_0'，并有

$$U_0' \approx U\Delta R_1/4R_1 \tag{3.27-7}$$

上式是近似值，实际上 U_0' 的值与 $\Delta R_1/R_1$ 呈非线性关系。详细情况这里不予讨论。

为了减小和克服非线性误差，常用的方法就是采用差动电桥。如图 3.27-3c 所示，在试件上安装两个工作应变片，一片受拉力，另一片受压力，然后接入电桥相邻两臂。

设初始时 $R_1=R_2$、$R_3=R_4$，$\Delta R_1=\Delta R_2$，则电桥输出电压 U_{02}' 为

$$U_{02}'=U\Delta R_1/2R_1 \tag{3.27-8}$$

可见，此时输出电压与 $\Delta R_1/R_1$ 成严格的线性关系，没有非线性误差。

为了提高电桥的灵敏程度或进行温度补偿，在桥臂中往往安置多个应变片。电桥也可采用四臂电桥或称为全桥，如图 3.27-3d 所示。

同样，当初始时有 $R_1=R_2$、$R_3=R_4$，可得

$$U_{03}'=U\Delta R_1/R_1 \tag{3.27-9}$$

可见此时电桥灵敏度最高，且输出与 $\Delta R_1/R_1$ 成线性关系。

从以上分析中可见，输出电压与 ΔR_1 的变化成正比。实验中，电阻应变片是安放在悬臂梁上，使悬臂梁的一端产生一个位移 Δx，这时悬臂梁产生形变，其上的电阻应变片就产生一个阻值变化，对应有一个输出电压的变化，这样，输出电压 U_0 与位移 Δx 有一个对应关系。

定义电桥的灵敏度 S 为

$$S=\Delta U_0/\Delta x \tag{3.27-10}$$

式中，Δx 为梁的自由端位移变化；ΔU_0 为相应频率电压（F/V）表显示的电压相应变化量。

从以上分析可知，全桥电路的灵敏度最高，单臂电桥最低。

前述直流电桥的优点是高稳定度、直流电源容易获得、电桥平衡电路调节简单、传感器至测量仪表的连接导线的分布参数影响小等。但是后续要采用直流放大器，容易产生零点漂移，线路也较复杂。

【实验仪器】

CSY-910 型传感器系统实验仪：直流稳压电源、电桥、差动放大器、双平行梁、测微头、应变片、F/V 表、主电源、副电源。

旋钮初始位置：直流稳压电源打到 ±2V 档，F/V 表打到 2V 档，差动放大增益最大。

【实验内容】

本实验使用的是 CSY-910 型传感器系统实验仪。该实验仪具有双平行梁结构，梁上粘贴有四片应变片，梁的上、下两面上各粘两片应变片。当梁受压力（可用测微头的上下移动来实现）时，上表面被拉长、下表面被压缩，应变片反应不同。

有关传感器的知识和 CSY-910 型传感器系统实验仪的组成与部分功能可参阅本实验后的附录部分。

1. 测量电阻应变传感器单臂电桥灵敏度

1）熟悉仪器各部件配置、功能、使用方法、操作注意事项等，详细阅读仪器说明书。

2）观察传感器结构及应变片位置，熟悉仪器上的电桥线路。应变片为棕色衬底箔式结构小方薄片。二片梁的上下外表面各贴两片受力应变片和一片补偿应变片，测微头在双平行梁前面的支座上，可以上、下、前、后、左、右调节。

3）将差动放大器调零：用连线将差动放大器的正（+）、负（-）、地短接。将差动放大器的输出端与 F/V 表的输入插口 V_i 相连；开启主、副电源；调节差动放大器的增益到最大位置，然后调整差动放大器的调零旋钮使 F/V 表显示为零，关闭主、副电源。调好后，增益旋钮可以动，但调零旋钮不可再动。

4）根据图 3.27-4 的桥电路接线。R_1、R_2、R_3 为电桥单元的固定电阻，$R_x=R_4$ 为应变片，连成单臂电桥电路。将稳压电源的切换开关置 ±4V 档，F/V 表置 20V 档。调节测微头脱离双平行梁，开启主、副电源，调节电桥平衡网络中的 W_1，使 F/V 表显示为零，然后将 F/V 表置 2V 档，再调电桥 W_1（慢慢地调），使 F/V 表显示为零。

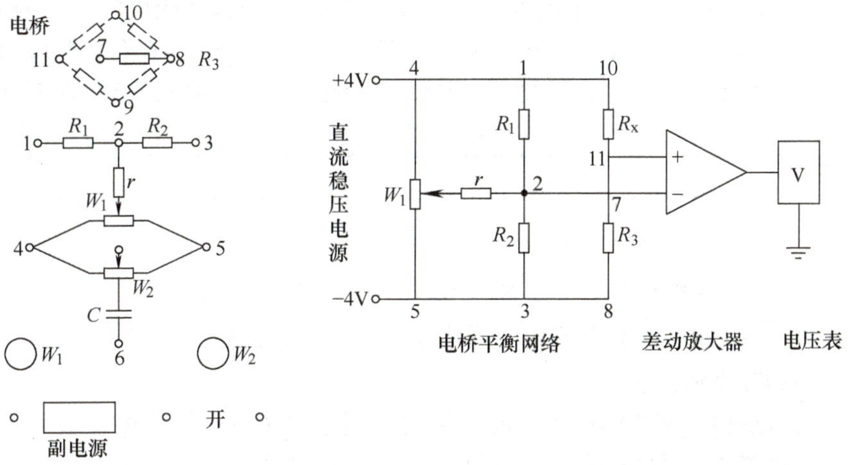

图 3.27-4　实验用电桥电路

5）将测微头转动到10mm刻度附近，安装到双平行梁的自由端，与自由端磁钢吸合。调节测微头支柱的高度。这时梁的自由端跟随变化，使F/V表显示最小，再旋动测微头，使F/V表显示为零（细调零），这时的测微头刻度为零位的相应刻度。

6）往下或往上旋动测微头，使梁的自由端产生位移，记下F/V表显示的值。建议每旋动测微头一周，即$\Delta x = 0.5\text{mm}$，记一个数值，填入表3.27-1中。

表　3.27-1

位移/mm					
电压/mV					

7）根据所得结果，计算灵敏度$S = \Delta U_0/\Delta x$，式中Δx为梁的自由端位移变化，ΔU_0为相应F/V表显示的电压相应变化（注意，对x应作上升和下降两条曲线，讨论两条曲线是否一致，并说明原因）。

8）实验完毕，关闭主、副电源。

2. 比较单臂、半桥和全桥电路的灵敏度

1）按实验内容1中的方法将差动放大器调零后，关闭主、副电源。

2）按图3.27-4电桥电路接线，图中$R_x = R_4$为工作片，r及W_1为电桥平衡网络的一部分。

3）调整测微头，使双平行梁处于水平位置（目测），将直流稳压电源打到±4V档。选择适当的放大增益，然后调整电桥平衡电位器W_1，使表头显示零（实验中，需预热几分钟，表头才能稳定下来）。

4）旋转测微头，使梁移动，每隔0.5mm读一个数，将测得数值填入表3.27-2中，然后关闭主、副电源。

表　3.27-2

位移/mm					
电压/mV					

5）保持放大器增益不变，将固定电阻R_3换为与R_4工作状态相反的另一应变片，即取两片受力方向不同的应变片，形成半桥，调节测微头使梁呈水平位置（目测），调节电桥平衡电位器W_1使F/V表显示为零，重复4）同样过程测得读数，填入表3.27-3中。

表　3.27-3

位移/mm					
电压/mV					

6）保持差动放大器增益不变，将R_1，R_2两个固定电阻换成另两片受力应变片，即R_1换成[↑]，R_2换成[↓]。组桥时只要确保对臂应变片的受力方向相同、邻臂应变片的受力方向相反即可，否则相互抵消没有输出。

接成一个直流全桥，调节测微头，使双平行梁到水平位置，调节电桥上的W_1，同样使F/V表显示零。重复4）同样过程，将读数填入表3.27-4中。

表　3.27-4

位移/mm					
电压/mV					

7）在同一坐标纸上描出 U_0-x 曲线，比较三种接法的灵敏度。

8）实验完毕，关闭主、副电源，所有旋钮转到初始位置。

【注意事项】

1. 电桥上端虚线所示的四个电阻实际上并不存在，仅作为一标记，让学生组桥容易。
2. 做此实验时应将低频振荡器的幅度关至最小，以减小其对直流电桥的影响。
3. 在更换应变片时应将电源关闭。
4. 在实验过程中如发现伏特计过载，应将量程扩大。
5. 直流稳压电源电压值不能选得过大，以免损坏应变片或造成严重自热效应。
6. 接全桥时请注意区别各应变片的工作状态和受力方向（R_1 与 R_3 工作状态相同、R_1 与 R_2 工作状态相反）。

【思考题】

1. 什么是应变电阻效应?
2. 实验中如何把一个电阻的微小变化转化为电压的变化?

【本实验附录】　传感器概述

根据中华人民共和国国家标准（GB7665—87），传感器（transducer/sensor）的定义是：能感受规定的被测量，并按照一定的规律转换成可用输出信号的器件或装置。其基本组成可归结为两部分，一是敏感元件（sensing element），是传感器中能直接感受或响应被测量（非电学量信号）的部分；二是转换元件（transduction element），指传感器中能将敏感元件感受到或响应的被测量转换成适宜于传输或测量的电信号（含输出电路与测量电路）。

传感器起到信息收集、信息数据转换作用，很多传感器的工作原理用到物理学规律。

传感技术的应用领域十分广泛，如在现代飞行技术、计算机技术、工业自动化技术等领域。形象地说，传感技术、通信技术和计算机技术分别构成信息技术系统的“感官”“神经”“大脑”。可见，作为“感官”的传感技术，对信息采集的精确及高反应速度的感受是首要的前提。

1. 传感器的分类

传感器的分类方法主要有三种：

（1）按构成来分　可分为基本型传感器、组合型传感器、应用型传感器。基本型传感器是一种最基本的单个变换装置。组合型传感器是由不同单个变换装置组合而构成的传感器。应用型传感器是基本型传感器或组合型传感器与其他机构组合而构成的传感器。例如，温差电偶是基本型传感器，把它与能够将红外线辐射转为热量的热吸收体结合起来，可组合成为红外线辐射传感器，即一种组合传感器，把这种组合传感器应用于红外线扫描设备中，就是一种应用型传感器。

（2）按机理来分　可分为结构型传感器、物性型传感器、混合型传感器以及生物型传感器。结构型传感器是基于某种结构的变化的一种传感器。例如，电容压力传感器就属于这种传感器，当外加压力改变时，电容极板发生位移，电容量发生变化，如果谐振装置中采用这种电容，其谐振频率就随电容量发生变化，检测谐振频率的变化就能测量压力的大小。

物性型传感器是一种利用物质具有的物理或化学特性的传感器，它对压力、温度、电场、磁场等有一定依赖关系，并能进行变换。这种传感器一般没有可动结构部分，易小型化，故也被称作固态传感器。

混合型传感器是结构型与物性型传感器组合而成的一种传感器。

生物型传感器是利用微生物或生物组织中生命体的活动作为变换结构的一部分。它是生物和医学上一种很有用的传感器。

（3）按作用形式来分　可分为主动型传感器和被动型传感器。主动型传感器对被测对象能发出一定探测信号，能检测探测信号在被测对象中所产生的变化，或者由探测信号在被测对象中产生某种效应而形成信号；被动型传感器只是接收被测对象本身产生的信号。

2. 传感器的特性

（1）静态特性　对传感器静态特性的基本要求是输入为0时，输出也应为0，输出相对于输入应保持一定的对应关系。

1）灵敏度与 S/N（信噪比）：传感器输出信号中的信号分量与噪声分量的二次方平均值之比，称为信噪比（S/N）。S/N 小，信号与噪声就难以分清，若 $S/N=1$，就完全分辨不出信号与噪声。因此，S/N 至少要大于10。

2）线性：输入与输出量之间为线性比例关系，称为线性关系。理想线性关系的传感器极少，实际上大多为非线性关系。采用电子电路可以改善线性关系。

3）时滞：当输入量增加到 x_1 时，如果输出量为 y_1，再继续增加输入量然后减少到 x_1，这时输出量为 y_2。实际上输出量 y_1 和 y_2 不相等，有一定的差值，这一差值即为时滞（回差）。

4）环境特性：周围环境因素中对传感器影响最大的是温度，此外还有气压、湿度、振动、电源电压及频率等。

5）稳定性：理想特性的传感器是加相同大小输入量时，输出量总是大小相同。然而，实际上传感器特性随着时间的变化而变化，因此，对于相同大小输入量，其输出量是变化的。

6）精度：精度是评价系统的优良程度。精度分为准确度和精密度。所谓准确度就是测量值对于真值的偏离程度。所谓精密度就是即使测量相同对象，每次测量也会得到不同测量值，即为离散偏差。

（2）动态特性　传感器要检测的输入信号是随时间而变化的，传感器的特性应能跟踪输入信号的变化，这样才可以获得准确的输出信号。如果变化太快，就可能跟踪不上。这种跟踪输入信号变化的特性就是响应特性，即为动态特性。动态特性是传感器的重要特性之一。

3. 传感器的发展

传感器的发展是与新材料、新功能的开发以及微细加工技术的发展相联系的。传感器技术是一门和多种现代技术密切相关的精密尖端技术，它将是 21 世纪人们在高新技术发展方面争夺的一个制高点。各发达国家都将传感器技术视为现代高新技术发展的关键。从 20 世纪 80 年代起，日本就将传感器技术列为优先发展的高新技术之首，美国等西方国家也将此技术列为国家科技和国防技术发展的重点内容。我国从 20 世纪 80 年代以来也已将传感器技术列入国家高新技术发展的重点。我国今后传感器方面的研究和开发方向应是：微电子机械系统、汽车传感器、环保传感器、工业过程控制传感器、医疗卫生和食品业检测传感器、新型敏感材料等。

传感器正在向小型化、智能化、集成化方向发展，21 世纪是人类全面进入信息电子化的时代，作为现代信息技术三大支柱之一的传感器技术必将有较大的发展。

4. 实验用传感器简介

实验用的仪器是浙江大学杭州高联传感技术有限公司研制的 CSY－910 型传感器系统实验仪，如图 3. 27-5 所示。

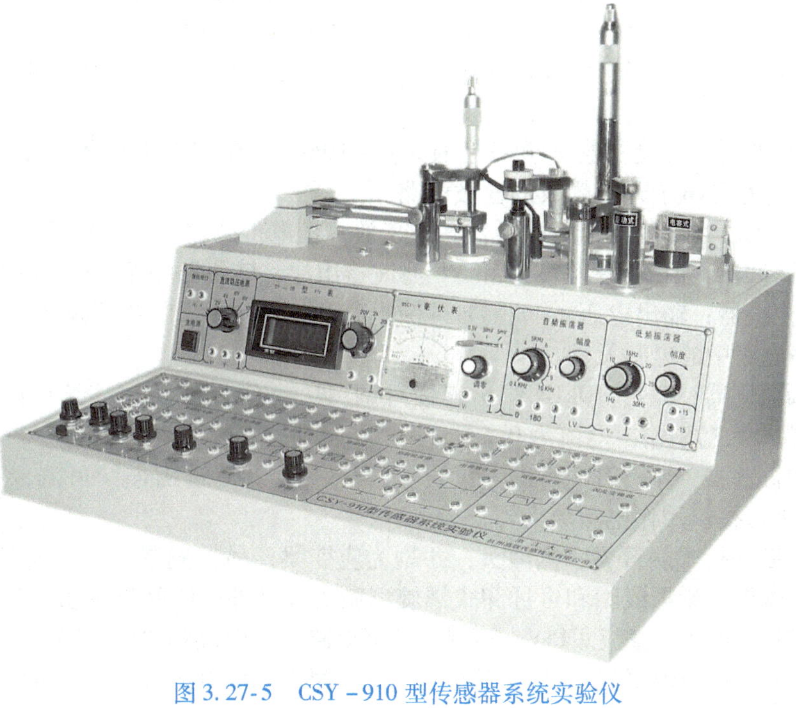

图 3. 27-5　CSY－910 型传感器系统实验仪

该仪器主要由四部分组成：传感器安装台、显示与激励源、传感器符号及引线单元、处理电路单元。

（1）传感器安装台　传感器安装台上主要装有：双平行梁（应变片、热电偶、PN 结、热敏电阻、加热器、压电式传感器、梁自由端的磁钢）、激振线圈、双平行梁测微头、电涡流式传感器及支座、霍尔式传感器、测微头及支架、振动圆盘、差动式传感器、电容式传感器的动片组、磁电式传感器等。

（2）显示与激励源　包括主电源、直流稳压电源（±2～±10V档位调节）、F/V数字显示表（可作为电压表和频率表）、动圈毫伏表（5～500mV）及调零、音频振荡器、低频振荡器、±15V不可调稳压电源。

（3）传感器符号及引线单元　所有传感器（包括激振线圈）的引线都从内部引到这个单元上的相应符号中，实验时传感器的输出信号（包括激振线圈引入低频振荡器信号）按符号从这个单元插孔引线。

（4）处理电路单元　包括电桥、差动放大器、电容放大器、电压放大器、移相器、相敏检波器、电荷放大器、低通滤波器、涡流变换器等。

处理电路单元各部分的作用如下：

1）电桥：用于组成直流或交流电桥，提供组桥插座，面板上虚线所示电阻为虚设，仅为组桥提供插座，R_1、R_2、R_3为350Ω的标准电阻，W_1为网络直流平衡调节电位器，W_2为网络交流平衡调节电位器。

2）差动放大器：通频带0～10kHz，可接成同相、反相、差动结构，增益为1～100倍的直流放大器。

3）电容放大器：由高频振荡、放大和双T电桥组成的处理电路。

4）电压放大器：增益约为5倍，同相输入时通频带0～10kHz。

5）移相器：允许最大输入电压为$10U_{p-p}$，移相范围≥±20°（5kHz时），其他频率时有所变化。

6）相敏检波器：可检波电压频率范围为0～10kHz，允许最大输入电压$10U_{p-p}$，是由极性反转整形电路与电子开关构成的检波电路。

7）电荷放大器：电容反馈型放大器，用于放大压电传感器的输出信号。

8）低通滤波器：由50Hz陷波器和RC滤波器组成，转折频率为35Hz左右。

9）涡流变换器：输出电压≥|8|V（探头离开被测物）；变频调幅式变换电路，传感器线圈是振荡电路中的电感元件。

10）音频振荡器：0.4～10kHz输出连续可调，U_{p-p}值20V输出连续可调，180°、0°反相输出，L_V端最大功率输出电流为0.5A。

11）低频振荡器：1～30Hz输出连续可调，U_{p-p}值20V输出连续可调，最大输出电流为0.5A，U_i端可提供用作电流放大器。

12）两副双平行式悬臂梁和测微头：一副为应变梁，另一副装在内部与振动圆盘相连，梁端装有永久磁钢、激振线圈和可拆卸式螺旋测微头，可进行位移与振动实验。

13）二组稳压电源：直流±15V，可提供仪器电路工作电源和温度实验时的加热电源，最大激励1.5A；±2～±10V，档距2V，分五档输出，最大输出电流1.5A，提供直流激励源。

实验28　金属箔式应变片交流电桥及其应用

【实验目的】

1. 了解交流供电的四臂应变电桥的原理和使用方法。

2. 了解金属箔式应变片交流电桥的实际应用。
3. 通过称重实验学习电子秤的原理，为独立设计电子秤打好基础。

【实验原理】

电阻应变式直流电桥有它的优点，也有缺点。实际中多采用交流电桥。在用交流供电时，其平衡条件、引线分布电容影响、平衡调节、后续信号放大线路等许多方面与直流电桥有明显的差异。

交流电桥线路与直流电桥类似，只是各桥臂均为含有 L、C、R 或任意组合的复阻抗。U 为交流电压源，开路输出电压为 U_0。交流电桥的输出特性方程和平衡条件在形式上与直流电桥很相似，但在内容上却有不同。根据交流电路阻抗的复数表示和计算分析可求出输出电压为

$$U_0 = U\frac{Z_1Z_3 - Z_2Z_4}{(Z_1+Z_2)(Z_3+Z_4)} \tag{3.28-1}$$

要满足电桥平衡条件，即 $U_0=0$，则应有

$$Z_1Z_3 - Z_2Z_4 = 0 \text{ 或 } Z_2/Z_1 = Z_3/Z_4 \tag{3.28-2}$$

设四桥臂阻抗分别为

$$Z_i = R_i + jX_i = z_i\mathrm{e}^{\mathrm{j}\varphi_i} \qquad (i=1,\ 2,\ 3,\ 4) \tag{3.28-3}$$

式中，R_i 为各桥臂电阻；X_i 为各桥臂的电抗；z_i 和 φ_i 分别为各桥臂复阻抗的模值和幅角。将这些值代入式（3.28-2）中，得交流电桥的平衡条件是

$$z_1z_3 = z_2z_4 \quad \text{且} \quad \varphi_1+\varphi_3 = \varphi_2+\varphi_4 \tag{3.28-4}$$

上式说明，交流电桥平衡时要满足两个条件，即相对两臂复阻抗的模之积相等，同时其幅角之和也必须相等。这正是交流电桥与直流电桥的不同之处。

下面讨论交流应变电桥的输出特性及平衡的调节。

设交流电桥的初始状态是平衡的，当工作应变片电阻 R_1 改变 ΔR_1 后，引起 Z_1 变化为 ΔZ_1，可计算出

$$U_0 = \frac{(Z_3/Z_4)(\Delta Z_1/Z_1)U}{[1+(Z_2/Z_1)+(\Delta Z_1/Z_1)](1+Z_3/Z_4)} \tag{3.28-5}$$

略去上式分母中的 $\Delta Z_1/Z_1$ 项，并设初始时 $Z_1=Z_2$，$Z_3=Z_4$，则有

$$U_0 = U(\Delta Z_1/4Z_1) \tag{3.28-6}$$

实验中 ΔR_1 的变化是通过改变双平行梁自由端的位置实现的。U_0 与 ΔZ_1，ΔZ_1 与 ΔR_1，ΔR_1 与双平行梁自由端的位移 Δx 有关系，则输出电压 U_0 与 Δx 有一定的关系（线性关系）。

一般来说，电桥电路中总会存在一定的分布电容，因而构成电容电桥。对这种交流电容电桥，除要满足电阻平衡条件外，还必须满足电容平衡条件。为此在桥路上除设有电阻平衡调节外，还应设有电容平衡调节。

【实验仪器】

CSY-910 型传感器系统实验仪：音频振荡器、电桥、差动放大器、移相器、相敏检波器、低通滤波器、F/V 表、双平行梁、应变片、测微头、主电源、副电源、示波器。

有关旋钮的初始位置：音频振荡器 5kHz，幅度旋钮关至最小，F/V 表打到 20V 档，差动放大器增益旋至最大。

【实验内容】

1. 金属箔式应变片组成的交流全桥特性的研究

1）熟悉 CSY-910 型传感器系统实验仪面板的结构。

2）差动放大器调整为零：将差动放大（+）、（-）输入端与地短接，输出端与 F/V 表输入端 V_i 相连。开启主、副电源，调差动放大器的调零旋钮，使 F/V 表显示为零，再将 F/V 表切换开关置 2V 档，细调差动放大器调零旋钮，使 F/V 表显示为零，然后关闭主、副电源。调好后，调零旋钮不可再动。

3）按图 3.28-1 接线，图中 R_1、R_2、R_3、R_4 为应变片；W_1、W_2、C、r 构成交流电桥调节平衡网络，电桥交流激励源必须从音频振荡器的 L_V 输出口引入，音频振荡器幅度旋钮置中间位置。检查无误后，方可接通电源。

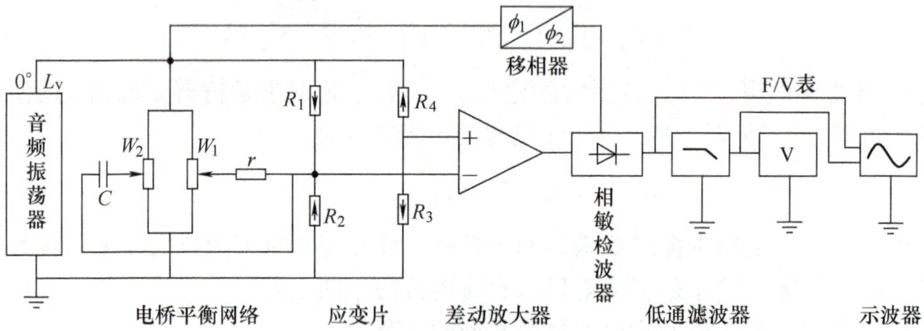

图 3.28-1 交流全桥实验用电路图

4）调系统输出为零和增益值：用手按住振动梁（双平行梁）的自由端。旋转测微头，使测微头脱离振动梁自由端并远离。将 F/V 表的切换开关置 20V 档，示波器 X 轴扫描时间切换到 0.1～0.5ms（以合适为宜），Y 轴 CH1 或 CH2 切换开关置 5V/DIV，音频振荡器的频率旋钮置 5kHz，幅度旋钮置中间幅度。

开启主、副电源，调节电桥网络中的 W_1 和 W_2，使 F/V 表和示波器显示最小，再把 F/V 表和示波器 Y 轴的切换开关分别置 2V 档和 50mV/DIV，细调 W_1 和 W_2 及差动放大器调零旋钮，使 F/V 表的显示值最小，示波器的波形大致为一条水平线（F/V 表显示值与示波器图形不完全相符时二者兼顾即可）。

再用手按住梁的自由端，使之产生一个大位移。旋转差动放大器的增益旋钮，使 F/V 表指针尽量满偏即可。调节移相器的移相旋钮，从示波器观察，使输出与输入同相位。放手后，梁复原，示波器图形基本成一条直线。

5）在双平行梁的自由端装上测微头：旋转测微头，使 F/V 表显示为零，以后每转动测微头一周即 0.5mm，将 F/V 表显示值记录在表 3.28-1 中。

表　3.28-1

x/mm	0.5	1.0	1.5	2.0	2.5	3.0	3.5	4.0	4.5	5.0	5.5	6.0	6.5	7.0	7.5	8.0	8.5	9.0	9.5	10.0
U_0/V																				

根据所得数据，在坐标纸上作出 U_0-x 曲线，找出线性范围，计算灵敏度 $S=\Delta U_0/\Delta x$。

6）实验完毕，关闭主、副电源。

2. 交流全桥的电子秤实验

1）将差动放大器调整为零，然后关闭主、副电源，参见实验内容 1。

2）按图 3.28-1 接好交流电桥调节平衡网络电路。同样，电桥交流激励源必须从音频振荡器的 L_V 输出口引入，音频振荡器旋钮置中间位置。

3）调系统输出为零：按住振动梁（双平行梁）的自由端，旋转测微头，使测微头与振动梁自由端远离。将 F/V 表的切换开关置 20V 档。示波器 X 轴扫描时间切换到 0.1 ~ 0.5ms，Y 轴 CH1 或 CH2 切换开关置 5V/DIV，音频振荡器的频率旋钮置 5kHz，幅度旋钮置中间幅度。

开启主、副电源，调节电桥网络中的 W_1 和 W_2，使 F/V 表和示波器显示最小，再把 F/V 表和示波器 Y 轴的切换开关分别置 2V 档和 50mV/DIV，细调 W_1 和 W_2 及差动放大器调零旋钮，使 F/V 表的显示值最小，示波器的波形为一条水平线（F/V 表显示值与示波器图形不完全相符时二者兼顾即可）。

调节移相器的移相旋钮，从示波器观察，使输出与输入同相位。放手后，梁复原，示波器图形基本成一条直线，否则调节 W_1 和 W_2。

4）在梁的自由端上（磁钢处）加所有砝码，调节差放增益旋钮，使 F/V 表显示对应的量值，去掉所有砝码，调 W_1 使 F/V 表显示零，这样重复几次进行标定。

5）在梁的自由端逐一加上砝码，把 F/V 表的显示值填入表 3.28-2 中。在坐标纸上作 U_0-m 图，计算灵敏度。

表　3.28-2

质量 m/g					
电压 U_0/V					

6）梁自由端放上一个质量未知的物体，记录 F/V 表的显示值，利用 U_0-m 图得出未知物体的质量。

7）实验完毕，关闭主、副电源，所有旋钮转到初始位置。

【注意事项】

砝码和物体应放在梁自由端的磁钢上的同一点。

【思考题】

要将这个电子秤设计方案投入实际应用，应如何改进？

实验29 霍尔式传感器的特性研究

【网络资源】

本实验教学资源见学习通“霍尔式传感器的特性研究”实验。

【实验目的】

1. 了解霍尔式传感器的结构、工作原理。
2. 学会用霍尔式传感器通过直流激励，做静位移的测量。

【实验原理】

根据霍尔效应（见实验10实验原理），霍尔电压

$$U_H = R_H \frac{IB}{d}$$

或

$$U_H = K_H IB \left(K_H = \frac{R_H}{d} \right)$$

可见，霍尔电压 U_H 与磁感应强度的大小 B 成正比。

本实验所用的霍尔式传感器由两个产生梯度磁场的环形磁钢和位于梯度磁场中的霍尔元件组成。当霍尔元件在梯度磁场中上、下移动时，霍尔元件在磁场中的位置与磁感应强度有对应关系，而霍尔电势与磁感应强度的大小成正比，因此，只要测得霍尔电压的改变量，便可获知霍尔元件的静位移。

在实验中，将一个圆盘（或称为称重平台）和霍尔元件相连，这样就把霍尔元件的静位移和圆盘的位移对应起来，再通过转动螺旋测微头，使测微头上下移动，带动圆盘上下移动，从而使霍尔元件在梯度磁场中上下移动。上下移动的位移量可通过测微头读出，霍尔电压 U_H 可通过电压表读出。

这样，就可通过霍尔元件在梯度磁场中的运动，来进行位移量的测量。

【实验仪器】

CSY－910型传感器系统实验仪：霍尔片、磁路系统、电桥、差动放大器、F/V表（电压表）、直流稳压电源、螺旋测微头、振动平台、主、副电源。

有关旋钮初始位置：差动放大器增益旋钮置于最小，电压表置20V档，直流稳压电源置±2V档，主、副电源关闭。

【实验内容】

1. 霍尔式传感器的特性研究

1）了解霍尔式传感器的结构及在实验仪上的安装位置，熟悉实验面板上霍尔片的符号（霍尔片安装在实验仪的振动圆盘上，两个半圆永久磁钢固定在实验仪的顶板上，二者组合

成霍尔传感器）。

2）将差动放大器调零（过程见实验 27），增益置中间位置，关闭主电源。注意：使用的电源为 ±2V。调好后，增益旋钮可以动，但调零旋钮不可再动。

3）按照图 3.29-1 接线，W_1、r 为电桥单元的直流电桥平衡网络的一部分。装好测微头，调节测微头与振动台吸合，并使霍尔片置于半圆磁钢上下正中位置。

4）经指导教师检查无误后，开启主、副电源，调整 W_1 使电压表指示为零。

5）上下旋动测微头，每变化 0.5mm 读取相应的电压值，并记入到表 3.29-1 中，在坐标纸上作出 $U-x$ 曲线，指出线性范围，求出灵敏度。如果出现非线性情况，请查找原因。

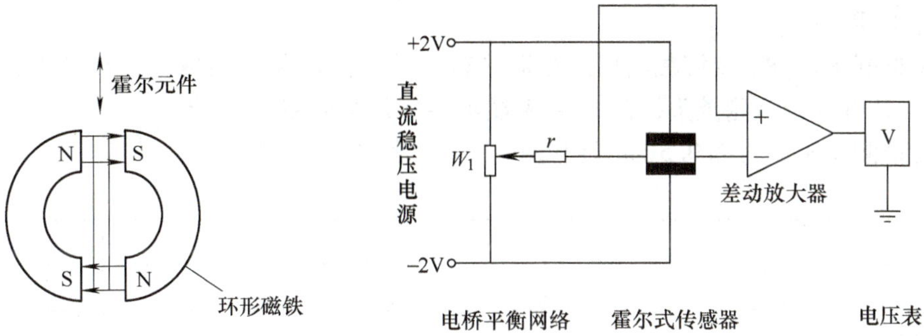

图 3.29-1　霍尔传感器实验用图

表　3.29-1

位移 x/mm								
电压 U/V								
位移 x/mm								
电压 U/V								

6）实验完毕关闭主、副电源，各旋钮置初始位置。

2. 霍尔式传感器的特性——交流激励（选做内容）

1）将差动放大器调零，关闭主、副电源。

2）用手按住振动梁（双平行梁）的自由端，调节测微头，使之脱离振动平台并远离振动台。将音频振荡器的输出幅度调到 $5U_{p-p}$ 值，差动放大器增益置最小。按图 3.29-2 接线，经指导教师检查无误后开启主、副电源。

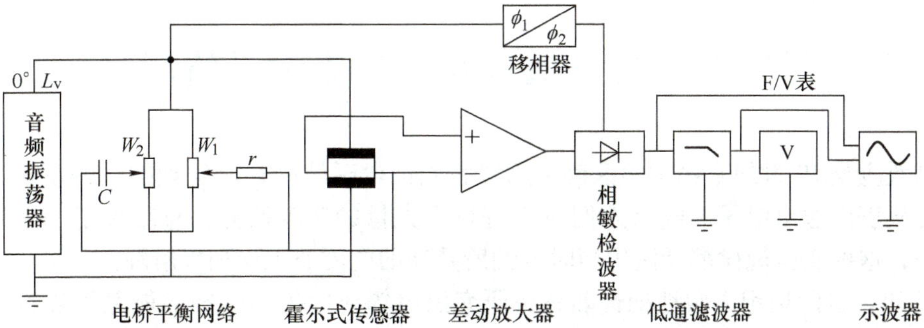

图 3.29-2　霍尔传感器交流激励实验用图

3）将F/V表的切换开关置20V档，示波器X轴扫描时间切换到0.1～0.5ms（以合适为宜），Y轴CH1或CH2切换开关置5V/DIV，音频振荡器的频率旋钮置5kHz，幅度旋钮置中间幅度。打开主、副电源，调节电桥网络中的W_1和W_2，使F/V表和示波器显示最小；再把F/V表和示波器Y轴的切换开关分别置2V档和50mV/DIV，细调W_1和W_2及差动放大器调零旋钮，使F/V表的显示值最小，示波器的波形大致为一条水平线（F/V表显示值与示波器图形不完全相符时二者兼顾即可）；再用手按住梁的自由端，使之产生一个大位移。旋转差动放大器的增益旋钮，使F/V表指针尽量满偏即可。调节移相器的移相旋钮，从示波器观察，使输出与输入同相位。放手后，梁复原，示波器图形基本成一条直线。否则，重复调节W_1和W_2。

4）调整好W_1、W_2及移相器后，在双平行梁的自由端装上测微头，转动测微头，使振动台吸合，并继续调节测微头，使F/V表显示零（F/V表置20V档）。

5）旋动测微头，每隔0.5mm记下表头读数，填入表3.29-2中。

表　3.29-2

位移 x/mm								
电压 U/V								
位移 x/mm								
电压 U/V								

在坐标纸上作出$U-x$曲线，找出线性范围，计算灵敏度。

【注意事项】

1. 激励信号必须从电压输出端或L_V输出，幅度应限制在峰-峰值5V以下，以免霍尔片产生自热现象。
2. 由于磁路系统的气隙较大，应使霍尔片尽量靠近极靴，以提高灵敏度。
3. 一旦调整好后，测量过程中不能移动磁路系统。
4. 激励电压用±2V档，不能过大，以免损坏霍尔片。

【思考题】

如何通过霍尔元件测位移量？

实验30　光电效应及普朗克常量的测定

光电效应是19世纪末物理学家赫兹用实验验证电磁波存在时发现的一种现象，即金属受光照射从表面逸出电子。随后人们对它进行了大量的实验研究，总结出了一系列实验规律。但是，这些实验规律都无法用当时人们所熟知的电磁波理论加以解释。

1905年，爱因斯坦大胆地把普朗克在研究黑体辐射中提出的辐射能量不连续观点应用于光辐射，提出“光量子”的概念，建立了有名的爱因斯坦方程，从而成功地解释了光电效应，使人们对光的本性认识有了一个飞跃。1916 年，密立根通过光电效应对普朗克常量进行的精确测量，验证了爱因斯坦方程的正确性。爱因斯坦正是因为发现了光电效应方程而获得了 1921 年诺贝尔物理学奖。

今天，利用光电效应制成的光电器件，如光电管、光电池和光电倍增管等已广泛地应用于自动控制、信号处理等各科技领域之中。

【网络资源】

本实验教学资源见学习通“光电效应及普朗克常量的测量”实验，有仪器介绍视频、测量前准备视频、测光电管伏安特性曲线视频、验证饱和光电流与光强成正比关系视频、普朗克常量的测量视频、实验原理、实验数据处理方法等。

【实验目的】

1. 了解光电效应的基本规律，加深对光量子性的理解。
2. 验证爱因斯坦方程，测定普朗克常量。
3. 测定光电管的伏安特性曲线。

【实验原理】

1. 光电效应现象与爱因斯坦光电效应方程

金属在光的照射下释放电子的现象称为光电效应。光电效应的实验原理如图 3.30-1 所示。在阳极 A 和阴极 K 之间加上可以改变极性的电压 U。用单色光照射光电管阴极 K，于是电子在加速电场（$U>0$，即 A 为正电势，K 为负电势）的作用下向阳极 A 迁移，在回路中形成光电流。甚至在光电管加上减速电压（$U<0$，即 K 为正电势，A 为负电势）时也会有电子落到阳极。直到阳极电位低于某一数值时，所有光电子都不能到达阳极，光电流才为零。使光电流为零的反向电压 U_0 称为光电效应的截止电压，如图 3.30-2 所示。

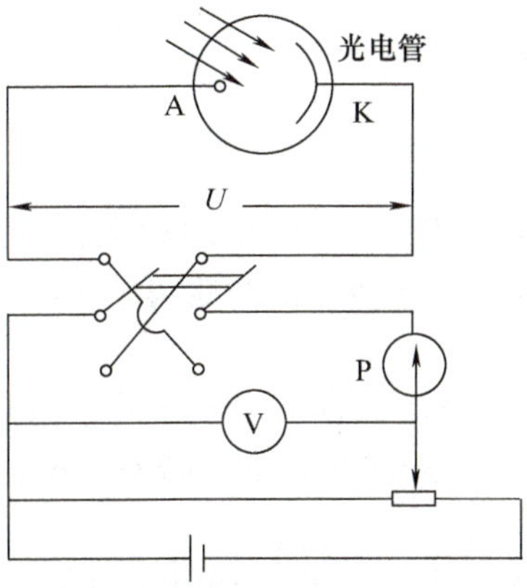

图 3.30-1　光电效应实验原理图

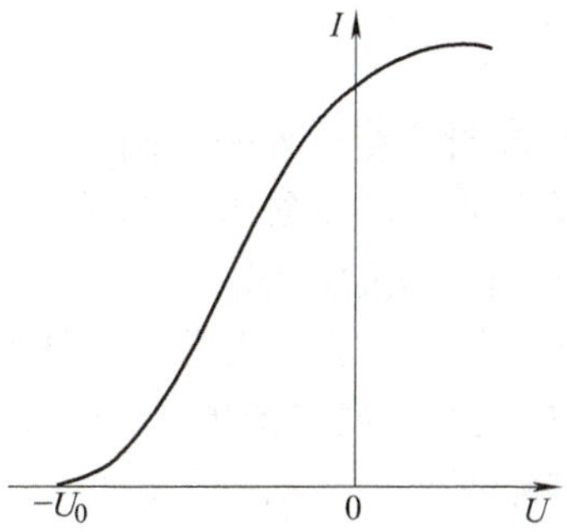

图 3.30-2　光电管的伏安特性曲线

光电效应的基本规律如下：

1）当入射光的波长不变时，光电流的大小与入射光的光强成正比。

2）光电子的最大动能与入射光的光强无关，仅与入射光的频率有关；频率越高，光电子的动能越大。

3）对于任何波长的光，阴极的金属材料都有一个相应的截止频率 ν_0（亦称红限）。当入射光的频率小于 ν_0 时，不论光强多大，照射时间多长，也不能产生光电流。

上述光电效应的实验规律是光的波动理论所不能解释的。1905 年爱因斯坦首先用光电子理论圆满地解释了光电效应。它假设光束是由能量为 $h\nu$ 的粒子（称为光子）组成，当光照射在金属表面上时，光子与金属中的电子碰撞，把全部能量传递给电子。电子获得的能量，一部分用来克服金属表面对它的束缚，剩余的能量就成为逸出金属表面后电子的动能。根据能量守恒定律有

$$h\nu = \frac{1}{2}m_e v^2 + W \tag{3.30-1}$$

式（3.30-1）称为爱因斯坦光电效应方程。式中，h 为普朗克常量，$h = 6.626 \times 10^{-34}\,\text{J} \cdot \text{s}$；$\nu$ 为入射光频率；m_e 为电子质量；v 为光电子逸出金属表面的速度；W 为受光照射的金属材料的逸出功（电子脱离金属表面耗费的能量）。

方程（3.30-1）表明：光电子的初动能只取决于入射光的频率。当入射光的光强增加时，光电子数明显增加，光电流也随之增大，且只有当

$$\nu \geqslant W/h = \nu_0 \tag{3.30-2}$$

时，才能使光电子逸出金属表面。故截止频率 ν_0 取决于金属材料的逸出功，由此，成功地解释了光电效应的规律。

2. 用减速电压测量截止电压 U_0

从图 3.30-2 可以看出，当光电管上减速电压（即 K 为正电势，A 为负电势）等于截止电压 U_0（U_0 为绝对值）时，光电流为零。这一现象说明，此时从阴极逸出的具有最大动能的光电子将不能穿过反向电场而到达阳极，且

$$eU_0 = \frac{1}{2}m_e v^2 \tag{3.30-3}$$

合并式（3.30-1）、式（3.30-2）、式（3.30-3）得

$$U_0 = \frac{h}{e}(\nu - \nu_0) \tag{3.30-4}$$

式（3.30-4）说明，若用频率不同的单色光照射同一阴极时，所得到的截止电压值与入射光的频率呈线性关系，如图 3.30-3 所示。由直线斜率可求 h，由截距可求 ν_0。这正是密立根 1915 年所设计的实验思想。

但是，实测的光电管伏安特性曲线要比图 3.30-2 复杂。这主要是受两个因素的影响：

1）受暗电流和本底电流的影响：暗电流是指光电管阴极未受光照而产生的微弱电流，在常温下可忽略不计。

本底电流是由周围杂散光线射入光电管而形成的，其大小随外加电压而变化。

2）受阳极电流的影响：在制作光电管阴极时，阳极也会被溅射上阴极材料。因此，光照到阳极上时也会发射光电子，形成阳极光电流。所以，实测出来的光电流是阴极光电流（包括暗电流、本底电流、光电子流）和阳极光电流（即反向电流）的合成电流，如

图 3. 30-4所示，这给确定截止电压 U_0 带来一定的困难。

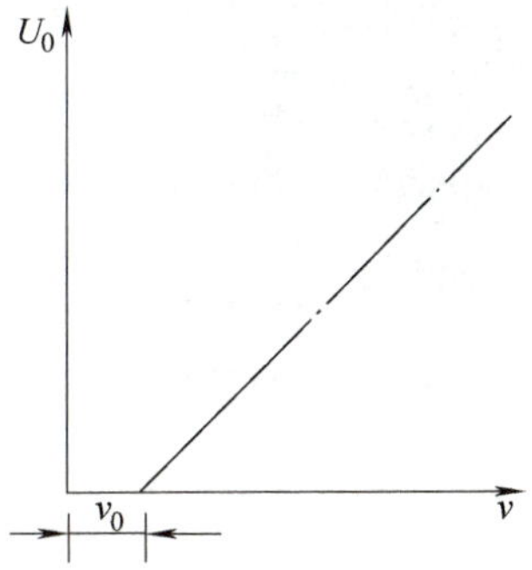

图 3. 30-3　截止电压与频率曲线

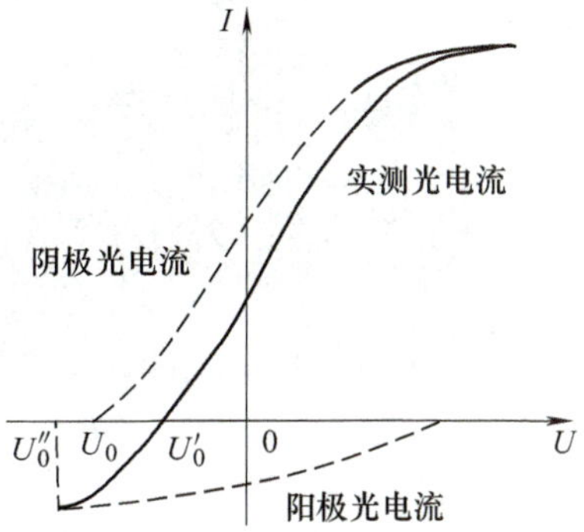

图 3. 30-4　实测光电管伏安特性曲线

确定截止电压 U_0 主要有两种办法：

① 交点法：光电管阳极用逸出功较大的材料制作，制作过程中尽量防止阴极材料蒸发。实验前对光电管阳极通电，减少其上溅射的阴极材料，实验中避免入射光直接照射到阳极上，这样可使它的反向电流大大减少，因此，曲线与 U 轴交点的电位差值 U_0' 近似等于截止电压 U_0，此即为交点法。

② 拐点法：光电管阳极反向电流虽然较大，但在结构设计上，若使反向光电流能较快地饱和，则伏安特性曲线在反向电流进入饱和段后有明显的拐点，因此，测出拐点的电位差值 U_0'' 即测出了理论值 U_0。

本实验仪器采用了新型结构的光电管，故采用交点法测量。

【实验仪器】

普朗克常量测试仪（见图 3. 30-5）、实验基准平台（包括高压汞灯光源、遮光盖子、高压汞灯镇流器、滤光片、光电管暗盒，见图 3. 30-6）。

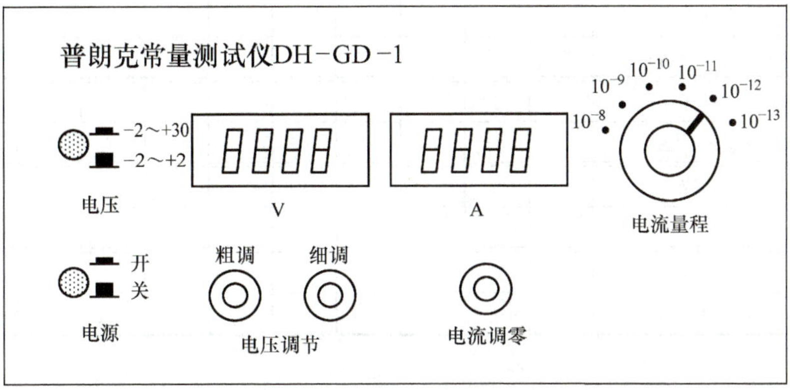

图 3. 30-5　普朗克常量测试仪

图 3.30-6 实验基准平台

【实验内容】

1. 测试前准备

1）接通测试仪及汞灯电源，预热约 20min。盖上光电管暗箱和汞灯的遮光盖，调整光电管与汞灯的距离为 400mm 并保持不变（注意：汞灯一旦开启，不要随意关闭！）。

2）测试仪调零：盖上光电管暗箱和汞灯的遮光盖，“电压”选择在“$-2\sim+30$V”档，“电流量程”选择在“10^{-10}A”档，旋转“电流调零”旋钮使“电流表”指示为“000.0”（注意：每次调换“电流量程”，都应重新调零！）。

2. 测光电管的伏安特性曲线（*I-U* 曲线）

将“电压”选择按键置于“$-2\sim+30$V”档，将“电流量程”选择开关置于“10^{-10}A”或“10^{-11}A”档并重新调零，将直径为 2mm 的光阑及波长 435.8nm 的滤光片插在光电管入射窗孔前。

1）从截止电压开始由低到高调节电压，直至 30V（不高于 30V）。

从截止电压到 0V 区间，电压取值间隔为 0.25V；从 0V 到 8V 区间，电压取值间隔为 1.5V；从 8V 到 30V 区间，电压取值间隔为 3V。每取一电压值，记录数据于表 3.30-1 中。

表 3.30-1 *I-U* 关系 $L=400$mm

435.8nm	U/V												
光阑 2mm	$I/(10^{-11}$A)												
435.8nm	U/V												
光阑 4mm	$I/(10^{-11}$A)												
546.1nm	U/V												
光阑 2mm	$I/(10^{-11}$A)												
546.1nm	U/V												
光阑 4mm	$I/(10^{-11}$A)												

注意：由于光电流会随光源、环境光以及时间的变化而变化，测量光电流时，选定 U 后，应取光电流读数的平均值。

为了使每个电流值都有三位有效数字，测量过程中必须变换“电流量程”。

2）换上直径为 4mm 的光阑，重复步骤 1）。

3）换上波长 546.1nm 的滤光片，重复步骤 1）、2）。

3. 验证光电管的饱和光电流 I_m 与入射光强 P 成正比关系

在 U 为 30V 时，选择“电流量程”使得电流值有三位有效数字，并重新调零。在同一入射频率、同一入射距离下，记录光阑直径分别为 2mm、4mm、8mm 时对应的电流值于表 3.30-2中。

表 3.30-2　I_m-P 关系　　$U=30V$　$L=400mm$

435.8nm	光阑孔 Φ/mm	2	4	8
	$I/(\times 10^{-10}A)$			
546.1nm	光阑孔 Φ/mm	2	4	8
	$I/(\times 10^{-10}A)$			

4. 普朗克常量 h 的测量

1）零电流法：将“电压”选择按键置于“－2～＋2V”档，“电流量程”选择在“10^{-12}A”档并重新调零。将直径为 4mm 的光阑及波长为 365.0nm 的滤光片插在光电管入射窗孔前，调节电压 U，使得光电流 I 为零，此时测试仪中显示的电压值即可认为是该入射光频率对应的截止电压。重复测量四次，填入表 3.30-3 中。

依次更换其余四个滤光片（注意：一定要先盖上汞灯的遮光盖再更换滤光片），测出各自对应的截止电压。

2）补偿法：调节电压 U 使电流为零后，保持 U 不变，遮挡汞灯光源，此时测得的电流 I_1 为电压接近截止电压时的暗电流和本底电流。重新让汞灯照射光电管，调节电压 U 使电流升至 I_1，将此时对应的电压 U 的绝对值作为截止电压 U_0。

此法可以补偿暗电流和本底电流对测量结果的影响。

表 3.30-3　U_0-ν 关系　　光阑孔 $\Phi=4mm$　$L=400mm$

波长 λ/nm		365.0	404.7	435.8	546.1	577.0
频率 $\nu/(10^{14}Hz)$		8.216	7.410	6.882	5.492	5.196
截止电压 U_0/V	1					
	2					
	3					
	4					
	平均值					

【数据处理】

1. 根据表 3.30-1 的数据在坐标纸上作 I-U 关系曲线。

2. 根据表 3.30-3 的数据在坐标纸上作 U_0-ν 直线，得出直线的斜率后求普朗克常量 h，与公认值 $h=6.626\times 10^{-34}J\cdot s$ 比较求相对误差，同时求红限频率 ν_0。

3. 验证光电管的饱和光电流 I_m 与入射光强 P 成正比关系。

【注意事项】

1. 汞灯关闭后，不要立即开启电源。必须待灯丝完全冷却后再开启，以延长汞灯寿命。
2. 实验过程中注意随时盖上汞灯的遮光盖，一定要先盖上汞灯的遮光盖再更换滤光片。
3. 实验结束时应盖上光电管暗箱和汞灯的遮光盖！
4. 滤光片要保持清洁，禁止用手触摸。

【思考题】

1. 光电效应有哪些规律？
2. 爱因斯坦光电效应方程的物理意义是什么？

实验31　夫兰克-赫兹实验

1913年，尼尔斯·玻尔（Bohr Niels）在描绘氢原子光谱规律经验公式的基础上建立了新的原子结构理论，指出原子存在能级，即原子发生跃变时吸收和发射的能量是分立的、不连续的。1914年夫兰克（J. Franck）和赫兹（G. Hertz）用电子碰撞原子的方法，观察并测量到了汞的激发电位和电离电位（即著名的Franck-Hertz实验），从而证明了原子能级的存在，为玻尔发表的原子结构理论的假说提供了强有力的实验证据。为此，夫兰克和赫兹分享了1925年的诺贝尔物理学奖，他们的实验方法至今仍是探索原子结构的重要手段之一。

【网络资源】

本实验教学资源，如夫兰克－赫兹仪结构与原理视频、实验操作过程视频、数据处理方法举例等，见学习通“夫兰克－赫兹实验”。

【实验目的】

1. 了解夫兰克-赫兹实验的设计思想和基本方法。
2. 学习测量氩原子第一激发电位的实验方法。

【实验原理】

根据玻尔理论，原子只能较长久地停留在一些稳定的状态，这样的状态称为定态。其中每个定态对应于一定的能量值$E_i(i=1, 2, 3, \cdots)$。这些能量值是彼此分立的、不连续的。当原子从一个定态过渡到另一个定态时，会发射或吸收一定频率的电磁辐射。频率的大小取决于原子所处两定态的能量差，即

$$h\nu = E_n - E_m \tag{3.31-1}$$

式中，$h=6.63\times10^{-34}\text{J}\cdot\text{s}$称为普朗克常量；$\nu$为频率；$E_n$、$E_m$为两个定态的能量。

改变原子状态的方法主要有两种：①使原子本身发射或吸收电磁辐射；②其他粒子与原

子发生碰撞而交换能量。用电子轰击原子实现能量交换最方便，因为电子的能量 eU 很容易通过改变加速电压 U 来控制。本实验就是利用一定能量的电子与氩原子相碰撞而发生能量交换来实现氩原子能级的改变。

如果电子的能量很小，电子和原子的碰撞只能发生弹性碰撞，几乎不产生能量交换。设初速度为零的电子在电压为 U_0 的加速电场作用下，获得能量 eU_0。当这样的电子与稀薄气体原子（如十几个氩原子）发生碰撞时，将会因发生非弹性碰撞而交换能量。以 E_0、E_1 分别代表氩原子的基态能量和第一激发态能量，那么，当氩原子吸收从电子传递过来的能量恰好为

$$eU_0 = E_1 - E_0 \tag{3.31-2}$$

时，氩原子就会从基态跃迁到第一激发态，相应的电压称为氩的第一激发电位。

图 3.31-1 为夫兰克-赫兹实验装置示意图，玻璃管 A 内充以低压氩气，电子由热阴极 K 发出，阴极 K 和栅极 G_1 之间的加速电压 U_{G_1} 主要用于消除电子散射的影响，栅极 G_1、G_2 之间的加速电压 U_{G_2} 使电子加速，在极板 P 和栅极 G_2 之间有减速电压 U_P。当电子通过栅极 G_2 进入 G_2、P 之间的空间时，如果电子的能量大于 eU_P，就能到达极板 P 形成电流 I_P。如果电子在 G_1、G_2 之间的空间与氩原子发生非弹性碰撞，把自己的一部分能量传给氩原子而使后者产生能级跃迁，电子本身剩余的能量小于 eU_P，则电子不能到达极板，极板电流将会显著减小。

实验中，使加速电压 U_{G_2} 逐渐增加，极板电流 I_P 将会随着电压 U_{G_2} 的变化，于是得到如图 3.31-2 所示的 I_P-U_{G_2} 曲线。

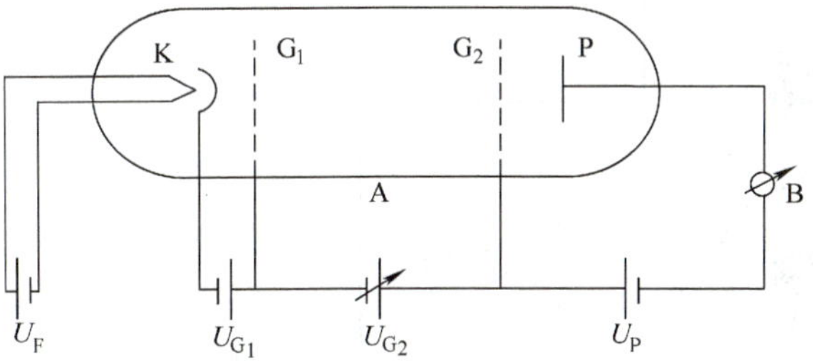

图 3.31-1　夫兰克-赫兹实验装置示意图

K—阴极（灯丝）　G_1、G_2—栅极　P—板极

A—夫兰克-赫兹管　B—检流计

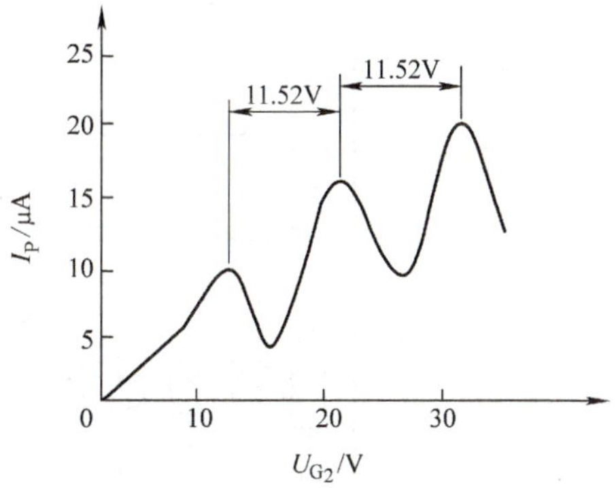

图 3.31-2　板极电流和加速电压之间的关系

在加速电压 U_{G_2} 刚开始增大时，由于电压较低，电子在 G_1、G_2 之间的空间被加速而获得的能量也较低，与氩原子碰撞时不足以使原子产生能量交换，因而二者是弹性碰撞，这些电子穿过 G_2、P 之间的空间形成极板电流 I_P，并且随着 U_{G_2} 的增大而增大。当 U_{G_2} 达到或稍大于氩原子的第一激发电位 U_0 时，电子在 G_1、G_2 之间的空间与氩原子相遇将会产生非弹性碰撞，把全部能量传给氩原子而使之从基态激发到第一激发态，电子由于失去能量而无法克服 G_2、P 之间的空间减速电场，则电子不能到达极板，极板电流将会从峰值处开始下跌。

当继续增大加速电压 U_{G_2} 时，经过与氩原子第一次非弹性碰撞后失掉能量的这些电子将会重新获得足够的能量而穿过 G_2、P 之间的空间到达极板，极板电流将会随着 U_{G_2} 的增加而从谷值处再次上升。当 $U_{G_2}=2U_0$ 时，电子将会又有足够的能量与氩原子产生第二次非弹性碰撞而失去能量，不能到达极板，极板电流将再次从峰值处下跌。再增大加速电压 U_{G_2}，极板电流又从谷值（第二谷值）处开始上升。由此可知，每当 $U_{G_2}=nU_0(n=1,\ 2,\ 3,\ \cdots)$ 时，极板电流就会从某个峰值处下跌，于是就会观察到上述 I_P-U_{G_2} 曲线。而曲线各次极板电流下跌处相对应的加速电压 U_{G_2} 差值都等于氩原子的第一激发电位 U_0（公认值为 11.52V）。

处于第一激发态的氩原子是不稳定的，将会从激发态跃迁回到基态。跃迁时将会有能量 eU_0 以光子的形式辐射出来。根据玻尔理论，这种光辐射的波长为

$$eU_0=h\nu=h\frac{c}{\lambda} \tag{3.31-3}$$

即

$$\lambda=\frac{hc}{eU_0}=\frac{6.63\times10^{-34}\times3.00\times10^{8}}{1.6\times10^{-19}\times11.52}\text{m}=108.1\text{nm}$$

利用光谱仪确实从夫兰克-赫兹管中观察到一条 $\lambda=108.1\text{nm}$ 的紫外谱线，这个实验值与理论值符合得很好。这就表明原子能级是确实存在的。

【实验仪器】

夫兰克-赫兹仪（见图 3.31-3）、GOS-630FC 型模拟示波器、电源线、Q9 线。

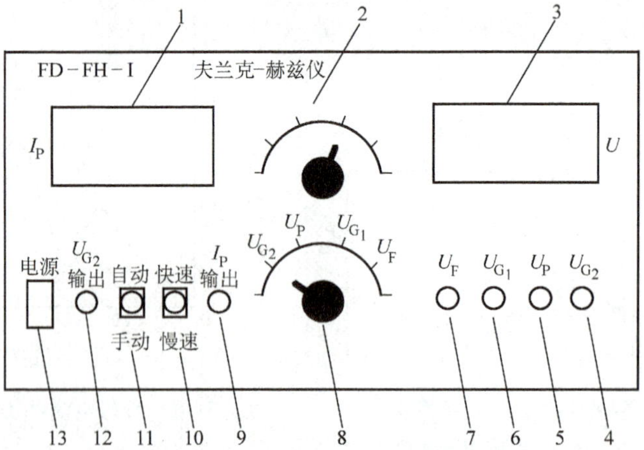

图 3.31-3　FD-FH-I 夫兰克-赫兹仪示意图

1—I_P 显示表头　2—I_P 量程选择开关　3—数字电压表头　4—U_{G_2} 电压调节旋钮　5—U_P 电压调节旋钮　6—U_{G_1} 电压调节旋钮　7—U_F 电压调节旋钮　8—电压示值选择开关　9—I_P 输出端　10—U_{G_2} 扫描速率选择开关　11—U_{G_2} 扫描方式选择开关　12—U_{G_2} 输出端　13—电源开关

【实验内容】

1. 分别用 Q9 线将主机正面板上"U_{G_2} 输出"和"I_P 输出"与示波器上的"CH1""CH2"相连，将电源线插在主机后面板的插孔内，合上电源开关。

2. 把扫描开关调到“自动”档，扫描速度开关调到“快速”，把 I_P 电流增益波段开关拨到“10nA”。

3. 合上示波器的电源开关，并分别将“X”“Y”电压调节旋钮调到“1V”和“2V”，“POSITION”调到“X - Y”，“交直流”全部打到“DC”。

4. 分别调节 U_{G_1}、U_P、U_F 电压至主机上部厂商标定数值，将 U_{G_2} 调节至最大，此时可以在示波器上观察到稳定的氩的 I_P-U_{G_2} 曲线。

5. 将扫描开关拨至“手动”挡，调节 U_{G_2} 至最小，然后逐渐增大其值，寻找 I_P 值的极大和极小值点，以及相应的 U_{G_2} 值。

6. 加速电压 U_{G_2} 从 8.0V 左右开始增大，记录板极电流 I_P 和对应的加速电压 U_{G_2} 值。注意一定要记准电流 I_P 达极大和极小时的数值以及对应的加速电压 U_{G_2} 值，电流 I_P 在极大与极小值之间的数据记录 1 ~ 3 组即可，直到加速电压 U_{G_2} 达到最大值，完成数据测量。记录数据的表格自行设计。

7. 在坐标纸上描画氩的 I_P-U_{G_2} 关系曲线图。

8. 用逐差法计算每两个相邻峰值对应的 U_{G_2} 之差 ΔU_{G_2}，求出氩原子的第一激发电位 $\overline{U}_0$。

【预习思考题】

1. 极板电流 I_P 有规律变化的原因是什么？

2. 本实验的实验方法是什么？

【思考题】

1. 极板 P 和栅极 G_2 之间电压 U_P 对实验有何影响？

2. 为什么根据 I_P-U_{G_2} 关系曲线能说明原子能级的存在？

实验 32　核磁共振实验

1946 年伯塞尔（Purcell）用吸收法观测到了石蜡中质子的核磁共振（NMR）信号，布洛赫（Bloch）几乎同时用感应法发现了液态水的核磁共振现象，为此他们共同获得了 1952 年的诺贝尔物理学奖。核磁共振是指具有磁矩的原子核在恒定磁场作用下对一定频率的射频电磁波产生的共振吸收现象。核磁共振已经广泛地应用到许多学科领域，是物理、化学、生物和医学研究中的一项重要实验技术。

【实验目的】

1. 观察核磁共振实验现象。

2. 了解核磁共振实验的基本原理和方法。

3. 用核磁共振法测定 ^{1}H 和 ^{19}F 的 γ 值和 g 因子。

【实验原理】

解释核磁共振现象的量子力学和经典力学两种观点。

1. 量子力学观点

根据量子力学理论，原子核自旋磁矩$\boldsymbol{\mu}$ 和自旋角动量$\boldsymbol{P}$ 的关系为

$$\boldsymbol{\mu}=\gamma\boldsymbol{P} \tag{3.32-1}$$

式中，$\gamma=\dfrac{e}{2m_{\mathrm{N}}}g$，称为旋磁比；$e$、$m_{\mathrm{N}}$ 分别为核子的电荷量和核子质量；g 为原子核的朗德因数，对于质子，$g=5.586$。

原子核自旋磁矩和自旋角动量在空间取向是量子化的，其自旋角动量和自旋磁矩为

$$P_J=\sqrt{J(J+1)}\hbar \tag{3.32-2}$$

$$\mu_J=\gamma P_J=\frac{q}{2m_{\mathrm{N}}}g\sqrt{J(J+1)}\hbar \tag{3.32-3}$$

式中，J 是核自旋量子数，其值为半整数或整数。当质子数和质量数均为偶数时，$J=0$，当质量数为偶数而质子数为奇数时，$J=0$，1，2，…，当质量数为奇数时，$J=n/2$（$n=1$，3，5，…）。$\hbar=h/2\pi$，h 为普朗克常量。

在没有外磁场的情况下，原子核处于由量子数 J 标志的某一能量状态，称为能级。当有外磁场存在时，自旋角动量$\boldsymbol{P}$ 在外磁场$\boldsymbol{B}_0$ 方向（z 方向）的分量为

$$P_z=m_J\hbar \tag{3.32-4}$$

式中，$m_J=J$，$J-1$，…，$-J+1$，$-J$，称为原子核的磁量子数。这时磁矩与外磁场相互作用能为

$$E=-\boldsymbol{\mu}\cdot\boldsymbol{B}_0=-\mu B_0\cos\theta=-\gamma P_Z B_0=-\gamma m_J\hbar B_0 \tag{3.32-5}$$

可见，量子数 J 标志的能级分裂为 $2J+1$ 个塞曼能级。每个超精细能级由 m_J 标志，可取 $2J+1$ 个值。两个塞曼能级的能量差为

$$\Delta E=\gamma\hbar B_0=\omega_0\hbar \tag{3.32-6}$$

式中，ω_0 称为拉莫尔（Larmor）频率。由上式可以看到，这个能量差与外磁场$\boldsymbol{B}_0$ 的大小有关。它对应一个光子的能量 $\omega_0\hbar$。也就是说，当系统的粒子在这些超精细能级之间跃迁时，就要吸收或辐射圆频率为 ω_0 的电磁波。根据量子力学理论可知，除 $\Delta m_J=0$ 的跃迁外，在相邻能级间跃迁时（即 $\Delta m_J=\pm1$），吸收和辐射的电磁波都是圆偏振波，其偏振面与$\boldsymbol{B}_0$ 垂直。

若给系统在垂直于$\boldsymbol{B}_0$ 的方向上加上一个射频磁场 $B_1=B'\cos\omega t$，当 $\omega=\omega_0$ 时，系统中处于低能级的粒子就从射频场中吸收能量，跃迁到相邻的高能级上去，这就是核磁共振。共振频率与磁场的关系为

$$\omega_0=\gamma B_0 \tag{3.32-7}$$

2. 经典力学观点

具有磁矩$\boldsymbol{\mu}$ 和角动量$\boldsymbol{P}$ 的粒子，在外磁场$\boldsymbol{B}_0$ 中受到力矩$\boldsymbol{M}$ 的作用，

$$\boldsymbol{M}=\boldsymbol{\mu}\times\boldsymbol{B}_0 \tag{3.32-8}$$

此力矩使角动量发生变化

$$\boldsymbol{M}=\frac{\mathrm{d}\boldsymbol{P}}{\mathrm{d}t} \tag{3.32-9}$$

故由式（3.32-1）有

$$\frac{\mathrm{d}\boldsymbol{\mu}}{\mathrm{d}t}=\gamma\boldsymbol{\mu}\times\boldsymbol{B}_0 \tag{3.32-10}$$

当 $\boldsymbol{B}_0$ 是稳恒磁场时，上式表示 $\boldsymbol{\mu}$ 绕 $\boldsymbol{B}_0$ 进动，进动圆频率为

$$\omega_0=\gamma B_0$$

这时，若在与 $\boldsymbol{B}_0$ 垂直的方向上加一旋转磁场 $\boldsymbol{B}_1$，其旋转圆频率也为 ω_0，旋转方向与 $\boldsymbol{\mu}$ 进动方向一致，则 $\boldsymbol{\mu}$ 也绕 $\boldsymbol{B}_1$ 进动，结果使 $\boldsymbol{\mu}$ 与 z 轴的夹角增大，说明原子核从 $\boldsymbol{B}_1$ 场中获得了能量。

核磁共振的实验研究方法有连续波法（又称稳态法）和脉冲法两种。本实验采用前一种方法，它主要是用连续的射频磁场（即旋转磁场 $\boldsymbol{B}_1$）作用于核系统上来观察核对频率的响应信号，下面做具体介绍。

连续波法（稳态法）产生核磁共振现象也有两种方式，一为扫频法，即固定 $\boldsymbol{B}_0$，而让 $\boldsymbol{B}_1$ 的圆频率连续变化通过共振区，当 $\omega=\omega_0=\gamma B_0$ 时出现共振信号；另一为扫场法，即固定 $\boldsymbol{B}_1$ 的圆频率 ω，而在稳恒磁场 $\boldsymbol{B}_0$ 上加一射频磁场 $\widetilde{B}=B_{\mathrm{m}}\cos\omega' t$，样品所在处实际磁场为 $\boldsymbol{B}=\boldsymbol{B}_0+\widetilde{\boldsymbol{B}}$，相应的进动圆频率 $\omega_0=\gamma(B_0+\widetilde{B})$ 也周期性地变化，当

$$B=B_0+\widetilde{B}=\frac{\omega}{\gamma}$$

时，发生共振，共振条件在射频磁场的一个周期内被满足两次。改变 $\boldsymbol{B}_0$ 或 ω 都会使信号位置发生相对移动，如图 3.32-1 所示。当共振信号间距相等时，此时共振频率 $2\pi\nu=\gamma B_0$，如图 3.32-2 所示。若分别测出 $\boldsymbol{B}_0$ 和共振频率 ν，就可算出 γ 和 g 因子。

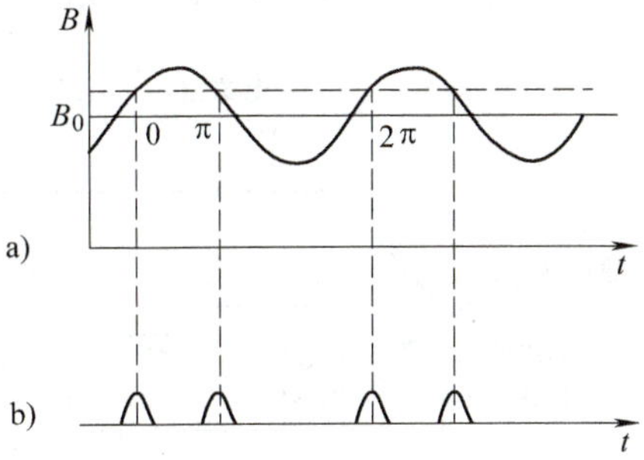

图 3.32-1　核磁共振信号

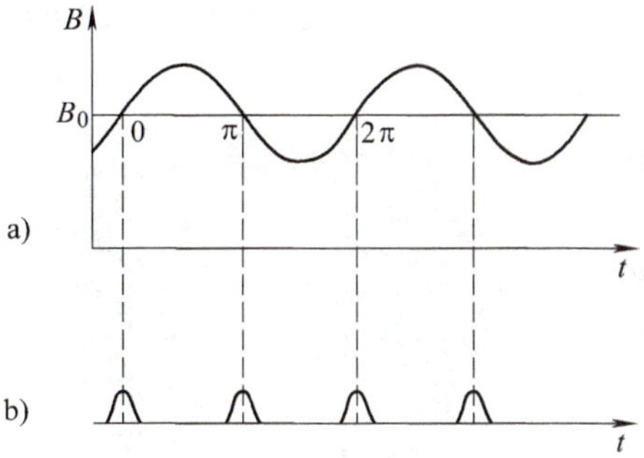

图 3.32-2　等间距共振信号

若两种样品先后置于相同的磁场中，当信号等间距时，有

$$\frac{\nu_1}{\gamma_1}=\frac{\nu_2}{\gamma_2} \tag{3.32-11}$$

由此可通过一已知样品的 γ 值标定另一未知样品的 γ 值。

【实验仪器】

核磁共振仪、示波器、磁铁、频率计、样品（纯水和聚四氟乙烯）。

核磁共振实验装置如图 3.32-3 所示，包括电磁铁、边限振荡器、探头及样品、频率计、示波器和移相器等。

电磁铁由磁头及主线圈和扫描线圈构成，如图 3.32-4 所示，主线圈通以稳恒电流产生 $\boldsymbol{B}_0$，改变电流大小或磁极间距离，可以改变 $\boldsymbol{B}_0$ 的大小。扫描线圈通以 50Hz 交流电流产生调制磁场 $\widetilde{\boldsymbol{B}}$。

边限振荡器就是低电平振荡器，如图 3.32-5 所示，它工作在开始振荡与不振荡状态之间的边缘区域，由振荡线圈提供核磁共振所需的 $\boldsymbol{B}_1$，它同时兼作接收线圈，实验时其探头及样品置于电磁铁磁隙间且轴线与 $\boldsymbol{B}_0$ 垂直。当磁场扫过共振区时，样品吸收 $\boldsymbol{B}_1$ 的能量后改变线圈的 Q 值，从而使振荡幅度产生较大变化，利用检波器可以检出，也可从示波器上显示这种变化的曲线。

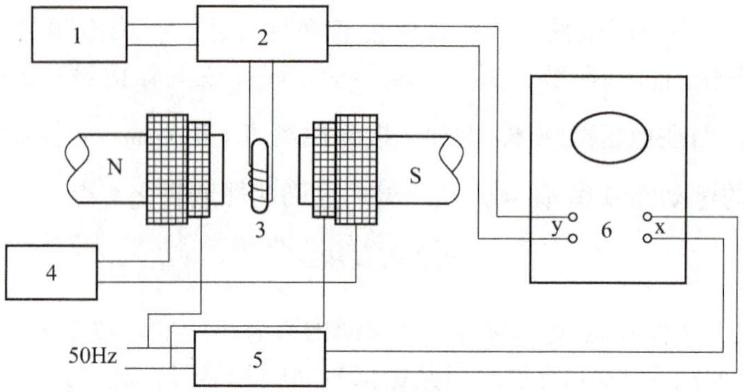

图 3.32-3　核磁共振实验装置图

1—频率计　2—边限振荡器　3—探头及样品　4—稳流电源　5—移相器　6—示波器　N、S—电磁铁

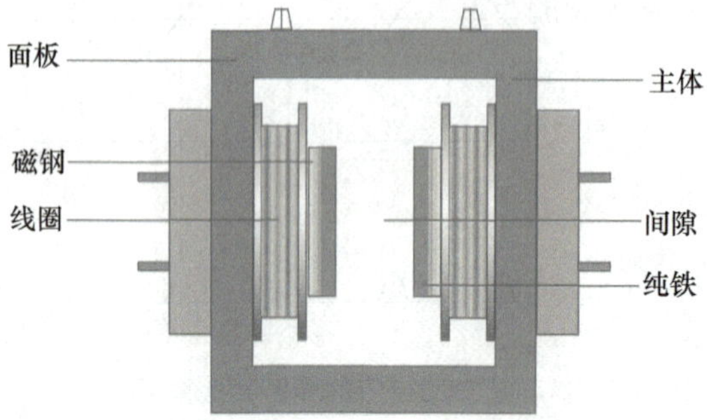

图 3.32-4　电磁铁结构示意图

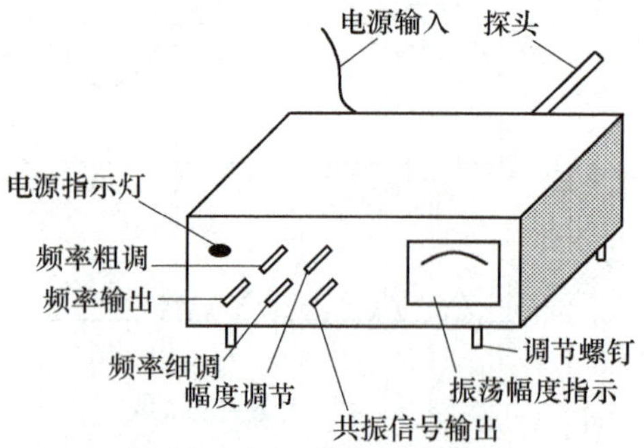

图 3.32-5　边限振荡器

采用边限振荡器可以使共振吸收明显，也可避免样品饱和。当发生共振时，有较多的原子核处于低能级，吸收过程明显。经过一段时间后，当处于高能级的粒子数与低能级粒子数相等

时，纯吸收为零，这一现象称为共振饱和。如果边限振荡器不在边限区，$\boldsymbol{B}_1$ 较强很容易使样品共振达到饱和，原子核系统不再从射频场吸收能量，也就观察不到核磁共振现象了。但是在原子核系统中还存在另一类过程，高能级上的磁矩会将能量交给周围环境（不交给磁场）而产生无辐射跃迁回到低能级，即原子核从高能级跃迁到低能级不以光子的形式发射，而是通过原子核的自旋-自旋相互作用（横向弛豫）及自旋-晶格相互作用（纵向弛豫）进行，该能量最后转变为热能，该过程称为弛豫过程。由此可见，由于弛豫过程的存在，将会克服共振饱和现象以维持共振吸收一直持续下去。但如果系统的弛豫过程进行得慢，则仍会发生共振饱和。如测量磁场常用的水探头，其弛豫时间的数量级为几秒，易出现共振饱和。为避免饱和，常常在水中加入少量顺磁离子，如 Fe^{3+}，以缩短弛豫时间，维持共振吸收。

用示波器观察共振信号时，可采用内扫法和外扫法两种形式。内扫法就是在示波器的 X 偏转板上加锯齿波扫描信号，而在 Y 偏转板上以共振信号作为触发源信号，这样就可获得共振信号的波形。外扫法则不同，它是在 X 偏转板上加正弦波扫描信号，而在 Y 偏转板上加经移相微分电路调节的共振信号作为触发源信号，在示波器上显示出 8 字形的波形。

【实验内容】

1. 将扫描电源的“扫描输出”两个输出端接磁铁面板中的一组线圈（四组可任意接一组）。扫描电源背后的接头与边限振荡器的接头连接。
2. 将“共振信号”输出接示波器，“共振频率”输出接频率计。
3. 将“扫描输出”顺时针调至接近最大，以加大捕捉信号的范围。
4. 观察 ^{1}H 的核磁共振信号：样品用纯水，缓慢改变 $\boldsymbol{B}_0$ 或 ν 找到共振信号，然后分别改变 $\boldsymbol{B}_0$、ν、$\widetilde{\boldsymbol{B}}$ 的大小，观察共振信号位置、形状的变化并分析讨论。
5. 测量 ^{1}H 的 γ 和 g 因子：测出六组不同磁铁间距 d 对应的 B_0，以及相应的共振频率 ν，作 B_0-ν 曲线，用直线拟合法求出 γ 和 g 因子。
6. 测量 ^{19}F 的 γ 和 g 因子：样品用聚四氟乙烯，测出三组不同磁铁间距 d 对应的 B_0，以及相应的共振频率 ν，作 B_0-ν 曲线，用直线拟合法求出 γ 和 g 因子。

【注意事项】

1. 在进行共振调节时，边限振荡器应调整到处于边限区，否则会观察不到共振信号。
2. 用扫场法观察共振信号时，稳恒磁场的大小应调节适当。

【思考题】

1. 用扫场法观察共振信号时，内扫法与外扫法有何不同？
2. 不加扫场电压能观察到共振信号吗？
3. 如何确定对应于磁场为 $\boldsymbol{B}_0$ 时核磁共振的共振频率 ν？
4. $\boldsymbol{B}_0$、ν、$\widetilde{\boldsymbol{B}}$ 的作用是什么？如何产生，它们有什么区别？

第4章　设计性实验

设计性实验主要是模拟科研工作，在学生完成基础性实验和综合性实验的基础上，在教师的指导下，根据给定实验题目中的目的和要求，自行设计或选择合理的实验方案，配置实验仪器来完成测量，并对结果进行分析，撰写实验报告，从而完成实验的全过程。

在设计性实验过程中，学生把所学到的物理知识和其他相关学科知识应用到解决物理问题上。通过独立分析问题、解决问题，使学生把知识转化为能力，为毕业设计、撰写科研成果报告和学术论文做初步训练。设计性实验能最大限度地开发学生的智力，培养和提高学生独立进行科学实验、独立解决问题的能力，激发学生的创造性和深入研究的探索精神。

设计性实验内容是新的，但要注意讲究实效。在选择上，从学生的实际出发，尽量选择实验所需的原理、仪器和方法等学生在基础性实验、综合性实验中有所接触的实验题目。例如“细丝直径的测量”“应用传感器设计电子秤”等。

设计性实验要充分发挥学生的主体作用。教师推荐参考资料，但并不具体讲解，而是由学生通过对相关知识的把握来设计实验方案。在确定实验方案过程中，教师重点考查设计方案的物理思想及可行性，用启发提问的方式让学生自己修改完善实验设计方案。设计性实验的实验报告采用“小论文”形式书写，其格式如下：

摘要

关键词

引言

实验设计方案（含公式、原理图）

实验过程与数据

数据处理与实验结果

结束语（分析与讨论）

参考文献

建议学生参考《大学物理》（中国物理学会主办）、《物理实验》（教育部高等学校物理学与天文学教学指导委员会、《物理实验》编辑委员会编）等杂志。

实验33　简谐振动的研究

【实验目的】

1. 通过实验方法求两弹簧等效的劲度系数 k 和等效质量 m_0。

2. 验证实验中滑块的运动是简谐振动。

实验装置如图4.33-1所示。

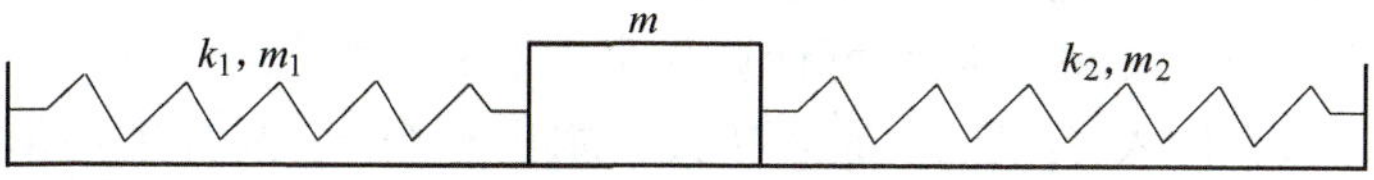

图 4.33-1　实验装置图

【实验仪器】

气垫导轨、滑块、配重、光电计时器、挡光板、天平、弹簧。

【实验要求】

1. 设计方案

1）确定实验原理、公式及计算 k 和 m_0 的方法。

2）列出实验步骤。

3）画出数据表格。

2. 测量

3. 进行数据处理并以小论文形式写出实验报告

1）在报告中，要求有完整的数据处理和计算过程。

2）要求给出实验结论（两弹簧等效劲度系数 k、等效质量 m_0 及其相对误差的大小）。

【实验提示】

1. 在设计方案时，要求推导弹簧振子周期 T 的公式（与滑块质量 m、劲度系数 k 及等效质量 m_0 的关系）。

2. 实验中：

1）测量两弹簧质量之和 m'。

2）在振幅 $A<25\text{cm}$ 的情况下，改变滑块质量 m 5 次，测量相应振动周期 T（通过测 30 个周期的时间得到）。

3. 数据表格（供参考）：

m' = ________ $\times 10^{-3}$kg　$\bar{k}$ = ________ N/m　$\overline{m}_0$ = ________ $\times 10^{-3}$kg

i	m /(10^{-3}kg)	$20T$ /s	T^2 /s^2	m_0 /(10^{-3}kg)	k /(N/m)	i	m /(10^{-3}kg)	$20T$ /s	T^2 /s^2	m_0 /(10^{-3}kg)	k /(N/m)
1						4					
2						5					
3						6					

4. 数据处理时，利用计算法计算 k 和 m_0 及其平均值 $\bar{k}$ 和 $\overline{m}_0$ 的数值，并将 $\overline{m}_0$ 与其理论值 $m_0'=(1/3)m'$ 比较。参考方法是：

1）将公式 $T=f(m、m_0、k)$ 两边平方，根据 m 的不同，可列出 6 个方程式。

2）将 T 的平方隔三项相减，从而可计算 3 个 k 及其平均值 $\bar{k}$。

3）将 k 的平均值 $\bar{k}$ 代入 T_1 至 T_6 的表达式，求出 6 个 m_0 及其平均值 $\bar{m}_0$。

【注意事项】

1. 严禁随意拉长弹簧，以免损坏。
2. 计算中注意使用国际单位制。
3. 在气轨没有通气时，严禁将滑块拿上或拿下，更不能在轨道上滑动！
4. 实验前要调平气轨。

【参考资料】

1. 马文蔚，等. 物理学［M］. 北京：高等教育出版社，1999.
2. 林抒，龚镇雄. 普通物理实验［M］. 北京：人民教育出版社，1982.
3. 华中工学院，等. 物理实验：基础部分［M］. 北京：高等教育出版社，1981.

实验 34 用伏安法测电阻

【实验目的】

1. 用电流表内接法测量大值电阻。
2. 用电流表外接法测量小值电阻。

【实验仪器】

稳压电源（1 台）、数字电压表和数字电流表（各 1 只）、电阻箱、滑线变阻器、被测电阻（2 个）、开关、导线若干。

【实验要求】

1. 设计提示：

1）简述如何鉴别已给定的两个电阻哪个是大值电阻（几 kΩ），哪个是小值电阻（几 Ω）。

2）分别画出用电流表内接法测量大值电阻和用电流表外接法测量小值电阻的原理图。写出实验原理，并推导出求两个电阻实际值的公式。

3）设计出两个电阻实际测量的电路图（要求选择电源大小及电表的量程），使得 $\Delta R/R<3\%$。

4）写出实验步骤。

2. 列出数据表格。

3. 数据处理

计算两个电阻的测量值和实际值，分析误差，估算不确定度，写出结果表达式。

【实验提示】

1. 根据欧姆定律用电压表和电流表测量电阻的方法称为伏安法。根据电阻值大小，测量电路连接方法有两种：内接法和外接法。

1）内接法分析（见图 4. 34-1）：

测量值：$R=\dfrac{U}{I_x}$

实际值：$R_x=\dfrac{U_x}{I_x}=\dfrac{U-U_A}{I_x}=R-R_A$

可见，采用“内接法”时，要求 $R>>R_A$。

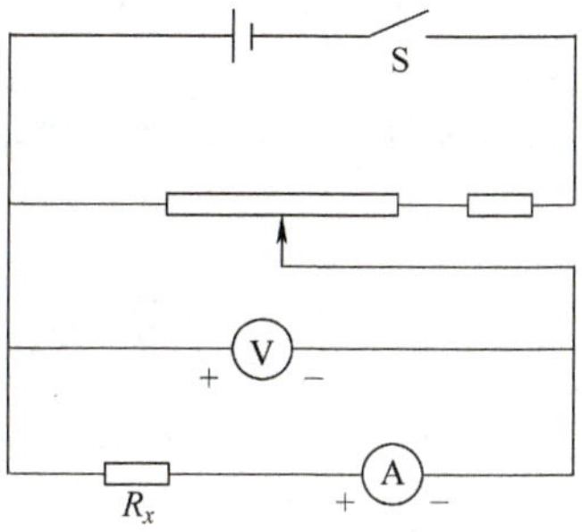

图 4. 34-1　内接法电路图

2）外接法分析（见图 4. 34-2）：

测量值：$R=\dfrac{U_x}{I_A}$

实际值：$R_x=\dfrac{U_x}{I_x}=\dfrac{RR_V}{R_V-R}$

可见，采用“外接法”时，要求 $R<<R_V$。

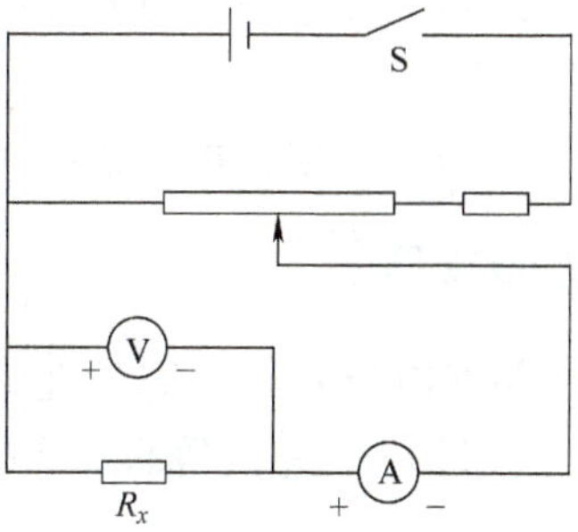

图 4. 34-2　外接法电路图

2. 电源、电压表及电流表量程选取

电源：25V。

电压表、电流表量程：测量的电压或电流最大值应尽可能接近其量程。

内接法：电压表取 20V，电流表取 200μA。

外接法：电压表取 2V，电流表取 200mA。

3. 中值电阻与低值电阻的确定（见图 4. 34-3）

当分别接触 a、b 两点，电压表有较多变化，而电流表无明显变化时，为小电阻。

当分别接触 a、b 两点，电压表无明显变化，而电流表有较大变化时，为大电阻。

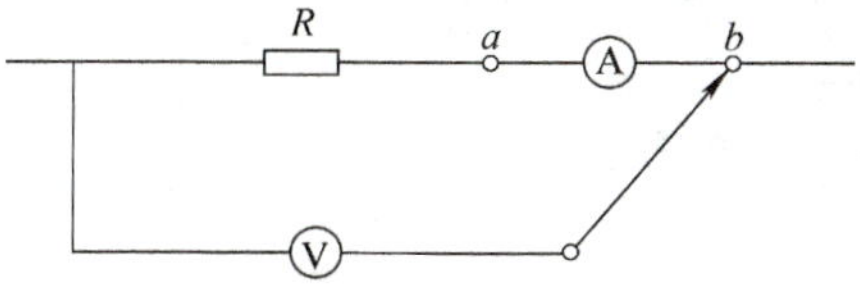

图 4. 34-3　中值电阻与低值电阻的确定

【思考题】

为什么测量大值电阻要用电流表内接的方法，而测量小值电阻要用电流表外接的方法？

【参考资料】

1. 华中工学院，天津大学，上海交通大学编．物理实验：工科用［M］．北京：高等教育出版社，2003.

2. 何春娟，李武军．大学物理实验教程［M］．西安：西北工业大学出版社，2004.

实验35　用电位差计校正电压表

【实验目的】

1. 进一步学习电位差计的工作原理，了解箱式电位差计的结构，掌握箱式电位差计的使用方法。

2. 设计、掌握用箱式电位差计校正电压表的过程，体会电位差计的应用。

【实验仪器】

箱式电位差计（UJ31型直流低电势电位差计）、直流稳压电源、滑线变阻器、待校电压表（量程1V，精度等级2.5）、电阻箱2个（ZX－21型）、单刀单掷开关、导线若干。

【实验要求】

1. 设计用电位差计校正大于电位差计量程的直流电压表的电路图（箱式电位差计量程为171mV，待校电压表的量程为1V）。

1）设计控制电路，要求控制电路的电压调节范围在0～1V间连续可调。

2）设计分压电路，选取合适的分压比，当被校表满偏时，要求电位差计测得的电压值亦应接近其量程。

2. 校正电压表五个整刻度点，作校正曲线。

3. 计算电表校验装置的标称误差（也称最大基本误差），并确定待测电压表的精度等级，对待校电压表的精度作出评价。

4. 设计实验操作步骤和记录表格。

【实验提示】

1. 在“实验9　用电位差计测量电动势”中，我们学习了如何用UJ－11线式电位差计测量未知的电动势。“箱式电位差计”与“UJ－11线式电位差计”用途相同，工作原理大同小异，主要区别在于前者是一个仪器，是集成化的，后者是多个元器件的组合。

实验中，用被校电压表测量一个电压值，用箱式电位差计测量同一个电压，由于箱式电位差计测量电压的准确度很高（UJ31 型直流低电势电位差计的准确度等级为 0.05 级），测得的电压值可以用来作为该电压的标准值，从而可以校正电压表。

2. 学习“UJ31 型直流低电势电位差计”的面板结构和使用方法等，请登录吉林建筑科技学院基础物理实验教学中心网站，或见学习通上“用电位差计校正电压表”实验中 UJ31 型直流低电势电位差计的调节和使用方法等视频，或参见仪器的使用说明书。

3. 待测电压表精度等级的确定方法

通过校正的实验数据，得到电表各个刻度的绝对误差。选取其中最大的绝对误差除以量程，即得该电表的标称误差（也称最大基本误差），即

$$标称误差=\frac{最大绝对误差}{量程}\times 100\%$$

根据标称误差的大小确定电压表的等级。例如，若标称误差等于 $a\%$，$0.5\% < a\% \leqslant 1.0\%$，则该电表的等级为 1.0 级，其中 0.5 和 1.0 为国家标准中相邻的两个电压表等级。

国家标准规定，电压表（或电流表）的精度分 0.05，0.1，0.2，0.3，0.5，1.0，1.5，2.0，2.5，3.0，5.0 十一个等级。

【UJ31 型直流电位差计简要使用说明】

1. UJ31 型直流电位差计（市电型）工作原理

参考实验 9　用电位差计测量电动势。

2. 电位差计面板结构名称与作用

具体结构和功能如图 4.35-1 所示。

- Ⅰ、Ⅱ——步进测量盘，Ⅲ——滑线式测量盘

Ⅰ（×1）、Ⅱ（×0.1）和Ⅲ（×0.001）毫伏盘是三个电阻测量盘，并在测量盘上标出对应的电压值，电位差计处于补偿平衡状态时可以从这三个转盘上直接读出未知电动势或未知电压值。

- R_T——温度补偿盘

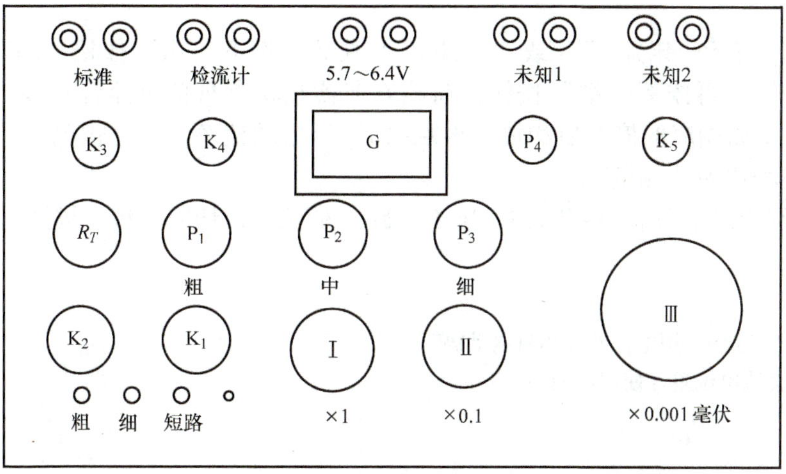

图 4.35-1　面板结构示意图

R_T 是为了适应温度不同时标准电池电动势的变化而设置的，当温度不同引起标准电池电动势变化时，调节 R_T，使工作电流保持不变。

- K_1——量程倍率转换开关。
- K_2——测量选择开关，为标准电池和未知电动势的转换开关。
- K_3——标准电池外接、内附转换开关。
- K_4——工作电源外接、内附转换开关。
- K_5——检流计灵敏度选择开关。
- P_1、P_2、P_3——工作电流粗、中、细调节盘。

调节工作电流，即“校准”时，分别调节 P_1（粗调）、P_2（中调）和 P_3（细调）三个电阻转盘，以保证迅速准确地调节工作电流。

- P_4——检流计调零旋钮。
- G——检流计。
- “粗”“细”和“短路”按钮。

左下方的“粗”“细”和“短路”按钮的作用是：按下“粗”按钮，保护电阻和电流计串联，此时检流计的灵敏度降低；按下“细”按钮，保护电阻被短路，此时检流计的灵敏度提高；按下“短路”按钮，检流计被短路，此时检流计指针不偏转。

3. 用UJ31型电位差计测量电压的方法

（1）将 K_2 置到“断”，K_1 置于“×1”档或“×10”档（视被测量值而定），根据室内温度情况，计算标准电池的电动势 $\mathscr{E}_S(t)$ 的值，调节 R_T 的示值与其相等，被测电动势（或电压）接于“未知1”（或“未知2”），将 K_3、K_4 打至“内附”，K_5 灵敏度打至较低档，在初步完成测量后再提高灵敏度并再次进行测量。

如果不使用市电供电，可在仪器相应的接线柱上分别接上“标准电池”“检流计”“工作电源”，并将 K_3、K_4 打至“外接”。

（2）将 K_2 置于“标准”档，按下“粗”按钮，调节 P_1、P_2 和 P_3，使电流计指针指零，再按下“细”按钮，用 P_2 和 P_3 精确调节至电流计指针指零。此操作过程称为“校准”。

（3）将 K_2 置于“未知1”（或“未知2”）位置，按下“粗”按钮，调节读数转盘Ⅰ、Ⅱ使电流计指零，再按下“细”按钮，精确调节读数转盘Ⅲ使电流计指零。读数转盘Ⅰ、Ⅱ和Ⅲ的示值乘以相应的倍率后相加，再乘以 K_1 所用的倍率，即为被测电动势（或电压）$\mathscr{E}_x$。此操作过程称为“测量”。

（4）仪器使用完毕后，将开关 K_2 置于“断”的位置，切断电源，拔掉电源插头。

【参考资料】

1. 本教材“实验9　用电位差计测量电动势”。
2. UJ31型直流电位差计使用说明书。

【思考题】

用箱式电位差计如何校正电流表？如何校正电阻值？

实验 36　改装毫安表

【实验目的】

1. 将量程为 5mA 电流表改装成量程为 100mA 的电流表。
2. 将量程为 5mA 电流表改装成量程为 2V 的电压表。

【实验仪器】

毫安表（量程为 5mA）、标准电流表（数字电流表量程为 200mA、20mA、2mA）、标准电压表（数字电压表量程为 20V、2V、200mV、20mV）、直流稳压电源、滑线变阻器、电阻箱、开关（单刀单掷和双掷）、导线。

【实验要求】

1. 设计实验方案

1）画出测量毫安表内阻的电路图。测出毫安表的内阻（方法自己拟定）。

2）画出毫安表改装的电路图，计算出分流电阻和分压电阻。

2. 对改装后的电流表和电压表进行校准

1）画出校正曲线。

2）确定改装表的等级。

【实验提示】

1. 测量毫安表的内阻可用“替代法”，只要利用现有实验室提供的仪器还可用其他方法，例如“半偏法”“伏安法”等。

2. 校准改装表应先校准零点，再校量程（满刻度），然后按刻度进行校准。

【注意事项】

电源电压不宜过高。调节电阻的阻值要使阻值连续变化。流过毫安表的电流不能超过其量程。

【思考题】

多量程的电表是怎样改装的？你能设计出把 5mA 的电流表改装成 50mA 和 100mA 双量程电流表的方案吗？

【参考资料】

1. 本教材“实验 7　电表的改装与校准”。
2. 张进治. 大学物理实验［M］. 北京：电子工业出版社，2003.

实验37　测量声音频率

每个物体振动都有其自身的固有频率，固有频率亦称“特征频率”或“本征频率”，它是物体振动系统在给定的边界条件下做固有振动时的频率。固有频率与振动系统本身的性质有关，例如形状、长度、密度、弹性模量等，同时还与给定的边界条件有关。发声体的振动一般都是复合振动，固有振动频率有很多个。振动频率最小的一个称为基频（它的音称为基音或第一谐音），其他频率为基频的整数倍的音称为谐音；而频率不是基频整数倍的音则称为非谐音。谐音与非谐音（除基音外）统称为泛音。每个声音所含泛音的多少和强弱决定了这个音的音色。一般来说，基频振动幅度最大。音叉是一种能发出近乎单一频率声音的声学器件，因为它所包含的基音很强，泛音极弱，所以常用于钢琴或其他乐器的校音标准。

【实验目的】

1. 巩固和复习利用示波器测量频率。
2. 掌握李萨如图形（Lissajou′s figure）的基本原理和用途。
3. 了解声传感器的特性和应用。

【实验仪器】

1. 音叉一组（共8支，见图4.37-1）。

图4.37-1　音叉

2. GDS－1102B型示波器一台。
3. SP1641D型信号发生器一台。
4. 声传感器与放大器一套（见图4.37-2）。

图 4.37-2　声传感器与放大器

【实验要求】

1. 实验方案

1）确定实验原理及方法。

2）列出实验步骤及内容。

3）画出数据表格。

2. 测量

每一只音叉应采用不同比例的李萨如图形去测量。

3. 进行数据处理并写出实验报告

1）在实验报告中，要求有完整的数据处理和计算过程。

2）给出实验结论。

【实验提示】

示波器与信号发生器的使用和李萨如图的应用原理以及注意事项请参考“实验 12　数字示波器的基本操作”。

【注意事项】

1. 音叉应牢牢插入共鸣箱。
2. 敲打音叉时，应击打其顶部。
3. 声传感器应放在共鸣箱内。

实验 38　热电偶温度计的设计

【实验目的】

用热电偶设计温度计。

【实验仪器】

TE－2 温差电偶装置、恒温水浴锅、数字电压表、电热杯、保温杯。

【实验要求】

1. 设计实验方案

1）写出实验原理。

2）拟出实验步骤。

3）列出实验表格。

2. 测量并记录数据

3. 数据处理及分析

1）以测量端和参考端温差 t 为横坐标，温差电动势 $\mathscr{E}$ 为纵坐标，作出 $\mathscr{E}$-t 曲线。

2）在曲线上查出对应的水的沸点温度，并计算它与标准沸点的相对误差。

【实验提示】

利用热电偶测量温度，其基本原理是热电效应（或温差效应），即将两种不同材料的导体首尾相连接成闭合回路，如两接点的温度不等，则在回路中就会产生热电动势，这种现象称为热电效应（或温差效应）。热电偶就是由两种不同的金属材料焊接而成的。使用时通常将一端（参考端）保持在一定的恒定温度（如0℃），当对另一端（测量端）加热时，在接点处会有热电动势产生。若参考端温度恒定，其热电动势的大小和方向只与两种金属材料的特性和测量端的温度有关，而与热电偶的粗细和长短无关。当测量端的温度改变后，热电动势也随之改变，并且温度和热电动势之间有一固定的函数关系，利用这个关系就可以测量温度。

【注意事项】

1. 在使用水浴锅加热时，温度计与水浴锅底部应有一段距离，而热电偶的探头要和温度计的头部靠拢，以使两者温度尽可能一致。

2. 为减小测量误差，数字电压表应尽可能调到灵敏度最高的档位。

3. 为便于作图，每次温差的测量点宜取在5℃或10℃的整数倍位置。

【思考题】

1. 当热电偶回路中串联了其他金属（比如测量仪器等）时，是否会引入附加的温差电动势从而影响热电偶原来的温差电特性？

2. 热电偶为什么能测温度？它与水银温度计比较有哪些优点？

【参考资料】

1. 本教材“实验4　温差电偶的定标与测温”。

2. 马黎君．大学物理实验［M］．北京：中国建材工业出版社，2004.

实验39　半导体温度计的设计

直流电桥是一种精密的电学测量仪器，可分为平衡电桥和非平衡电桥两类。平衡电桥是通过调节电桥平衡，将待测电阻与标准电阻进行比较得到待测电阻的大小，如惠斯通电桥、开尔文电桥等都是平衡式直流电桥。由于需要调节平衡，所以平衡电桥只能用于测量具有相对稳定状态的物理量。随着测量技术的发展，电桥的应用不再局限于平衡电桥的范围，非平衡电桥在非电量的测量中已得到广泛应用。实际工程和科学实验中，待测量往往是连续变化的，只要能把待测量同电阻值的变化联系起来，便可采用非平衡电桥来测量。将各种电阻型传感器接入电桥回路，桥路的非平衡电流（或电压）就能反映出桥臂电阻的微小变化，因此，通过测量非平衡电桥的输出电流（或电压）就可以检测出待测量的变化，如温度、压力、湿度等。

热敏电阻是一种电阻值随其电阻体的温度变化呈显著变化的热敏感电阻。它多由金属氧化物半导体材料制成，也有由单晶半导体、玻璃和塑料制成的。由于热敏电阻具有体积小、结构简单、灵敏度高、稳定性好、易于实现远距离测量和控制等优点，所以广泛应用于测温、控温、温度补偿、报警等领域。

【实验目的】

1. 学习和掌握用非平衡电桥测量热敏电阻温度特性的基本原理和操作方法。
2. 用热敏电阻结合非平衡电桥制作测量范围为0～100℃的温度计。

【实验仪器】

FB203A型半导体热敏电阻特性研究实验仪、热敏电阻、加热器、温度计、支架、直流稳压电源、电流（压）表、单刀双掷开关、导线等。

【实验要求】

1. 实验方案

1）确定实验原理及方法。

2）列出实验步骤及内容。

3）画出数据表格。

2. 测量

3. 进行数据处理并写出实验报告

1）在报告中，要求有完整的数据处理和计算过程。

2）给出实验结论，即温度与电流（或电压）之间的关系。

【实验提示】

1. 电桥的原理和使用以及注意事项请参考本教材“实验8　用惠斯通电桥测量电阻”。

2. 实验仪、热敏电阻的使用和特性以及注意事项请参考本教材“实验19　热敏电阻特性研究”。

3. 根据半导体热敏电阻特性确定电桥的倍率，比较电阻的阻值、电流（压）表的量程等。

4. 利用冰点和沸点定标。

【参考资料】

王华，任明放．大学物理实验［M］．广州：华南理工大学出版社，2008.

实验40　用多普勒效应测物体运动的速度

对于声波、光波和电磁波而言，当波源和观察者（或接收器）之间发生相对运动，或者波源、观察者不动而传播介质运动，或者波源、观察者、传播介质都在运动时，观察者接收到的波的频率和发出的波的频率不相同的现象，称为多普勒效应。

多普勒效应在核物理、天文学、工程技术、交通管理、医疗诊断等方面有十分广泛的应用。如用于卫星测速、光谱仪、多普勒雷达，多普勒彩色超声诊断仪等。

【实验目的】

1. 学习使用 DH－DPL 声速综合实验仪测量多普勒频移。

2. 加深对多普勒效应的理解。

3. 以多普勒效应测量物体运动速度为例，学会根据具体实验条件，设计最佳实验方案的思想方法。

【实验仪器】

DH－DPL 声速综合实验仪、示波器。

【实验要求】

1. 实验方案

通过阅读参考资料，设计一个声源、介质不动，接收器运动或接收器、介质不动，声源运动，应用多普勒效应测量物体运动速度的实验方案。

2. 按自行设计的实验方案进行测量

3. 进行结果分析并以小论文形式写出实验报告

【实验提示】

设声源在原点，声源振动频率为f，接收点在x处，运动和传播都在x方向。对于三维情况，处理稍复杂一点，其结果相似。声源、接收器和传播介质不动时，在x方向传播的声波的数学表达式为

$$P = P_0\cos\left(\omega t - \frac{\omega}{c_0}x\right) \tag{4.40-1}$$

式中，c_0 为声速；P 为瞬时声压；P_0 为声压最大值；$\omega = 2\pi f$。由此式可导出（推导过程见参考资料）：

1）声源运动速度为 v_s，当介质和接收点不动时，接收器接收到的频率 f_s 为

$$f_s = \frac{c_0}{c_0 - v_s} f \tag{4.40-2}$$

声源向着接收点运动时 v_s 为正，反之为负。

2）声源、介质不动，接收器运动速度为 v_r 时，同理可得接收器接收到的频率 f_r 为

$$f_r = \left(\frac{c_0 + v_r}{c_0}\right) f \tag{4.40-3}$$

接收点向着声源运动时 v_r 为正，反之为负。

【思考题】

1. 通过对本实验设备的适当改装，满足本实验要求的实验方案可以有几种？
2. 通过对本实验设备的适当改装，还可实现哪些有关多普勒效应的实验？
3. 对于在本实验设备条件下不能进行的实验，你能否提出一些附加条件，并以本实验设备为核心设备，设计出相应的实验方案？

【参考资料】

1. DH－DPL 系列多普勒效应及声速综合实验仪使用说明书。
2. 祝之光．物理学（第三版）［M］．北京：高等教育出版社，2009.
3. 马文蔚．物理学教程（下册）［M］．北京：高等教育出版社，2002.
4. 马大猷．现代声学理论基础［M］．北京：科学出版社，2004.

实验 41　细丝直径的测量

【实验目的】

用劈尖干涉法测金属细丝的直径（见图 4.41-1）。

【实验仪器】

读数显微镜、45°反射镜、2 片光学玻璃板、钠光灯、发丝。

【实验要求】

1. 设计方案

1）画光学原理图，导出测量公式。

2）拟出实验步骤。

3）列出数据表格。

2. 测量并记录数据

3. 数据处理及分析

1）给出测量结果（计算，分析误差，评定不确定度，写出测量结果表达式）；

2）分析讨论产生误差的原因及如何减小测量误差的方法。

【实验提示】

读数显微镜的使用（参考实验14　用牛顿环测量透镜的曲率半径），劈尖干涉。

劈尖干涉在生产生活中有很多应用，例如：利用劈尖干涉原理制成干涉膨胀仪测量样品的膨胀系数、测薄膜的厚度或者检查光学表面的平整度。

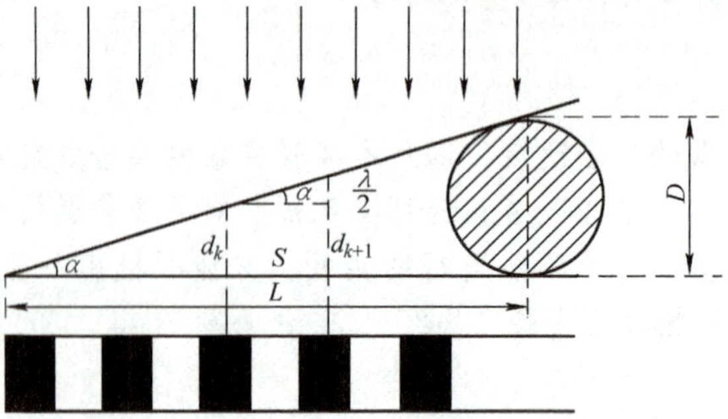

图4.41-1　用劈尖干涉法测金属细丝直径的原理图

当平行单色光垂直照射时，自空气劈尖上下两表面反射的光相互干涉，两相干光的光程差为

$$\Delta_k = 2d_k + \frac{\lambda}{2}$$

式中，$\lambda/2$ 为光在平面玻璃上反射时因有相位跃变而产生的附加光程差。当光程差满足

$$\Delta_k = 2d_k + \frac{\lambda}{2} = k\lambda \quad k = 1, 2, 3, \cdots \text{ 时，为明条纹}$$

$$\Delta_k = 2d_k + \frac{\lambda}{2} = (2k+1)\frac{\lambda}{2} \quad k = 0, 1, 2, 3, \cdots \text{时，为暗条纹}$$

相邻明条纹（或暗条纹）所对应的薄膜厚度之差为 $d_{k+1} - d_k = \frac{\lambda}{2}$（自己证明）。劈尖产生的干涉条纹是一簇与两玻璃交接线平行且间隔相等、明暗相间的平行直条纹。

劈尖形空气隙的夹角为

$$\alpha \approx \tan\alpha = \frac{D}{L} = \frac{\frac{\lambda}{2}}{s}$$

则有

$$D = \frac{\lambda L}{2s}$$

式中，D 为细丝的直径；s 为相邻明条纹（或暗条纹）的间距；L 为劈尖的长度。

【注意事项】

1. 使用显微镜时，在调节中要防止物镜或45°反射镜与光学玻璃相碰。
2. 在测量中，为了避免回程误差，只能单方向前进，不能中途倒退后再前进。

【思考题】

1. 测量单位长度的干涉条纹数时，应选择哪个区域？
2. 测量劈尖长度时，应该注意什么？

【参考资料】

1. 马文蔚．物理学教程［M］．北京：高等教育出版社，2002.
2. 赵青生．新编大学物理实验［M］．合肥：安徽大学出版社，2008.

实验 42　用迈克耳孙干涉仪测量透明薄片的折射率

【实验目的】

用迈克耳孙干涉仪测量透明薄片的折射率。

【实验仪器】

迈克耳孙干涉仪、透明薄片（其厚度由实验室给出）、白炽灯光源、He-Ne 激光光源，扩束镜。

【实验要求】

1. 设计实验方案
1）写出实验原理和测量公式。
2）拟出实验步骤。
3）列出数据表格。
2. 测量并记录数据
3. 数据处理及分析
1）给出测量结果（计算、分析误差，评定不确定度，写出测量结果表达式）。
2）分析产生误差的原因及减小误差的方法。

【实验提示】

1. 迈克耳孙干涉仪的调节使用方法。
2. 测量薄膜的折射率。
利用迈克耳孙干涉仪光路分为两支这一特点，可在一支光路上加入被研究的物质。例如，加入气体盒测定气体的折射率，加入透明板研究其光学均匀性，加入透明薄膜测定其厚度等。

用扩展白光作为光源，当放置一个透明薄膜于一支光路上时，由于光程差的变化，中央条纹将移出视场中央。设薄膜厚度为 t，折射率为 n，空气折射率为 n_0，则光程将变化

$$\Delta' = 2t(n - n_0)$$

调节 M_1 的位置，使中央条纹重新出现在原来位置，即视场中央，此时因 M_1 移动而引起的光程差变化为 $2d'n_0$，它与插入薄膜所引起的光程差变化相等，即

$$2d'n_0 = 2t(n - n_0)$$

或写成

$$t = \frac{d'n_0}{n - n_0}$$

测得 M_1 的移动距离 d'，$n_0 = 1.003$，n 由实验室给出，则可算出薄膜的厚度 t。

如果已知薄膜的厚度 t，则可算出薄膜的折射率 n

$$n = n_0\left(1 + \frac{d'}{t}\right)$$

【注意事项】

在测量中，为了避免回程误差，只能单方向前进，不能中途倒退后再前进。

【思考题】

什么是等光程位置？如何调节才能出现白光干涉条纹？

【参考资料】

1. 本教材实验 23　迈克耳孙干涉仪的调节与使用.
2. 马文蔚. 物理学教程［M］. 北京：高等教育出版社，2002.

实验 43　应用传感器设计电子秤

【实验目的】

1. 了解传感器的一种应用。
2. 设计和掌握电子秤称重的一种实验方法。

【实验原理】

根据本实验的目的，可以采用应变片、霍尔式传感器、差动变压器（互感式）、电涡流传感器等设计一种电子秤。

设计电子秤的基本思想是：不同质量的被测物，会引起传感器不同的反应，把这种反应

通过特定的方法或电路转变为电流（或电压）。一般情况下是利用它们的线性变化关系，在被测物的质量与电流（或电压）之间建立起对应关系，测出电流（或电压）值，从而得到被测物的质量。

以用霍尔式传感器为例（以下同）。霍尔式传感器是由两个产生梯度磁场的环形磁钢和位于梯度磁场中的霍尔元件组成的。霍尔元件通以恒定电流时，霍尔电势的大小正比于磁场强度，当霍尔元件在梯度磁场中上、下移动时，输出的霍尔电压 U 取决于其在磁场中的位移量，所以测得霍尔电压的大小便可获知霍尔元件的静位移。若将一个圆盘（即称重平台）和霍尔元件相连，就把霍尔元件的静位移和圆盘上的物体的质量对应起来，也就是把霍尔电压的大小和圆盘上的物体的质量对应起来，据此可以设计一种电子秤。

另外，在“实验 28　金属箔式应变片交流电桥及其应用”中有关于电子秤的实验内容，可以作为参考。

【实验仪器】

CSY－910 型传感器系统实验仪：霍尔式传感器（或应变片、差动变压器（互感式）、电涡流传感器）、直流稳压电源、电桥、差动放大器、振动圆盘、F/V 表（电压表）、砝码。

有关旋钮初始位置：直流稳压电源置 ±2V 档，电压表置 2V 档，主、副电源关闭。

【实验内容】

实验内容自拟，实验用表自拟。

【注意事项】

1. 在使用霍尔式传感器时，直流激励电压只能是 ±2V，否则锑化铟霍尔元件会烧坏。
2. 霍尔式传感器在用作称重时应工作在梯度磁场中，所以砝码和被称重物都不应太重。
3. 砝码应置于平台的中间部分，避免平台倾斜。

【参考资料】

1. CSY-910 型传感器系统实验仪实验指南 .
2. 本教材实验 10、实验 27、实验 28 和实验 29.
3. 金发庆. 传感器技术与应用［M］. 2 版，北京：机械工业出版社，2005.

第5章　仿 真 实 验

将仿真实验引入实验课堂，是物理实验教学手段迈向现代化的重要举措。仿真实验主要是通过操作鼠标、键盘，在计算机虚拟环境中对真实系统的模型进行的模拟实验过程。仿真实验具有以下意义：通过仿真实验可以实现实验设备、教学内容、教师指导和学生操作的有机结合，突出了对学生自主学习能力的培养；借助于网络技术，可以突破传统的封闭式实验教学模式，开展网络开放式实验教学；对于有些院校来说，用仿真实验作为补充，可以缓解某些实验项目短缺的矛盾，有利于降低实验成本；同时，仿真技术本身作为一项重要的实验技术，在实际当中有着很多应用，通过仿真实验教学也可以让学生对它有所了解。

5.1　仿真实验简介

5.1.1　仿真实验技术

计算机仿真实验技术是近几十年发展起来的一门多学科的综合性技术，它结合了计算机技术、多媒体技术、人工智能技术等新技术，以控制论、系统论、相似原理和信息技术为基础，以计算机和专用设备为工具，用系统模型对实际的或设想的系统进行动态试验研究。

由于计算机仿真实验技术具有良好的可控性、经济性、无破坏性，并具有不受外界条件限制、可多次重复使用等特点，所以仿真技术在各个方面得到了非常广泛的应用。如在制造业中，加工过程仿真可以使制造工程师及时发现设计过程的问题；生产线作业仿真可以检验计划和调度是否合理，有效减少库存。在土木工程中，通过仿真可以模拟施工过程，进行工程结构分析，在建筑设计中实现理想的绘图与结构计算一体化等。

随着信息技术和网络技术的发展，传统的仿真概念完全改变了，出现了分布式交互仿真。分布式交互仿真是一种新兴的仿真技术，它采用协调一致的结构、标准、协议和数据库，通过局域网和广域网将分散在各地的人、仿真器形成一个在时间和空间上相互耦合的虚拟环境。

5.1.2　仿真实验软件的设计制作

计算机仿真技术的核心是按系统工程原理建立真实系统的计算机仿真数学模型，然后利用模型代替真实系统在计算机上进行实验和研究。

仿真实验软件的设计，主要是通过利用各种面向对象的编程语言，如 Visual C++、Visual Basic、Delphi 等，结合各类辅助开发软件，像图形处理软件如 Photoshop、CoreDraw，图像编辑软件如 Premiere，动画制作软件如 3D Studio、Flash，音频制作软件如 Creative Wave

Studio、WaveEdit 等，对实物实验进行设计制作，并整合形成软件。设计制作的一般步骤为：

1）首先对所研究的系统进行分析，确定对目标的描述方式，同时确定系统的各种运行条件。

2）建立系统的数学模型（一次仿真模型），该模型要能严格、科学、细致地模拟各实验过程，从本质上反映出实验过程中所涉及的学科知识系统。

3）将数学模型再改写成适合计算机处理的形式——仿真模型。仿真模型可以说是系统的二次近似模型。建立起仿真模型后，才能书写相应的程序。

4）依据仿真模型及相应数据编制程序脚本，画出实现仿真模型的流程图。

5）利用相应程序设计软件及各类辅助开发软件上机编制程序，制作相关的文本、图形图像、动画及音频文件，确定所需输入的信息、设置的参数及变量，同时应设定如何对实验各个环节进行测试。

6）测试程序并制作安装包。

7）交付运行并收集反馈信息，以便进行改进。

仿真实验软件通常要达到以下要求：

1）能够完整地反映真实现象的整个过程，模拟的过程要科学、结果要真实、数据要可靠。

2）能够通过改变实验条件、参数等，获得相应的实验结果。

3）软件系统运行稳定可靠，重复性好。

5.1.3 大学物理仿真实验 V2.0 for windows 的内容

我们选择了中国科技大学的《大学物理仿真实验 V2.0 for windows》一套仿真软件，内容涵盖了力、热、电、光、近代物理等 40 个实验。

大学物理仿真实验 V2.0 for windows 第一部分

热敏电阻温度特性实验	低真空实验
电子自旋共振实验	薄透镜成像规律研究实验
油滴法测电子电荷实验	示波器实验
偏振光的研究实验	光电效应测普朗克常量实验
法布里-珀罗标准具实验	γ 能谱实验
夫兰克-赫兹实验	计数管和核衰变的统计规律
凯特测重力加速度实验	核磁共振实验
检流计的特性实验	阿贝比长仪及氢氘光谱测量
螺线管磁场的测量与研究实验	分光计实验
平面光栅摄谱仪及氢氘光谱拍摄	塞曼效应实验
实验报告	

大学物理仿真实验 V2.0 for windows 第二部分

绪论	误差分析与数据处理
力热学基本物理量及常用仪器介绍	利用单摆测重力加速度
霍尔效应	居里温度的测量
空气比热容比的测定	介电常数的测量
电子荷质比的测定	弹性模量的测量
不良导体导热系数的测定	迈克耳孙干涉仪
测动态磁滞回线	热膨胀系数
双臂电桥测低电阻	超声波测声速温度计的设计
气轨上的直线运动	碰撞和动量守恒
光学设计实验	设计万用表实验
半导体温度计的设计	*RC* 电路实验
整流电路	

5.1.4　仿真实验教学形式

仿真实验教学分辅助教学和仿真实验两种形式。

第一种形式主要用于实际实验前的预习和教师课堂演示和讲解，利用演示相应的仿真实验，让学生了解实验的相关理论、历史背景和现代应用，同时使学生对实验的整体环境、仪器结构有个直观认识，熟悉仪器的操作，达到辅助教学的目的。

第二种形式就是用于仿真实验。要求学生上机通过在仿真环境下进行模拟实验。在这种情况下，学生只有在充分理解实验的前提下，经过认真思考才能正确操作，避免了实物实验“走过场”的现象。实验完成后可以在微机中直接书写实验报告，写好的实验报告通过数据库进行管理，可以存档、评阅、查看和打印，有利于实验教学效果的及时反馈和评价。

5.2　仿真实验举例

仿真实验是在计算机虚拟实验环境中，通过使用鼠标、键盘操作虚拟仪器，模拟真实实验的过程。采用仿真技术在实验教学中能更形象、更直观地反映实验现象与机理，可重复性好，交互性强，有利于激发学生的学习兴趣，便于学生自主学习。

仿真实验 1　用拉伸法测金属丝的弹性模量

本实验选用了中国科学技术大学《大学物理仿真实验》软件（第二部分）的“弹性模量测量”仿真实验，内容主要是采用拉伸法测量金属丝的弹性模量，通过使用米尺、外径千分尺等仪器来测量长度，并用光杠杆法来测量长度的微小变化，然后分别用逐差法和作图法处理数据。

【实验目的】

1. 学习仿真实验的操作方法。
2. 观察金属丝的弹性形变规律，学习用静力拉伸法测弹性模量。
3. 掌握机械和光学放大原理，学会用光杠杆法测微小长度变化。
4. 学习用逐差法和作图法处理数据。

【实验原理】

固体材料受外力作用会产生形变。当形变不超过一定限度时，撤消外力后形变随之消失，这种形变称为弹性形变。若形变超过一定限度，材料会发生永久形变，即撤消外力后形变也不消失，这种形变称为塑性形变。本实验研究金属钢丝的弹性形变。

根据实验 18 可知，弹性模量的定义式可以写成

$$\frac{F}{S}=E\frac{\Delta L}{L} \tag{5.2-1}$$

式中，F 为拉力；S 为钢丝的横截面面积；L 为钢丝原长；ΔL 为钢丝伸长量。比值 E 称为材料的弹性模量，单位是 Pa。

由式（5.2-1）可知，要测量钢丝的弹性模量，只要测出式中各量的值就可以将其计算出来。利用米尺、外径千分尺可测出钢丝长度 L、直径 d，根据钢丝下端所加砝码个数可确定拉力 F。式（5.2-1）变形为

$$E=\frac{4FL}{\pi d^2\Delta L} \tag{5.2-2}$$

而对于 ΔL，其值数量级约为 10^{-1}mm，很难用普通仪器测量，本实验采用光杠杆法来进行测量。

光杠杆法是一种应用光放大原理测量物体微小长度变化的实验方法。光杠杆装置如图 5.2-1所示，由光杠杆平台和望远镜尺组构成。光杠杆平台由平面镜和弓架构成，测量时弓架刀口置于弹性模量测试仪的固定平台沟槽中，支脚架在管制器上。

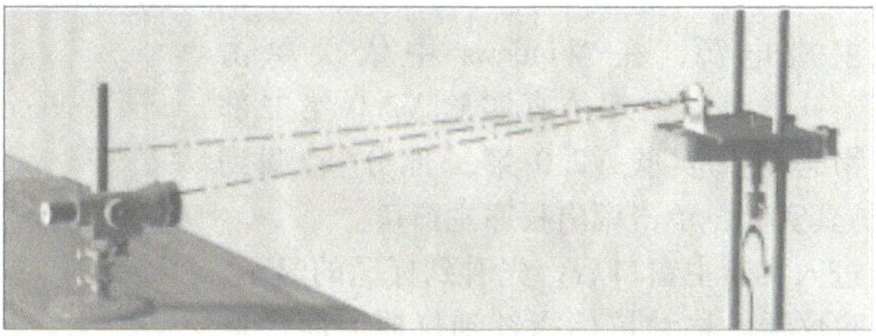

图 5.2-1　光杠杆装置示意图

测量原理如图5.2-2所示。设望远镜主轴与平面镜法线在一直线上，同时与望远镜标尺垂直。当金属丝受拉伸后伸长 ΔL，光杠杆支脚尖随管制器也下降 ΔL，同时光杠杆以刀口为轴转动角度 θ，此时平面镜法线也随之转动 θ 角，由光反射定律可知，反射线将转过 2θ 角。通过望远镜从平面镜观察到望远镜标尺移动距离 b。由于 θ 很小，由图中几何关系可得

$$\tan\theta = \frac{b/2}{D} \approx \frac{\Delta L}{l} \tag{5.2-3}$$

$$\Delta L = \frac{bl}{2D} \tag{5.2-4}$$

式中，D 为镜面到标尺的距离；l 为光杠杆支脚尖与刀口之间的距离，也称光杠杆的臂长。$2D/l$ 称为光杠杆的放大倍数，即通过光杠杆的放大，钢丝长度微小变化量 ΔL 转变为较大的标尺移动距离 b 的测量，放大了 $2D/l$ 倍。于是待测钢丝的弹性模量为

$$E = \frac{8FLD}{\pi d^2 bl} \tag{5.2-5}$$

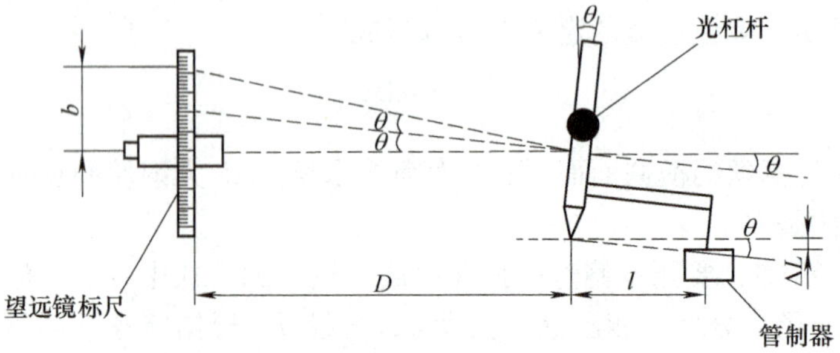

图5.2-2　光杠杆测量原理图

【实验仪器】

1. 多媒体计算机及配套中国科技大学《大学物理仿真实验》软件（第二部分）。

2. 虚拟仪器：弹性模量测定仪、光杠杆、望远镜（带标尺）、外径千分尺、米尺、500g砝码若干及待测金属钢丝。

【实验内容】

1. 软件介绍

接通计算机主机电源，在Windows中依次单击"开始"→"程序"→"大学物理仿真实验V2.0第二部分"，运行"大学物理仿真实验V2.0第二部分"，调到"弹性模量测量"仿真实验，单击调出程序主窗口。

（1）主窗口　进入实验主窗口后，先看到标题的显示，而后看到的是实验的仪器。移动鼠标指针到仪器上面（鼠标指针呈手状），稍候片刻，就会看到提示。右击，弹出主菜单，如图5.2-3所示。

图5.2-3　主窗口示意图

主窗口的仪器主要有：弹性模量测定仪、光杠杆、望远镜（带标尺）、外径千分尺、米尺、500g 砝码若干及待测金属丝等。单击主菜单中“开始实验进程”以后，单击各仪器就进入调节或测量状态。

（2）主菜单

1）简介：单击“实验目的”，显示本实验的实验目的。单击“返回”按钮回到实验主界面。

2）实验原理

① 单击“简介”，它介绍了本实验应用的物理学原理。单击“上一页”和“下一页”进行翻页，单击“返回”按钮回到实验主界面。

② 单击“光杠杆原理”，讲解并演示光杠杆原理，如图 5.2-4 所示。单击“加上重物”，演示光杠杆原理，单击“上一页”和“下一页”进行翻页，单击“返回”按钮回到实验主界面。

③ 单击“螺旋测微器”（即外径千分尺），简单介绍外径千分尺的结构，如图 5.2-5 所示。鼠标指针移动到外径千分尺的特定部位，将显示其提示。单击“返回”按钮回到实验主界面。

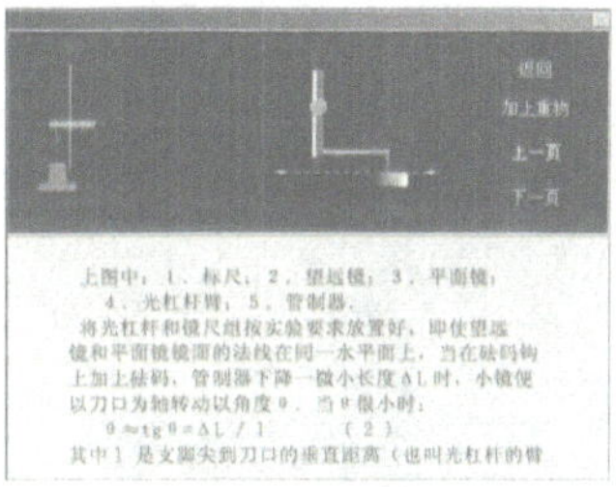

图 5.2-4　光杠杆原理示意图

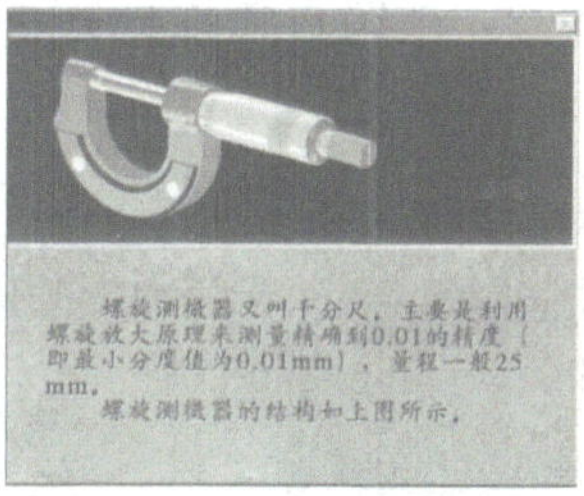

图 5.2-5　螺旋测微器示意图

3）实验内容：单击“实验内容”，显示本实验的实验内容。单击“上一页”和“下一页”进行翻页，单击“返回”按钮回到实验主界面。

4）开始实验进程：单击“开始实验进程”，开始做实验。该菜单变成“结束实验进程”，再次单击可以在任何合法的时候结束实验进程。

5）返回：单击“返回”按钮，将退出本实验。在开始实验进程后，不要中途退出本实验。

2. 实验内容

以下操作只有在开始实验进程以后才能进行。

（1）调节底座　单击“底座”，出现底座水平调节窗口，如图 5.2-6 所示。鼠标左右键调节底座上的两个螺钉（移动鼠标到上面可以看到提示），将水平仪的气泡调整到水平仪中心。单击“返回”按钮，回到实验主界面。

（2）调节光杠杆　单击“光杠杆平台”按钮，弹出如图 5.2-7 所示的界面，鼠标左右键在“小镜”按钮上单击，使小镜达到竖直状态，与望远镜标尺平行。调节结束后单击“返回”按钮回到实验主界面。

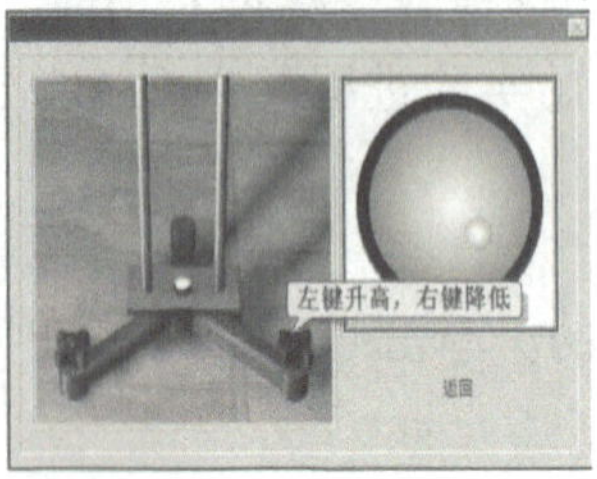

图 5.2-6 底座示意图

图 5.2-7 光杠杆平台示意图

（3）调节望远镜 单击“望远镜”，弹出望远镜调节界面，如图 5.2-8 所示。移动鼠标指针到特定部位，将显示提示。调节“底座”，使望远镜在桌面上水平左右移动；调节“目镜”，使望远镜放大倍数改变；调节“调焦旋钮”，使望远镜焦距改变；调节“固定旋钮”，使望远镜镜筒上下移动。要求找到标尺在望远镜视野中的像，并调节使 0 刻度线在视野中央呈清晰的像。待调节完成，则单击“返回”回到实验主界面。

（4）加减砝码，测量金属丝的伸长量 单击“挂钩和托盘”或者“砝码”，都可以进入测量金属丝的伸长量的窗体，如图 5.2-9 所示。在砝码上按下鼠标左键并拖动，可以拿起和放下砝码（注意：砝码必须拖动到适当的位置，否则将认为该操作失败，砝码会落回原处）。

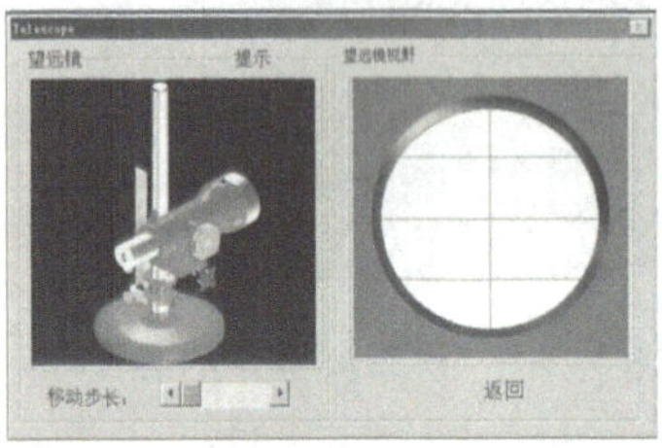

图 5.2-8 望远镜示意图

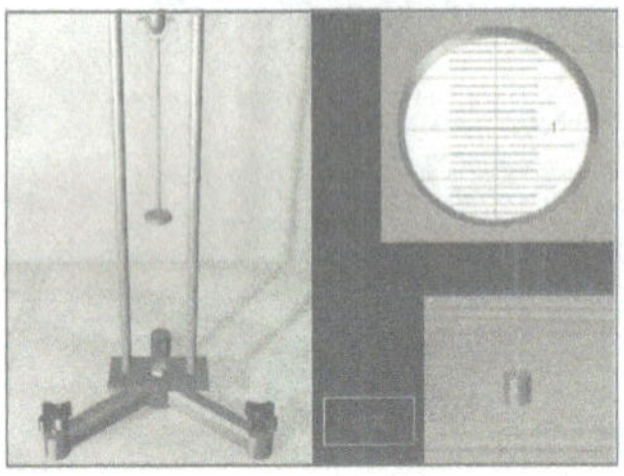

图 5.2-9 测量金属丝的伸长量示意图

记录实验数据：先记录砝码托上不加砝码时望远镜标尺读数 b_0，作为钢丝的起始长度。然后在砝码托上逐次加 500g 砝码（可加到 3500g），记下望远镜标尺的读数 b_i。再逐次减去 500g 砝码，记下望远镜标尺的读数 b_i'。求出两组相应数据的平均值 $\bar{b}_i$。测完后，单击“返回”按钮回到实验主界面。

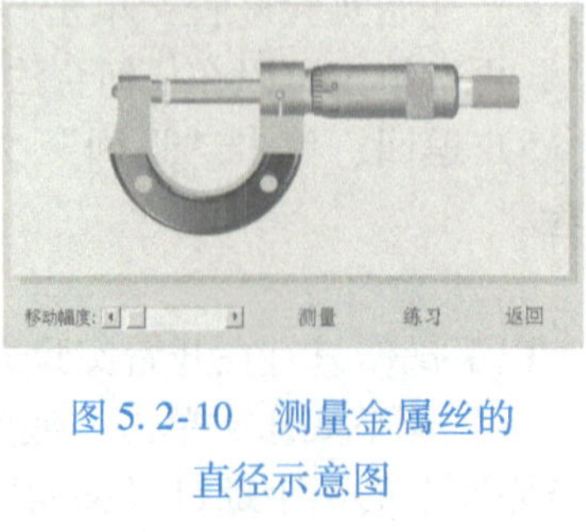

图 5.2-10 测量金属丝的直径示意图

（5）测量金属丝的直径 单击桌面上的“螺旋测微器”（即外径千分尺），进入测量金属丝直径的窗口，如图 5.2-10 所示。默认状态是练习状态。在外径千分尺的两侧砧距离足够大的时候，单击“测量”，则显示金属丝并进行测量（注：调节移动步长可以改变外径千分尺旋转的快慢）。测量完毕后，单击“返回”按钮回到实验主界面。

（6）测量光杠杆的臂长、标尺到平面镜的距离和金属丝的长度 单击桌面上的“米尺”，进入测量光杠杆的臂长 l、标尺到平面镜的距离 D 和金属丝的长度 L 的窗口，如图 5.2-11 所示，窗口下面有一个提示栏；在窗口右上部，分别按下“l（软件写为 b）”“D”“L”三个按钮，然后再分别单击“光杠杆”“望远镜”“支架头”和“管制器”可以得到放大的测量画面；待测量完毕，单击“返回”按钮回到实验主界面。将记录的实验数据填入表 5.2-1。

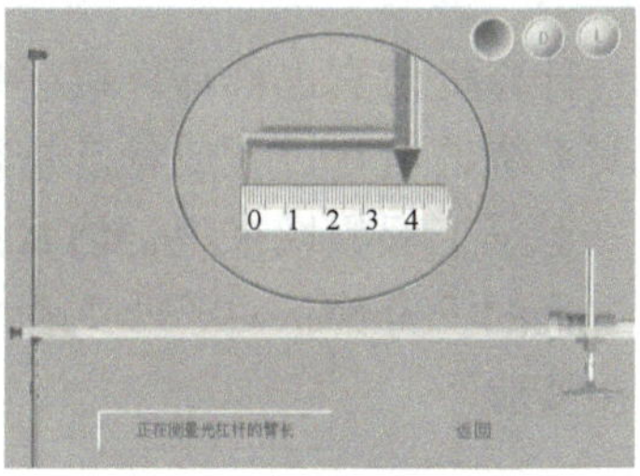

图 5.2-11　米尺测量示意图

（7）分别用逐差法和作图法完成数据处理　由于标尺移动距离与拉力即与所加砝码质量成线性关系，所以考虑采用逐差法求增减一个砝码对应标尺移动距离的平均值。这是因为如果简单求这个平均值，设每增加一个砝码对应标尺读数分别为 x_i，则有

$$\bar{b}=\frac{1}{n}\sum_{i=1}^{n-1}(x_{i+1}-x_i)=\frac{1}{n}[(x_2-x_1)+(x_3-x_2)+\cdots+(x_n-x_{n-1})]=\frac{1}{n}(x_n-x_1)$$

这样得到的结果，由于中间测量值都被抵消，只取了始末两个测量值，失去了多次测量的意义。可以通过将数据平分为两部分，前后两部分对应项逐差，再取平均，这样就能够充分利用各次测量值。也就是将数据平分为（x_1，…，x_l）和（x_{l+1}，…，x_{2l}）两部分，然后对前后两部分对应项逐差，即

$$b_j=\frac{1}{l}(x_{l+j}-x_j)\,(j=1,2,\cdots,l)$$

再取平均

$$\bar{b}=\frac{1}{l}\sum_{j=1}^{l}b_j=\frac{1}{l^2}\sum_{j=1}^{l}(x_{l+j}-x_j)$$

表 5.2-1　测量金属丝的伸长量

砝码质量/kg	标尺读数			每增加一个砝码对应标尺移动距离 $b_i=(\overline{x_{i+4}}-\overline{x_i})/4$	$\bar{b}$
	加砝码 x_i/cm	减砝码 x_i'/cm	平均值 $\overline{x_i}$/cm		
0					
0.5					
1.0					b 的绝对误差
1.5					
2.0					
2.5					
3.0					
3.5					

【注意事项】

1. 仿真实验不同于真实实验，要根据屏幕提示进行操作，将鼠标放在要调节的部位时鼠标形状会变化，并会出现相应提示。

2. 使用鼠标进行调节时，分别单击左右按钮进行增减调节。

3. 在进行测量后，不要中间退出程序。

【应用】

计算机仿真也称计算机模拟，是借助高速、大存储量数字计算机及相关技术，对复杂的真实系统的运行过程或状态进行数字化模拟的技术，所以也称为数字仿真。仿真技术应用很广，对于工程领域来说，仿真技术可以降低系统的研制成本，可以提高系统实验、调试和训练过程的安全性；对于非工程领域，仿真技术作为研究系统的必要手段，可以尽可能地避免直接实验。

【思考题】

1. 光杠杆法测微小长度变化量的原理是什么？
2. 材料相同、长短粗细不同的两根钢丝，它们的弹性模量是否相同？
3. 用逐差法处理实验数据有何优点？应注意哪些问题？
4. 你对仿真实验有何体会？对改进仿真实验有何建议？

仿真实验2　密立根油滴实验

美国物理学家密立根（Robert. A. MilliKan）在1909年到1917年所做的测量油滴上所带电荷量的工作，即油滴实验，是近代物理学发展史上具有重要意义的实验。该实验的设计思想简明巧妙，方法简单，而结论却具有不容置疑的说服力，这一实验堪称物理实验的精华、典范。它所取得的重要结果如下：①证明了电荷的不连续性（具有颗粒性），即所有电荷都是基本电荷 e 的整数倍；②测量得到了基本电荷即为电子电荷，其值为 1.60×10^{-19}C。正是由于其出色的实验工作，他在1923年荣获了诺贝尔物理学奖。

本仿真实验主要是测量基本电荷值，同时使学生从实验中也获得实验方法及严谨科学态度的训练。

【实验目的】

1. 测定电子的电荷值并验证电荷的不连续性。

2. 通过对实验仪器的调整，油滴的选择、控制、跟踪、测量等环节，培养学生的实验能力和严谨的实验态度。

【实验原理】

测量油滴所带电荷量，可以采用两种方法测量：平衡测量法和动态测量法。本实验采用平衡测量法。

油滴经喷雾器喷出后，由于油滴间的摩擦而带电。若将油滴喷入两块水平放置、间距为 d、所加电压为 U 的平行极板之间，设油滴质量为 m，所带电荷量为 q，受力如图5.2-12所示。

选择适当电压，使重力与电场力大小相等、方向相反（这里忽略空气浮力），即

$$mg = qE = q\frac{U}{d} \tag{5.2-6}$$

此时油滴静止地悬浮在电场中，即达到平衡状态。要测定油滴的电荷量，需要测量 U、d、m 三个量，其中 m 很小，测量比较困难，常采用如下方法。

在平行板不加电压时，油滴受重力作用在空气中自由下落，同时还受空气浮力、空气阻力的作用，如图 5.2-13 所示，最后达到受力平衡而作匀速下落。设油滴密度为 ρ_1，半径为 a_0，空气密度为 ρ_2，空气黏度为 η，当达到受力平衡时的终极速度为 v_f，则有

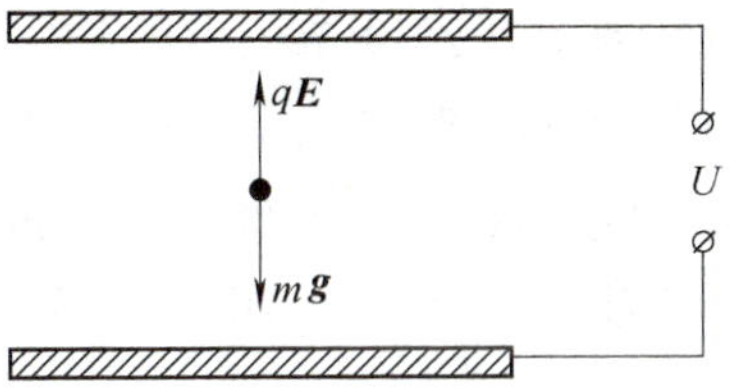

图 5.2-12　油滴所受重力与电场力

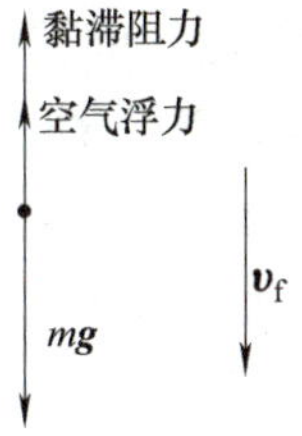

图 5.2-13　油滴受力平衡

$$\frac{4}{3}\pi a_0^3\rho_1 g = \frac{4}{3}\pi a_0^3\rho_2 g + 6\pi a_0\eta v_f \tag{5.2-7}$$

整理得

$$a_0 = \sqrt{\frac{9\eta v_f}{2g(\rho_1 - \rho_2)}} \tag{5.2-8}$$

油滴下降终极速度 v_f 可做如下测量：去掉两极板间电压，油滴开始下降，设匀速下降距离为 s，时间为 t，则

$$v_f = \frac{s}{t} \tag{5.2-9}$$

实验中，由于油滴的半径与空气分子间的间隙大致相当，因此，空气的黏度应做如下修正：

$$\eta' = \frac{\eta}{1 + \frac{b}{pa_0}} \tag{5.2-10}$$

式中，b 为修正常数，其值为 $8.23 \times 10^{-3}\,\mathrm{m \cdot Pa}$；$p = 1.01 \times 10^5\,\mathrm{Pa}$ 为大气压强。修正后，油滴半径为

$$a_0 = \sqrt{\frac{9\eta s}{2gt(\rho_1 - \rho_2)} \cdot \frac{1}{1 + \frac{b}{pa_0}}} \tag{5.2-11}$$

式中，根号内的 a_0 可用式（5.2-8）近似计算。

于是油滴质量 m 为

$$m = \frac{4}{3}\pi a_0^3\rho_1 = \frac{4}{3}\pi\rho_1\left[\frac{9\eta s}{2gt\ (\rho_1 - \rho_2)} \cdot \frac{1}{\left(1 + \frac{b}{pa_0}\right)}\right]^{3/2} \tag{5.2-12}$$

由式（5.2-6）可得油滴电荷量为

$$q = \frac{4}{3}\pi\rho_1\left[\frac{9\eta s}{2gt(\rho_1 - \rho_2)} \cdot \frac{1}{\left(1 + \frac{b}{pa_0}\right)}\right]^{3/2} \cdot \frac{gd}{U} \tag{5.2-13}$$

式中下列各量取值为

油的密度 $\rho_1 = 981\text{kg} \cdot \text{m}^{-3}$

空气的密度 $\rho_2 = 1.294\text{kg} \cdot \text{m}^{-3}$

空气黏度 $\eta = 1.83 \times 10^{-5}\text{kg} \cdot \text{m}^{-1} \cdot \text{s}^{-1}$

大气压强 $p = 1.01 \times 10^5\text{Pa}$

重力加速度 $g = 9.79\text{m} \cdot \text{s}^{-2}$

油滴匀速下降距离 $s = 2.00 \times 10^{-3}\text{m}$

两极板间距离 $d = 5.00 \times 10^{-3}\text{m}$

修正常数 $b = 8.23 \times 10^{-3}\text{m} \cdot \text{Pa}$

将这些数值代入上式后得

$$q = \frac{1.43 \times 10^{-14}}{[t(1 + 0.02/\sqrt{t^{-1}})]^{3/2}} \cdot \frac{1}{U} \tag{5.2-14}$$

实验中只要测得油滴匀速下降 $2 \times 10^{-3}\text{m}$ 所用时间 t 和平衡电压 U，就可以计算出油滴所带的电荷量 q。

实验发现，若改变油滴所带电荷量 q，则使油滴达到平衡的电压 U 必须取某些特定值，这些电压值满足

$$q = mg \cdot \frac{d}{U} = ne \tag{5.2-15}$$

式中，$n = 1, 2, 3, \cdots$，而 e 则是一个不变的值。对每个油滴来说，上式都成立，并且 e 是一个确定的常数。由此可见，所有带电油滴所带电荷量都是最小电荷量 e 的整数倍。这说明物体所带电荷量是以一个个不连续的量值出现的，这个最小电荷量 e 就是电子的电荷值。

$$e = \frac{q}{n} \tag{5.2-16}$$

【实验仪器】

1. 多媒体电脑及配套中科大《大学物理仿真实验》软件。
2. 虚拟仪器：密立根油滴实验仪、电子停表、喷雾器等。

【实验内容】

1. 软件介绍

接通计算机主机电源，在 Windows 中依次单击“开始”→“程序”→“大学物理仿真实验 V2.0”，运行“大学物理仿真实验 V2.0”，调到“油滴实验”仿真实验，单击调出程序主窗口。

（1）主窗口　进入实验主窗口后，可依次看到标题及“实验简介”“开始实验”“数据

处理”“退出”四个选项的图标，移动鼠标到各图标上面（鼠标呈手状），稍候片刻，就会看到提示。单击鼠标右键，可进入相应选项，如图 5. 2-14 所示。

（2）相应选项

1）实验简介：单击“实验简介”，则显示实验简介窗口，如图 5. 2-15 所示。该窗口内包含“实验简介”“实验原理”“实验装置”“预习思考题”“实验内容”“返回”等六项。单击鼠标右键进入相应选项。

图 5. 2-14　主窗口示意图

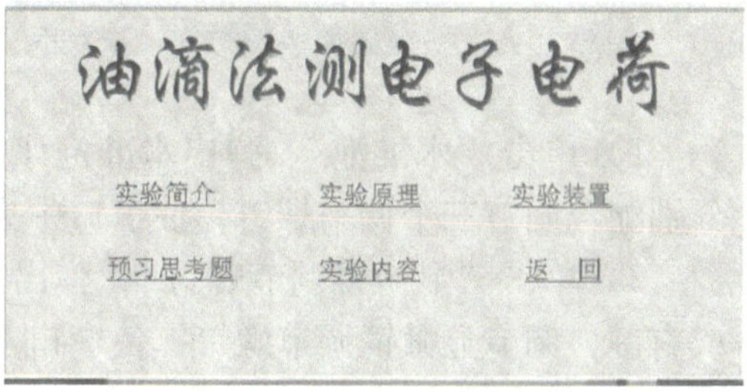

图 5. 2-15　实验简介窗口示意图

2）开始实验：单击“开始实验”，则显示开始实验窗口，如图 5. 2-16 所示。根据图中三项提示，依次单击鼠标右键，可进入水准泡水平调节、显微镜聚焦调节、实验状态三个选项。如图 5. 2-17、图 5. 2-18、图 5. 2-19 所示。

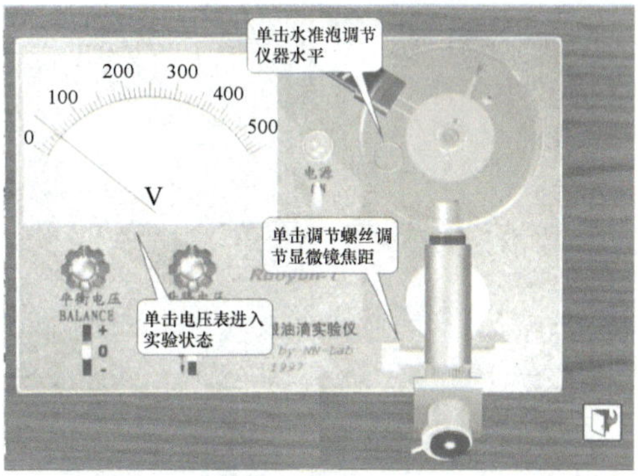

图 5. 2-16　开始实验窗口示意图

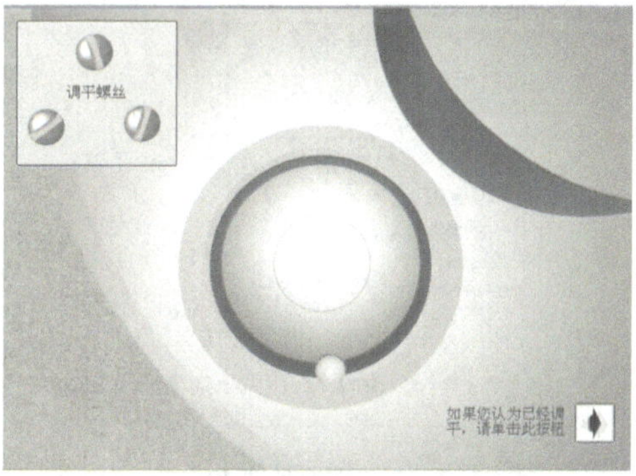

图 5. 2-17　水准泡水平调节窗口示意图

3）数据处理：单击“数据处理”，则显示数据处理窗口，如图 5. 2-20 所示。其中有“计算器”“检查数据”“计算数据”“退出”四项，可完成相应功能。

4）退出：单击“退出”，可退出本实验。

2. 实验内容

在主窗口中用鼠标单击“开始实验”，进入开始实验窗口。

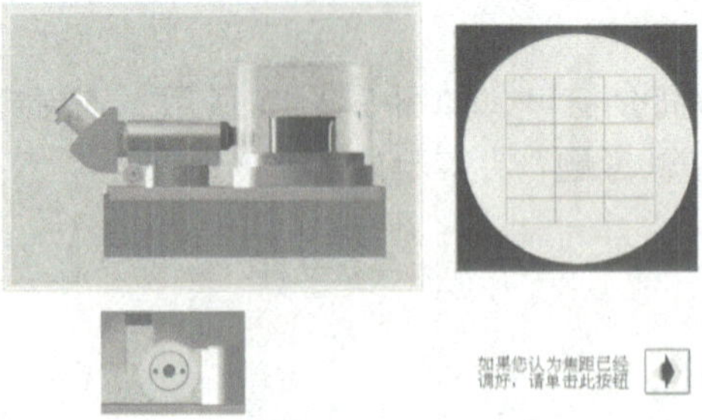

图 5.2-18　显微镜聚焦调节窗口示意图

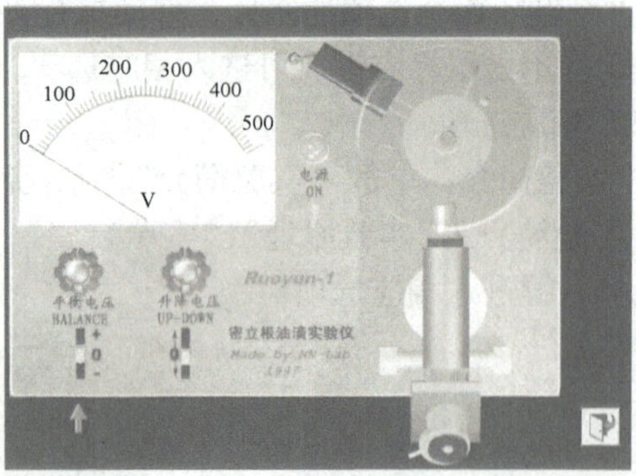

图 5.2-19　实验状态窗口示意图

1）单击“水准泡”，弹出水准泡水平调节窗口。在窗口右上方单击鼠标左键或右键，分别配合调节三个调平螺钉，使窗口中央水准泡中的气泡进入中央位置，达到水平状态。

2）单击“显微镜调节螺钉”，弹出显微镜聚焦调节窗口。在窗口右下方单击鼠标左键或右键，调节显微镜调节螺钉，使窗口左边视场出现清晰的喷雾器喷管的像。

3）单击“电压表”，弹出实验状态窗口，进入实验测量操作。

① 单击“电源”，打开电源，使仪器预热。

② 单击显微镜，出现显微镜视场窗口，如图 5.2-21 所示，其中有“视场窗口”“秒表显示”“开始暂停”“喷油”“退出”。

③ 单击“喷油”按钮。视场中出现大量犹如点点繁星的油滴（亮点）。

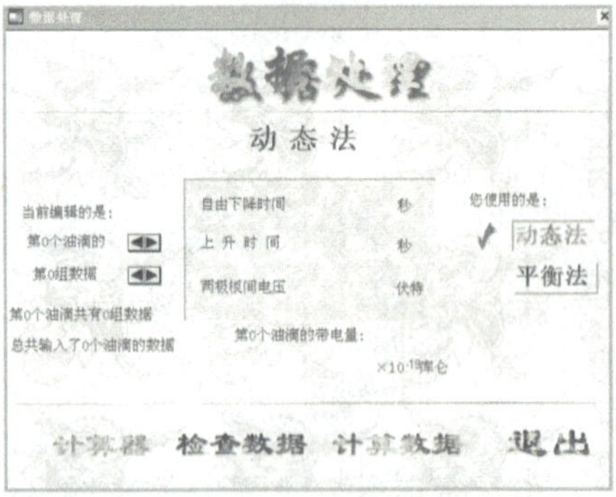

图 5.2-20　数据处理窗口示意图

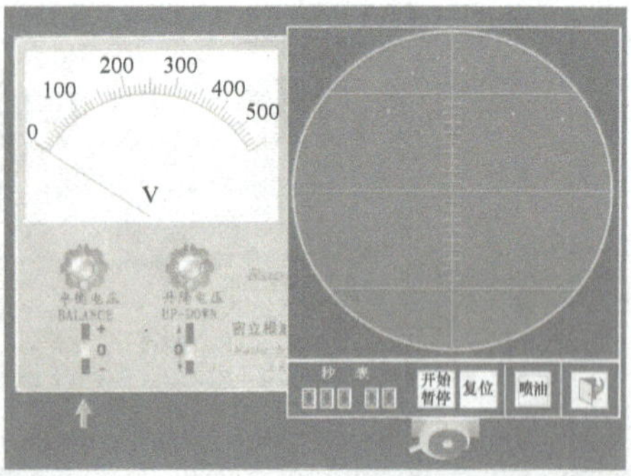

图 5.2-21　显微镜视场窗口示意图

4）选择油滴：在油滴下落时，即刻加上平衡电压，即单击窗口左侧的平衡电压换向开关至“+”，同时单击鼠标左键或右键调节“平衡电压”旋钮，使电压表指示为 150V 左右。观察视场，大量不平衡油滴迅速消失，而接近平衡的油滴则比较缓慢地移动，保留在视场中。

选择合适的油滴是做好本实验的重要环节。只有那些质量适中，带电荷量又不太多的油滴才是可取的。一般选取平衡电压为 150V 左右，时间在 10～20s 内匀速下降 2mm 的油滴为佳。选择其中较亮的一颗，缓慢调节平衡电压旋钮，使其达到平衡而静止。

5）控制油滴：对于所选定的油滴，在极板上加上升降电压，单击窗口左侧的升降电压换向开关至“上”，同时单击鼠标左键或右键调节“升降电压”旋钮，使油滴上升至分划板上方，再去掉升降电压使油滴平衡静止在视场上方处。

6）数据测量：实验中直接测量平衡电压 U 和油滴下降 2mm 距离时所用的时间 t。

① 当油滴静止处在分划板上方时，从电压表中直接读出平衡电压值。

② 去掉平衡电压，即平衡电压换向开关拨至“0”，油滴受重力作用自由下落，随着速度增加，空气阻力和浮力增大到与重力相等时，油滴将开始匀速下降，此时可以开始计时，单击“开始暂停”按钮，启动秒表计时，等油滴运动距离 2mm 时，单击“开始暂停”按钮停止计时，即刻加上平衡电压，使油滴静止在视场中，然后再读时间 t，以防止该油滴丢失。

重复上述步骤，对同一油滴进行 7 次以上的测量，并选取 7 个以上不同油滴进行测量（可选取 7 个不同油滴，每个油滴测 10 组数据）。

7）数据处理：单击“数据处理”，调出数据处理窗口。选择平衡法，然后单击鼠标右键出现快捷菜单，其中有“新建一组数据”“删除一组数据”“新建一个油滴的数据”“删除一个油滴的全部数据”四个选项，如图 5.2-22 所示。先点选“新建一个油滴数据”，然后点选“新建一组数据”，在数据窗口内单击数据位置处，出现输入状态，可把测得的实验数据填入其中。把算得的油滴的电荷量也填写到数据窗口下方数据栏内，分别单击“检查数据”和“计算数据”，对数据进行检查和计算，分别依次输入数据，做好数据记录，然后返回。

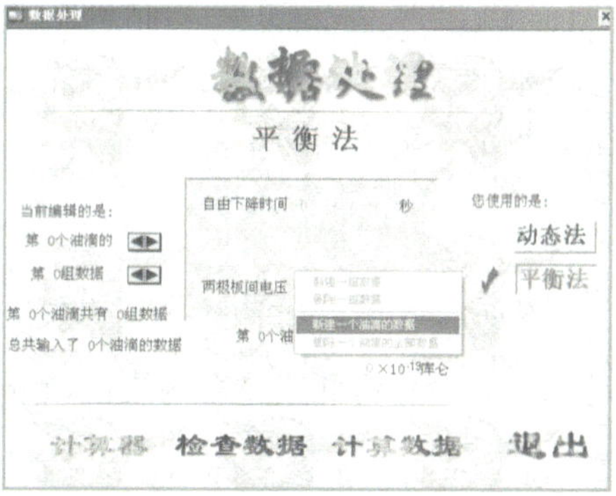

图 5.2-22　显微镜视场窗口示意图

【注意事项】

1. 在实物实验中，一次喷油雾不宜过多，以免堵塞小油孔。
2. 通电时，禁止触摸平行极板表面，以防触电。

【思考题】

1. 在测量时间 t 时，为什么要让油滴自由下落一段距离后，再开始计时？
2. 油滴仪没有调水平，对测量有什么影响？

仿真实验 3　氢氘光谱拍摄

自然界中的许多元素都有同位素，其原子核具有相同的质子数和不同的中子数。反映在谱线上，同位素所对应的谱线发生位移，这种现象称为同位素移位。核质量越轻，移位效应越大，因此，氢的同位素具有最大的同位素移位。利用光谱技术分析原子、分子结构，是认识和了解物质成分的一种重要实验手段。正是对同位素光谱的深入研究，1932年尤莱（U-rey）确定了氢的同位素——氘的存在。

本仿真实验主要是拍摄氢氘原子光谱的巴尔末线系，研究获得同位素光谱的实验方法、分析方法及其在微观测量中的应用。

【实验目的】

1. 了解平面光栅摄谱仪的原理及其使用方法；
2. 掌握拍摄氢氘原子光谱的巴尔末线系的实验方法。

【实验原理】

1. 氢原子光谱的规律

巴尔末（J. J. Balmer）1885年首先对氢原子光谱上位于可见光区的四条谱线的波长用经验公式表示了出来，即

$$\lambda = B\frac{n^2}{n^2-4} \quad (n=3,4,5\cdots) \tag{5.2-17}$$

式中，B是一恒量，其值为364.56nm，是谱线系极限值，即$n\to\infty$时的波长值。后来里德伯（J. R. Rydberg）将此式改写为用波数$\tilde{v}=\frac{1}{\lambda}$表示

$$\tilde{v} = R_H\left(\frac{1}{2^2}-\frac{1}{n^2}\right) \tag{5.2-18}$$

式中，R_H称为氢原子的里德伯常量，其实验测定值为109677.6cm^{-1}。由理论可知，类氢原子的里德伯常量R_Z可以表示为

$$R_Z = \frac{2\pi^2 m_e e^4 Z^2}{(4\pi\varepsilon_0)^2 h^3 c}\cdot\frac{1}{\left(1+\frac{m_e}{m_Z}\right)} \tag{5.2-19}$$

式中，m_Z为原子核质量；m_e为电子质量；e为电子电量；h为普朗克常量；ε_0为真空电容率；c为光速；Z为原子序数。若$m_Z\to\infty$，即假定原子核不动，则有

$$R_\infty = \frac{2\pi^2 m_e e^4 Z^2}{(4\pi\varepsilon_0)^2 h^3 c} \tag{5.2-20}$$

因此

$$R_Z = \frac{R_\infty}{\left(1+\frac{m_e}{m_Z}\right)} \tag{5.2-21}$$

可见，R_Z会随原子核质量m_Z而变化，对于不同的元素或同一元素的不同同位素，R_Z不同，相应地其光谱波长也会不同。因此，氢和它的同位素光谱会产生同位素移位。

2. 平面光栅摄谱仪原理

平面光栅摄谱仪光学系统原理如图5.2-23所示。光源发出的光束由狭缝入射，经反光镜反射后，照到反射式准直物镜上，由该准直物镜形成的准直光束反射投向平面衍射光栅

上，经光栅衍射后形成独立的光谱，再经物镜反射后形成不同颜色的狭缝的像，即得到光谱，在观察口处可以看到，可进行拍摄。

3. 实验方法

实验中，用氢氘放电管作为光源，用光栅摄谱仪拍摄光谱。氢氘放电管是将氢气和氘气充入同一放电管内，当在放电管两极上加上一定高电压时，管内的游离电子受到电场作用飞向阳极，并因此获得愈来愈大的动能。当它们与管中的氢、氘分子碰撞时，使氢氘分子离解为氢原子和氘原子，并进入激发状态，当它们回到低能级时产生光辐射。

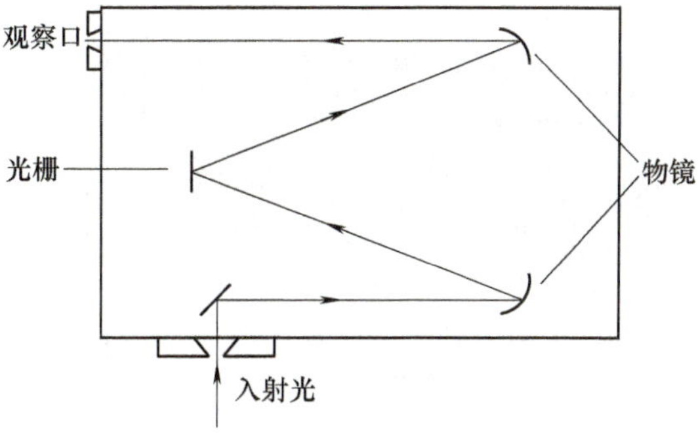

图 5.2-23　平面光栅摄谱仪光学系统原理示意图

【实验仪器】

1. 多媒体电脑及配套中国科技大学《大学物理仿真实验》软件。

2. 虚拟仪器：平面光栅光谱仪、狭缝、哈德曼光阑、透镜及透射光阑、废渣盘、电极架等。

【实验内容】

1. 软件介绍

接通计算机主机电源，在 Windows 中依次单击“开始”→“程序”→“大学物理仿真实验 V2.0”，运行“大学物理仿真实验 V2.0”，调到“氢氘光谱拍摄”仿真实验，单击调出程序主窗口。

（1）主窗口　进入实验主窗口后，可看到标题的显示及实验的仪器。移动鼠标到仪器上面（鼠标呈手状），稍候片刻，就会看到提示。单击鼠标右键，弹出主菜单，如图 5.2-24 所示。

主窗口的仪器主要有：光栅光谱仪、狭缝、哈德曼光阑、透镜及透射光阑、废渣盘、电极架等。

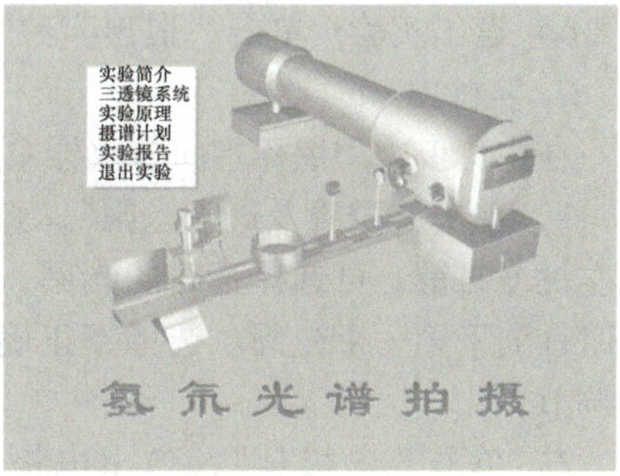

图 5.2-24　主窗口示意图

（2）主菜单

1）实验简介：单击“实验简介”，则显示实验简介窗口，如图 5.2-25 所示。双击左键可关闭该窗口。

2）三透镜系统：单击“三透镜系统”，则显示三透镜系统窗口，如图 5.2-26 所示。单击右键，出现“三透镜系统原理”“透镜 L_1 的作用原理”“透镜 L_2 的作用原理”“透镜 L_3 的作用原理”选项，进入各选项，可分别演示三透镜系统中各透镜的作用。

3）实验原理：单击“实验原理”，则显示平面光栅摄谱仪的原理窗口，如图 5.2-27 所示。单击图中红色的反射光栅，可改变其转角，以观察反射光栅的作用。

4）摄谱计划：单击“摄谱计划”，则出现选项窗口，如图 5.2-28 所示。单击各选项，即可进入实验目的、摄谱计划、实验预习页面。在摄谱计划页面内可指定摄谱计划。

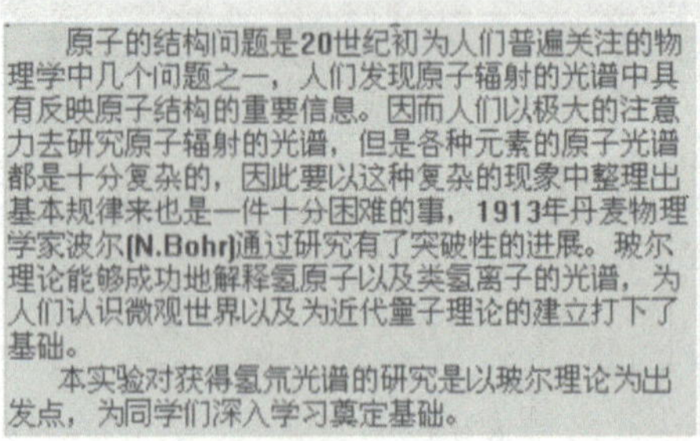
原子的结构问题是20世纪初为人们普遍关注的物理学中几个问题之一，人们发现原子辐射的光谱中具有反映原子结构的重要信息。因而人们以极大的注意力去研究原子辐射的光谱，但是各种元素的原子光谱都是十分复杂的，因此要以这种复杂的现象中整理出基本规律来也是一件十分困难的事，1913年丹麦物理学家波尔(N.Bohr)通过研究有了突破性的进展。玻尔理论能够成功地解释氢原子以及类氢离子的光谱，为人们认识微观世界以及为近代量子理论的建立打下了基础。

本实验对获得氢氘光谱的研究是以玻尔理论为出发点，为同学们深入学习奠定基础。

图 5.2-25　实验简介示意图

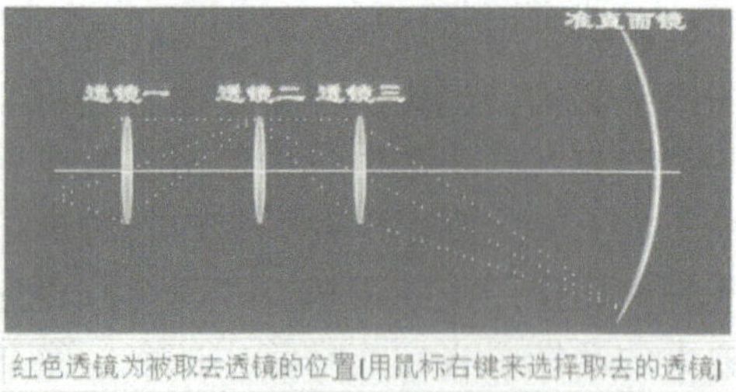

图 5.2-26　三透镜系统窗口示意图

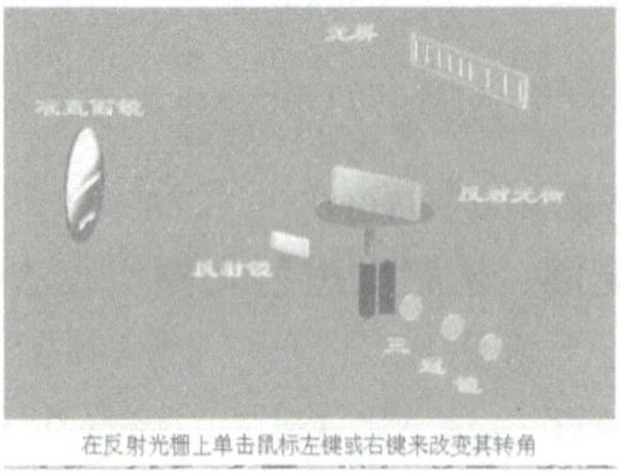

图 5.2-27　实验原理示意图

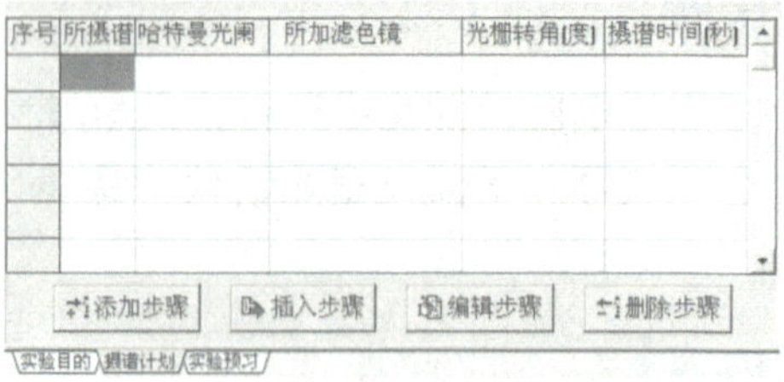

图 5.2-28　摄谱计划窗口示意图

5）实验报告：实验完成后，单击“实验报告”，可进入实验报告处理系统，在计算机中完成实验报告的撰写、存储、打印等。

6）退出实验：单击“退出实验”，可退出本实验。

2. 实验内容

在主窗口中用鼠标指向各仪器主要部件时，会出现相应的提示信息。

1）单击“透镜及透射光阑”，弹出光阑盘窗口，如图 5.2-29 所示。在光阑盘上单击鼠标左键或右键，可选择正确的光阑，即圆形光阑左侧从水平开始逆时针向下第一个光阑。选择不正确的光阑时，不能进行电极架的调节。

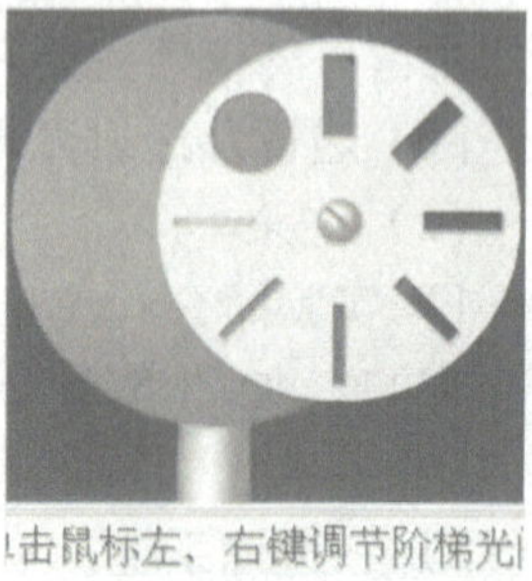

图 5.2-29　透镜及透射光阑窗口示意图

2）单击“电极架”，弹出电极架窗口，如图 5.2-30 所示。调节 5 个按钮，使观察窗内电极的投影间隙略宽于光阑缝、位于同一垂直线内且在水平方向居于光阑缝的中央。通过切换视角可调节在另一方向观察时的电极位置。

3）单击“哈特曼光阑”，弹出哈特曼光阑窗口，如图 5.2-31 所示。在哈特曼光阑上单击鼠标左键或右键，可选择哈特曼光阑。在其他地方单击鼠标右键，则弹出滤色镜选项，可选择所用滤色镜。

① 栅位选择：实验采用一级光谱拍摄氢氘光谱，为了拍摄前四条氢氘巴尔末线系的光谱（波长为656.2～400.0nm），需要转动光栅，选择两个光栅转角分段拍摄不同范围的光谱。

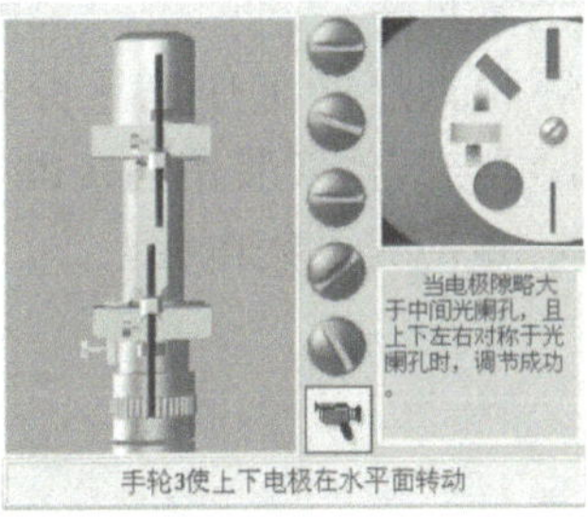

图5.2-30　电极架窗口示意图

图5.2-31　哈特曼光阑窗口示意图

② 滤色镜的选择，由光栅方程 $d(\sin i+\sin\beta)=k\lambda$ 可知，1级衍射光谱和2级、3级的光谱重叠，即

$$1\times600\text{nm}=2\times300\text{nm}=3\times200\text{nm} \tag{5.2-22}$$

1级光谱的600nm和2级光谱的300nm、3级光谱的200nm重叠。光谱的重叠往往会造成读谱的困难，因此，在拍摄Fe谱时必须加光谱滤色镜，以便滤掉干扰波段。

③ 曝光时间的选择：由于各种元素或同位素的各条光谱强度有很大差别，为使每条谱线都有便于观察的像，应使用不同的曝光时间分别拍摄。

4）单击“光栅转角调整”，弹出光栅转角调整窗口，如图5.2-32所示。用鼠标拖动底片，粗调光栅转角，在转轮上单击鼠标左键或右键，可细调光栅转角。

5）单击“拍摄光屏”，弹出拍摄光屏窗口，如图5.2-33所示。起动电子表，在所摄光谱选择框内选择与当前步骤一致的谱线，调整板移，使其处于合适的位置，按电子表的“Start”键开始拍摄。拍摄完一条谱线后，按“Reset”键重置电子表。

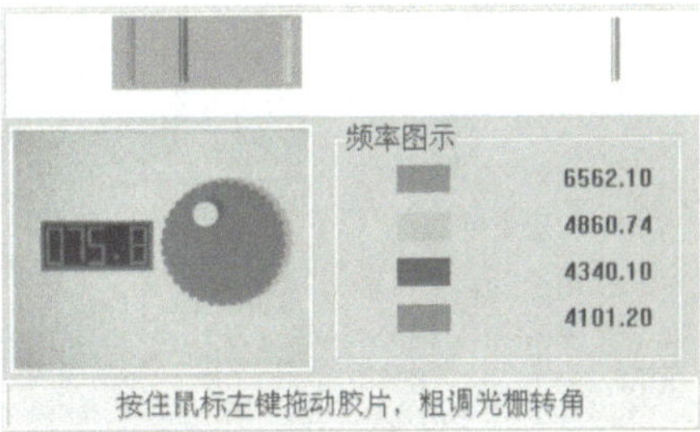

图5.2-32　光栅转角调整窗口示意图

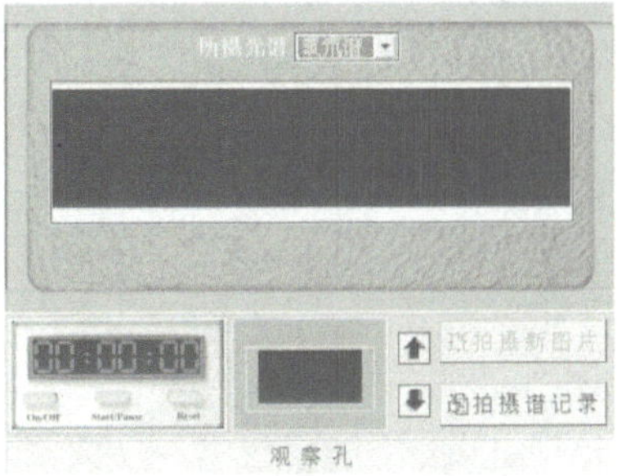

图5.2-33　拍摄光屏窗口示意图

6）单击“拍摄新光谱”，可将当前拍摄光谱结果记录下来，并重置摄谱计划。

7）单击“拍摄记录”，可查看最近几次拍摄的谱片记录。

【注意事项】

1. 摄谱仪狭缝是比较精密的机械装置，实物实验中不要随意调节，特别要杜绝狭缝两刀口直接接触，以免损伤刀口。严禁用手触摸透镜等光学元件。

2. 测定气体发射光谱时均由变压器供电。如氢灯和氦灯的工作电压分别约为 8kV 和 3kV，操作时要特别注意安全，接地线应严格接地，不可与其他实验用品接触。

3. 光谱测量完毕后，应先关闭电源。调换光源时，也应先关闭电源。

【思考题】

1. 实验中的安全注意事项是什么？

2. 为什么把氢氘光谱与铁的光谱拍摄在一张底片上时不用移动底片，而是使用哈德曼光阑？

附　　录

附录 A　基本物理常量的值

物　理　量	符号	数值和单位
真空中的光速	c	$299792458\text{m}\cdot\text{s}^{-1}$
真空磁导率	μ_0	$4\pi\times10^{-7}\text{N}\cdot\text{A}^{-2}$
真空电容率	ε_0	$8.854187817\times10^{-12}\text{F}\cdot\text{m}^{-1}$
引力常量	G	$6.67259(85)\times10^{-11}\text{N}\cdot\text{m}^2\cdot\text{kg}^{-2}$
普朗克常量	h	$6.62606876\times10^{-34}\text{J}\cdot\text{s}$
原子质量单位	u	$1.66053873\times10^{-27}\text{kg}$
基本电荷	e	$1.602176462\times10^{-19}\text{C}$
磁通量子	Φ_0	$2.06783461(61)\times10^{-5}\text{Wb}$
约瑟夫森频率-电压比	$2e/h$	$4.8359767(14)\times10^{14}\text{Hz}\cdot\text{V}^{-1}$
量子化霍尔电导	e^2/h	$3.87464014(17)\times10^{-5}\text{Wb}$
玻尔磁子	μ_B	$9.27400899\times10^{-24}\text{J}\cdot\text{T}^{-1}$
精细结构常数	α	$7.29735308(33)\times10^{-3}$
里德伯常量	R_∞	$10973731.568548\text{m}^{-1}$
玻尔半径	a_0	$5.291772083\times10^{-11}\text{m}$
标准大气压	p_0	101325Pa
电子质量	m_e	$9.10938188\times10^{-31}\text{kg}$
质子质量	m_p	$1.67262158\times10^{-27}\text{kg}$
中子质量	m_n	$1.67492716\times10^{-27}\text{kg}$
电子比荷	e/m_e	$1.758820174\times10^{11}\text{C}\cdot\text{kg}^{-1}$
质子荷质比	e/m_p	$9.5788309(29)\times10^{7}\text{C}\cdot\text{kg}^{-1}$
电子磁矩	μ_e	$9.2847701(31)\times10^{-24}\text{J}\cdot\text{T}^{-1}$
质子磁矩	μ_p	$1.41060761(47)\times10^{-26}\text{J}\cdot\text{T}^{-1}$
中子磁矩	μ_n	$0.96623707(40)\times10^{-26}\text{J}\cdot\text{T}^{-1}$
阿伏加德罗常量	N_A	$6.0221367(36)\times10^{23}\text{mol}^{-1}$
摩尔气体常数	R	$8.314472\text{J}\cdot\text{mol}^{-1}\cdot\text{K}^{-1}$
玻耳兹曼常量	k	$1.3806503\times10^{-23}\text{J}\cdot\text{K}^{-1}$

附录 B　国际单位制（SI）简介

1. 基本单位、辅助单位和某些具有专门名称的导出单位

物理量名称		单　位		
		中　文	英　文	符　号
基本单位	长度	米	meter	m
	质量	千克(公斤)	kilogram	kg
	时间	秒	second	s
	电流	安[培]	Ampere	A
	热力学温度	开[尔文]	Kelvin	K
	物质的量	摩[尔]	mole	mol
	发光强度	坎[德拉]	candela	cd

（续）

物理量名称		单位		
		中文	英文	符号
辅助单位	平面角	弧度	radian	rad
	立体角	球面度	steradian	sr
具有专门名称的导出单位	频率	赫[兹]	Hertz	Hz
	力，重力	牛[顿]	Newton	N
	压力、压强、应力	帕[斯卡]	Pascal	Pa
	能[量]、功、热量	焦[耳]	Joule	J
	功率	瓦[特]	Watt	W
	电荷[量]	库[仑]	Coulomb	C
	电势、电压、电动势	伏[特]	Volt	V
	电容	法[拉]	Farad	F
	电阻	欧[姆]	Ohm	Ω
	电导	西[门子]	Siemens	S
	磁通[量]	韦[伯]	Weber	Wb
	磁感应强度	特[斯拉]	Tesla	T
	电感	亨[利]	Henry	H
	摄氏温度	摄氏度	degree Celcius	°C
	光通量	流[明]	lumen	lm
	[光]照度	勒[克斯]	lux	lx
	[放射性]活度	贝克[勒尔]	Becquerel	Bq
	吸收剂量	戈[瑞]	Gray	Gy
	剂量当量	希[沃特]	Sievert	Sv

2. 用于构成十进倍数和分数单位的词头

倍数	词头名称			分数	词头名称		
	分数	英文	符号		中文	英文	符号
10^{1}	十	deca	da	10^{-1}	分	deci	d
10^{2}	百	hecto	h	10^{-2}	厘	centi	c
10^{3}	千	kilo	k	10^{-3}	毫	milli	m
10^{6}	兆	mega	M	10^{-6}	微	micro	μ
10^{9}	吉[咖]	giga	G	10^{-9}	纳[诺]	nano	n
10^{12}	太[拉]	tera	T	10^{-12}	皮[可]	pico	p
10^{15}	拍[它]	peta	P	10^{-15}	飞[母托]	femto	f
10^{18}	艾[可萨]	exa	E	10^{-18}	阿[托]	atto	a

附录 C　20°C 时几种物质的密度

物质	$\rho/(g\cdot cm^{-3})$	物质	$\rho/(g\cdot cm^{-3})$	物质	$\rho/(g\cdot cm^{-3})$
铝	2.70	水银	13.546	甘油	1.261
铜	8.94	黄铜	8.5～8.7	汽油	0.66～0.75
铁	7.86	钢	7.60～7.90	变压器油	0.84～0.89
金	19.27	玻璃	2.4～2.6	松节油	0.87
银	10.50	石蜡	0.87～0.94	蓖麻油	0.96～0.97
镍	8.85	塑料	0.89～2.17	牛乳	1.03～1.04
铅	11.34	乙醇	0.7893		

附录 D　20°C 时某些金属的弹性模量

金　属	弹性模量 E/GPa	金　属	弹性模量 E/GPa
铝	69～70	锌	78
钨	407	镍	203
铁	186～206	铬	235～245
铜	103～127	合金钢	206～216
金	77	碳钢	196～206
银	69～80	康铜	160

注：弹性模量的值与材料的结构、化学成分及加工方法有关。因此，实验的值可能与表中所列的值有所不同。

附录 E　某些固体的线胀系数

物　质	温度或温度范围/℃	$\alpha/(\times10^{-6}℃^{-1})$
铝	0～100	23.8
铜	0～100	17.1
铁	0～100	12.2
金	0～100	14.3
银	0～100	19.6
钢(0.05%碳)	0～100	12.0
康铜	0～100	15.2
铅	0～100	29.2
锌	0～100	32
铂	0～100	9.1
钨	0～100	4.5
石英玻璃	20～200	0.56
窗玻璃	20～200	9.5
花岗石	20	6～9
瓷器	20～700	3.4～4.1

附录 F　空气中水的饱和蒸汽压和温度的关系表

温度/℃	饱和蒸汽压/10^5 Pa	温度/℃	饱和蒸汽压/10^5 Pa
0	0.0061129	20	0.023388
1	0.0065716	21	0.024877
2	0.0070605	22	0.026447
3	0.0075813	23	0.028104
4	0.0081359	24	0.029850
5	0.0087260	25	0.031690
6	0.0093537	26	0.033629
7	0.010021	27	0.035670
8	0.010730	28	0.037818
9	0.011482	29	0.040078
10	0.012281	30	0.042455
11	0.013129	31	0.044953
12	0.014027	32	0.047578
13	0.014979	33	0.050335
14	0.015988	34	0.053229
15	0.017056	35	0.056267
16	0.018185	36	0.059453
17	0.019380	37	0.062795
18	0.020644	38	0.066298
19	0.021978	39	0.069969

参考文献

[1] 张三慧. 大学物理学 [M]. 3版. 北京：清华大学出版社，2008.
[2] 胡林，余克俭. 大学物理实验教程 [M]. 北京：机械工业出版社，2002.
[3] 朱鹤年. 新概念基础物理实验讲义 [M]. 北京：清华大学出版社，2013.
[4] 李治学，等. 近代物理实验 [M]. 北京：科学出版社，2007.
[5] 玻恩，沃耳夫. 光学原理：光的传播、干涉和衍射的电磁理论（原书第7版）[M]. 杨葭荪，译. 北京：电子工业出版社，2009.
[6] 肖理耀. 误差理论与应用 [M]. 北京：中国计量出版社，1985.
[7] 王卫兵. 传感器技术及其应用实例 [M]. 北京：机械工业出版社，2013.
[8] 贾克军，张建志，丁振君，等. 电学计量 [M]. 2版. 北京：中国计量出版社，2010.
[9] 赵凯军，罗蔚茵. 新概念物理教程：量子物理 [M]. 2版. 北京：高等教育出版社，2008.
[10] 母国光，战元令. 光学 [M]. 北京：人民教育出版社，1978.
[11] 褚圣麟. 原子物理学 [M]. 北京：人民教育出版社，1979.
[12] 黄昆. 固体物理学 [M]. 北京：高等教育出版社，1988.
[13] 张映辉. 大学物理实验 [M]. 北京：机械工业出版社，2010.
[14] 张飞雁，黄水平，李志芳，等. 综合与近代物理实验 [M]. 北京：机械工业出版社，2012.
[15] 李长江. 物理实验 [M]. 北京：化学工业出版社，2002.
[16] 孟庆云. 物理实验 [M]. 北京：化学工业出版社，2009.
[17] 贝文顿. 数据处理和误差分析 [M]. 北京：知识出版社，1988.
[18] 费业泰. 误差理论与数据处理 [M]. 6版. 北京：机械工业出版社，2010.
[19] 吴泳华. 霍剑青，浦其荣. 大学物理实验 [M]. 北京：高等教育出版社，2005.
[20] 周炳琨，高以智，陈峥嵘，等. 激光原理 [M]. 6版. 北京：国防工业出版社，2010.
[21] 赵凯华，陈熙谋. 电磁学 [M]. 北京：高等教育出版社，1985.
[22] 吴胜华. 声学测量原理与方法 [M]. 北京：科学出版社，2014.